교육이론실천연구시리즈 115

신천과 대구천

송언근 · 강경택

1910년대 신천 하계망

교육과학사

신천과 대구천

송언근 · 강경택

상동교에서 본 신천

책을 내면서

인간의 역사적 행위는 어디엔가 남는다. 우리는 그것을 찾아 행위의 의미를 해석한다. 이를 '역사'라 부른다. 자연은 자신의 흔적을 땅에 남긴다. 우리는 이들을 찾아 땅의 발달 과정을 해석한다. 그것을 '지사(地史)'라 한다.

우리나라와 같은 온대계절풍 지역에서 지형을 만드는 핵심 기구는 하천이다. 하천은 침식과 퇴적을 반복하면서 여러 지형을 만든다. 그 과정에 자신의 흔적을 곳곳에 남긴다. 그것을 찾아 분석하고, 해석하는 것이 지형 연구이다.

오랜 시간 하천 지형을 연구했지만 교육대학에 근무하는 관계로 전공인 지형학보다 지리교육에 더 많은 시간을 보냈다. 지형 연구는 짬짬이 하였다. 연구에 쏟는 에너지가 분산되니 답사도 생각처럼 쉽지 않았다. 취미처럼, 습관처럼 신천 답사를 하던 중, 2017년 대구시의 의뢰를 받은 한국지역지리학회로부터 신천 유로 변화에 대한 연구를 부탁받았다.

지하철 1, 2호선과 지상철 3호선의 보링데이트를 구하고, 남구청과 중구청의 도움으로 1910년대에서 40년대 사이의 1/600과 1/1,200 지적도를 백여 장 구했다. 대구시청과 대구상수도사업본부에서는 1910년대 지도를 여럿 구하였다. 답사를 하면서 신천 유로 변화의 흔적들을 곳곳에서 운 좋게 찾았다. 얽힌 실타래 풀듯이 조금씩 문제를 해결해갔다. 이 과정에 신천의 분류하천인 대구천의 의미를 보다 명확히 하였고, '상동천'이라는 또 다른 신천의 분류하천도 찾았다. 이들을 토대로 이공제의 위치를 보다 명확히 하였다.

신천 프로젝트 이후에도 미처 밝히지 못한 것들을 조사하였다. 문제 푸는 재미로 시간 가는 줄 몰랐는데, 은퇴의 시간이 가까워졌다. 대학 교수로서의 학문적 삶을 의미롭게 마무리해야겠다는 생각을 하였다. 그것이 지역 사회 이해에 도움이 되는 방향이면 더 좋을 것 같았다. 그리고 답사 중에 신천 유로 변화의 흔적들이 재개발의 이름으로 사라지는 현장을 보면서 이들에 대한 기록의 필요성을 절감하였다.

'신천과 대구천'이라는 책은 이런 의도로 집필되었다. 더불어 학문의 시작에서 관심을 가졌던 신천 유로 변화를 정리하고 싶은 것도 한 이유이다. 석사논문의 시작이 신천 유로 변화와 관련된 대구 분지저의 충적층 분석이었다. 이런 저런 이유로 주제를 감입곡류하천 지형 발달로 바꾸었다. 학문의 시작이 신천 유로 변화여서 그런지, 그것은 해결하지 못한 오랜 마음의 짐으로 남아 있었다. 그 짐을 벗고, 연구실을 나서면서 '수고했고, 열심히 살았다'라는 선물을 내 자신에게 주고 싶었다. 하여 그 동안 발표하였던 신천 관련 연구들을 집필 목적에 맞게 편집하였다. 기존 연구들을 수정하고, 보완하였으며, 해체하여 새로이 구성하기도 하였다. 필요에 따라 새로운 구성도 하였다.

늘 아쉬운 것이 책이다. 부족하기 그지없지만 어디선가는 마무리를 해야 한다. 이 책은 더욱 그렇다. 갈 길은 먼데 해는 저물어, 부족함을 알면서도 마무리를 했다.

29년 동안 대학교수로서, 학자로서 살았다. 그 길을 흔들리지 않고 갈 수 있었던 것은 학부에서 박사과정까지 지도 교수였던 조화룡 교수님의 하해와 같은 은혜 때문이다. 학문하는 법과 학자로서의 삶을 몸소 보여주셨고, 빈 종이에 그림을 그리듯이 살뜰히 이끌어 주셨다. 내가 받았던 것처럼 제자들에게 하려고 하였지만 돌이켜보니 반도 못했다. 학문적 깊이는 여전히 지도 교수님의 발끝에 머물러 있다.

지도 교수님에게 받았던 학문적 세례에 깊은 고마움을 표하고, 늘 가졌던 마음의 큰 빚을 조금이라도 갚고 싶다. 이 책을 하늘에 계신 존경하는 조화룡 교수님에게 바친다.

2022년 3월

송언근

차례

신천 유로는 변하였는가?

신천과 관련된 논란은 크게 두 가지이다. 하나는 '신천은 새로 생긴 하천이냐'이고, 다른 하나는 '신천 유로가 변하였느냐'이다. 두 논란 중 핵심은 신천 유로 변화 여부이다. 신천 지명 유래는 신천 유로 변화와 관련 있기 때문이다.

신천 유로 변화와 관련된 논란은 1924년 『대구 읍지』에서 비롯되었다. 여기에는 '원래 신천은 대구부의 서쪽에 있었다. 판관 이서가 수해를 막기 위해 제방을 쌓아 동쪽으로 흐르도록 하였다'라고 되어 있다. 1924년 『대구 읍지』에는 '신천 유로를 동쪽으로 돌렸다'라는 내용은 있지만 신천이 새로 생긴 하천이라는 이야기는 없다.

신천 지명 논란의 시작은 1977년 대구시에서 간행한 『달구벌』이다. 여기에 '신천은 새로 생긴 하천이다'라는 이야기가 처음 나온다. 지명 발생의 맥락까지 소상히 밝힌다. 이해의 편의를 위해 그 내용을 조금 각색하여 제시하면 다음과 같다.

현재 대구시내 중앙으로 흐르는 신천은 원래는 대구부의 서쪽으로 흘렀다. 그 때 하천은 현재의 효성타운–수도산–건들바위–반월당–달성공원 쪽으로 흘렀다. 당시 하천은 대구부의 중심인 대구 읍성 옆으로 흘렀다. 이로 인해 여름에 큰 비가 내리면 읍성이 있는 시가지가 침수되고, 향교까지 빈번히 침수에 시달렸다. 정조 원년(1776년) 대구 판관으로 부임한 이서는 대구부의 중심지가 침수 위협에 시달리는 것을 막기 위해 대구부의 서쪽으로 흐르던 하천 유로를 다른 방향으로 돌리고자 하였다. 대구 판관으로 부임한 2년 뒤인 1778년 축제공사를 하여 짧은 시간에 대구부로 흐르던 하천의 유로를 돌렸다. 이때부터 대구부의 침수 위협은 사라지고, 돌려진 유로로 흐르는 하천을 신천 또는 새내라 부르게 되었다.

『달구벌』의 주장은 두 가지이다. 하나는 '대구부의 서쪽으로 흐르던 하천 유로를 대구부의 동쪽으로 흐르도록 돌렸다'이고, 다른 하나는 '동쪽에 새로운 흐름이 생겨 그것을 새로운 하천이라는 의미로 신천이라고 부르게 되었다'이다. 그런데 하천 쟁탈이나 화산 또는 단층과 같은 지구 내·외부적 활동이 아닌 대구부민들의 노력으로 지금과 같은 하천을 새로이 만든다는 것은 불가능에 가깝다. 그와 관련된 기록도 없다. 이서가 제방을 쌓은 1778년보다 248년 전인 1530년의 『신증국동국여지승람』과 이서가 제방을 쌓기 7~10년 전인 1768년에서 1771년 사이에 제작된 『대구 읍지』에도 신천이라는 지명이 나온다.

이 같은 사실이 알려지면서 정설처럼 받아들였던 『달구벌』의 주장에 이의(異議)가 제기되었다.[1] 그것이 대개 2002년이다. 이때부터 지속적인 문제제기로 신천에 관심있는 사람들은 '신천이라는 지명은 새로 생긴 하천을 뜻하는 것이 아니다'라는 것을 알기 시작했다.

이와 달리 신천 유로 변화가 있었느냐, 없었느냐의 논란은 여전하다. 이는 유로 변화와 관련된 구체적인 문헌 증거가 없기 때문이다. 신천 유로 변화와 관련된 대략적인 언급조차 1924년 『대구 읍지』가 처음이다. 반면 신천이라는 이름이 나오는 문헌들 모두에는 '신천은 대구부의 동쪽 4리(또는 5리)에 있었다'라고 되어있다. 이들 기록으로 보면 신천은 원래부터 현재의 위치에서 흘렀다. 때문에 '1924년 『대구 읍지』에 기록된 신천 유로는 잘못 기록한 것이 아닐

1 신천은 새로운 하천이 아니라 '사이천, 샛내(또는 샛강)'라 불리던 것이 한자화 되면서 신천으로 잘못 표기된 것이라는 주장은 이재두(2002)와 전영권(2004)이 제기하였다.

까'라는 의문이 든다.

읍지는 조선시대 지방 각 읍의 지지(地誌)인 동시에 지방사이자 정책 자료로서의 비중이 큰 행정 사례집으로서 사료적 가치가 아주 크다(http: //encykorea.aks.ac.kr/Search/List). 때문에 1924년 『대구 읍지』 역시 근거 없이 신천 유로 변화를 이야기하지 않았을 것이다.

이 같은 맥락에서 1924년 『대구 읍지』의 신천 내용을 대구부의 고질적인 문제였던 홍수와 관련시키면 새롭게 해석할 수 있다.

> 신천은 원래부터 두 갈래로 나뉘어 흘렀다. 한 줄기는 지금처럼 대구부의 동쪽으로 흘렀고, 다른 한 줄기는 대구부 중심을 따라 서쪽으로 흘렀다. 대구 판관 이서는 '대구읍성과 향교가 침수 위협에서 벗어나기 위해서는 대구부의 서쪽으로 흐르는 유로를 막아 신천이 동쪽으로만 흐르게 해야 한다'라는 생각을 하였다. 이를 위해 대구부 서쪽으로 흐르는 하천이 신천에서 갈라지는 곳을 따라 제방을 쌓았다. 이때부터 신천은 대구부의 동쪽으로만 흐르게 되었고, 더 이상 대구부에서 침수 피해는 일어나지 않았다.

위의 관점에서 보면 신천의 흐름은 달라진다. 신천의 유로 변화가 있었던 것이 된다. 말하자면 신천은 새로 생긴 하천은 아니지만 새롭게 변한 하천이 된다.

유로 변화가 없었다는 주장은 원래부터 신천은 하나의 유로였다는 전제에서 출발한다. 반면 유로 변화가 있었다는 주장은 신천 유로가 둘로 나누어져 흘렀다는 것에서 출발한다. 전자를 주장하는 연구자가 있고, 후자를 지지하는 연구자가 있다.

『달구벌』이 집필되었던 1977년과 달리 지금은 신천 관련 연구자 모두가 대구부의 서쪽으로 흘렀던 하천이 있었다는 것에 동의한다. 그리고 그 하천을 대구천[2]이라 부른다. 문제는 대구천이 신천에서 분류(分流)한 하천이냐, 신천과 무관한 하천이냐이다. 한 쪽은 대구천을 신천에서 갈라져 나온 하천으로 보는 반면, 다른 한쪽은 대구천은 앞산의 계곡(삼정골 또는 강당골 일대)에서 발원한 것으로 신천과 무관한 하천이라 주장한다.[3] 대구천을 신천의 분류로 보면 유로 변화가 있었던 것이 되고, 앞산에서 발원한 하천으로 보면 신천 유로 변화는 없었던 것이 된다.

신천 유로 변화의 문제는 결국 대구천의 발달과 관련된다. 대구천이 중요한 것은 신천 유로 변화뿐만 아니라 신천과 관련된 역사적 사실도 그와 관련 있기 때문이다.

---

2 본 연구에 언급하는 대구천은 대구부의 서쪽으로 흘렀던 하천을 지칭한다. 이것은 공식적인 지명은 아니다. 엄밀하게 말하면 신천의 분류하천으로서 또 다른 신천이다. 그런데 일제 강점기에는 본 연구의 대구천을 달서천으로 불렀던 것 같다. 이는 1926년 8월 23일, 1927년 1월 14일자 동아일보에 달서천 개수에 대한 기사에서 알 수 있다. 여기에 언급된 달서천은 위치로 볼 때 본 연구의 대구천에 해당된다. 또한 1927년 대구에서 태어난 17년 동안 한국에서 살았던 모리사키 가즈에의 '경주는 어머니가 부르는 소리'라는 소설에 '대구천'이라는 지명이 나온다. 저자가 엄마와 함께 신천 쪽 밭길을 걸으면서 나누는 이야기에 "조선인은 신천이라고 해 대구천이라 하지 않는 모양이야"라는 문장이 나온다. 이로 볼 때, 일제강점기에 '대구천과 달서천'이라는 이름이 사용되었던 것 같다. 그러나 고지도나 일제 강점기 지도에 어디에도 공식적인 지명으로 대구천이나 달서천은 나오지 않는다. 이로 볼 때 대구천과 달서천은 당시 사람들 사이에 관행적으로 불렸던 이름으로 보인다.
본 연구에서 대구부의 서쪽으로 흘렀던 하천을 대구천이라 부른다. 그 이유는 다음과 같다. 첫째, 달서천은 대구 읍성의 서문인 달서문 밖으로 흘러 그렇게 불렀다는 설이 있다. 만약 그렇다면 대구읍성 축성 이전에 달서천을 무엇으로 불렀느냐의 문제가 생긴다. 둘째, 현재 달서천은 두류산에서 발원하여 서문시장과 달성 앞을 지나 금호강으로 유입하는 하천을 지칭한다. 때문에 일제 강점기의 달서천과 현재의 달서천 간에 지명 혼란이 생긴다. 셋째, 이 하천은 대구 읍성의 남쪽과 서쪽을 따라 대구 중심부로 흘러, 대구부민들의 삶과 가장 밀접한 관련을 맺었다. 넷째, 이 하천을 따라 동래에서 한양으로 이어지든 영남대로가 발달하였다. 때문에 이 하천은 외지 사람들에게 대구를 대표하였다. 다섯째, 대부분의 신천 연구자들은 대구부 서쪽으로 흘렀던 하천을 '대구천'이라 부른다. 이 같은 이유들로 일제 강점기에 '달서천'이라 불렀던 하천을 본 연구에서는 '대구천'이라 부른다.

3 대구천을 신천의 분류하천으로 보는 연구는 대구시사편찬위원회(1995), 이기은(2005), 강경택(2007), 유병록(2015), 정희령(2016), 송언근 · 강경택(2017a) 등이며, 신천과 무관한 하천으로 보는 연구에는 전영권(2004)이 있다.

대구시 수성구 상동에는 이서(李漵) 공원이 있다. 공원 이름인 이서는 정조 원년(1776년)에 부임한 대구 판관이다. 그는 1778년 대구 시내를 흐르던 신천에 제방을 쌓아 큰 홍수 때마다 읍성과 향교가 침수되는 것을 막았다. 주민들은 그의 공적을 기리기 위해 1797년 1월에 비를 세우고, 제방 이름을 이공제(李公堤)라 불렀다. 그리고 이서 공원에는 1898년 대홍수 때 무너진 이공제를 신속히 보수한 군수 이범선(李範善)의 공을 기린 이후범선영세불망비(李侯範善永世不忘碑)도 있다(이재두, 2002).

이서가 신천에 제방을 쌓았다는 것은 역사적 근거가 있으니 분명한 사실이다. 그런데 어디에, 어떻게, 왜 쌓았느냐에 대해서는 논란이 있다. 이 문제도 대구천과 관련된다. 대구천을 어떻게 보느냐에 따라 대구 읍성과 향교를 침수한 하천이 달라지기 때문이다.

대구천에서 비롯된 논란은 비단 이뿐만 아니다. 대구천이 신천의 분류하천이냐 아니냐에 따라 건들바위 앞으로 흘렀던 하천은 달라진다. '건들바위 앞으로 신천이 흐르지 않았다'라는 주장이 있는 반면, '건들바위 앞으로 대구천이 흘렀고, 그것은 신천의 한 유로이기 때문에 건들바위 앞으로 신천은 흘렀다, 또는 과거 어느 시기에 신천 본류가 건들바위 앞으로 흘렀다'라는 주장이 있다.

이 같은 논란의 귀착지는 결국 대구 시민이다. 오늘날 대구 시민들의 삶의 터전을 만든 핵심 지역은 신천 좌 · 우안의 충적평야이다. 이들 중 특히 중요한 곳은 대구 읍성이 있었던 신천 좌안 충적평야이다. 이곳을 만든 것은 신천이다. 이 때문에 신천은 역사 이래 대구 시민들의 삶과 불가분의 관계를 맺는다. 이런 의미의 신천과 관련된 주장들이 다르게 나타나는 것은, 비유하면, 조상에 대한 내용이 이야기하는 사람에 따라 다른 것과 같다. 혼란스럽지 않는 것이 이상하다. 이들 논란의 모두는 '대구천이 신천에서 분류한 하천이냐 아니냐'로 귀결된다.

1부_

신천 유로 변화 흔적

1924년 대구 읍지와 1977년 달구벌에서 제시한 신천 유로 변화가 사실이라면 유로 변화의 흔적이 어디엔가 있다. 인간이 기록을 남기듯이 자연도 흔적을 남기기 때문이다. 그 중 하나가 하천의 퇴적 지형인 충적평야이다. 하천 유로 변화로 평야가 만들어질 공간이 생기고, 그 속에 하천의 범람과 퇴적으로 발달하는 것이 충적평야이다. 하천의 유로 변화와 관련된 또 다른 흔적은 하천의 측방 침식으로 발달한 하식애이다.

1부에서는 신천 유로 변화의 가능성을 신천 충적평야 지형 특징과 하식애의 분포 특성을 통해 추론해본다.

1장

충적평야와 유로 변화의 관계

신천과 유역분지

1. 충적평야의 지형면 특징

대구천이 신천의 분류하천(分流河川)이냐 아니냐의 문제는 신천이 어떻게 흘렀느냐의 문제이다. 신천의 흐름은 유역분지의 지질, 지형의 영향을 강하게 받는다. 이 때문에 신천이 지금처럼 하나의 유로로 흘렀는지, 여러 갈래로 흘렀는지의 여부는 신천 유역분지의 지질과 지형 특성을 통해 1차적으로 추론 가능하다.

대구 분지의 지질은 크게 5가지로 나누어진다. 첫째, 분지 남쪽의 비슬산을 중심으로 한 남부 산지의 화산암, 둘째, 분지상(盆地床)[4]의 퇴적암, 셋째, 퇴적암을 덮고 있는 충적층, 넷째, 분지 북쪽의 팔공산을 중심으로 한 북부산지의 화강암, 다섯째, 팔공산을 둘러싼 환상산맥(環狀山脈)[5]의 변성암이다. 이들 중 신천의 흐름과 관련된 지질은 남부 산지의 화산암과 분지 중앙의 퇴적암과 충적층이다. 이들의 특징을 그림 1을 통해 간략히 살펴보면 다음과 같다.

대구 분지의 핵심인 분지상을 대표하는 지층은 '대구층'이다. 중생대 백악기(1억 3500만~6,500만년)에 형성된 퇴적암인 대구층은 주로 이암과 혈암으로 되어 있다. 두께는 2,000m에 이른다. 대구층의 분포 지역은 동서로는 성서에서 안심, 남북은 분지 북쪽의 금호강에서 남쪽의 고산골의 용두산과 수성못 남쪽의 법니산 인근까지이다. 따라서 분지상의 대부분은 대구층이다. 분지상에 있는 충적층은 하천이 운반, 퇴적한 물질이어서 주로 신천과 금호강을 연하여 분포한다.

대구 분지의 지질과 지형은 그림 1과 2에서 보듯이 용두교와 상동교를 중심

4 분지상(盆地床)은 넓고 평탄한 분지 바닥을 의미한다. '분지저(盆地底)'라고도 한다.

5 팔공산을 마치 반지처럼 둘러싸고 있다하여 '환상산맥'이라 부른다. 환상산맥이 뚜렷하게 나타나는 곳은 팔공산체의 남부 지역으로 여기에 속하는 산은 도덕산, 응해산, 문암산, 환성산 등이 있다.

으로 남북 간에 차이가 뚜렷하다. 신천 우측의 용두교, 좌측의 상동교를 기준으로 그 상류 지역은 화산암으로 된 남부산지이다. 이 지역의 화산암은 화산활동이 활발했던 중생대 백악기 말에 형성된 것으로, 안삼암이 주를 이루며, 일부 지역에는 안산암질각력암과 규장암도 있다. 지질 특성으로 남부산지에는 비슬산(1,083m), 최정산(905m), 주암산(846m), 앞산(660m), 산성산(653m), 용지봉(633.8m) 등의 높은 산들이 많다(대구시사편찬위원회, 1995). 남부 산지에서 신천은 지형 특성으로 산지 속의 하곡을 따라 흐른다. 하곡에 갇혀 흐르기 때문에 유로 이동은 어렵다.

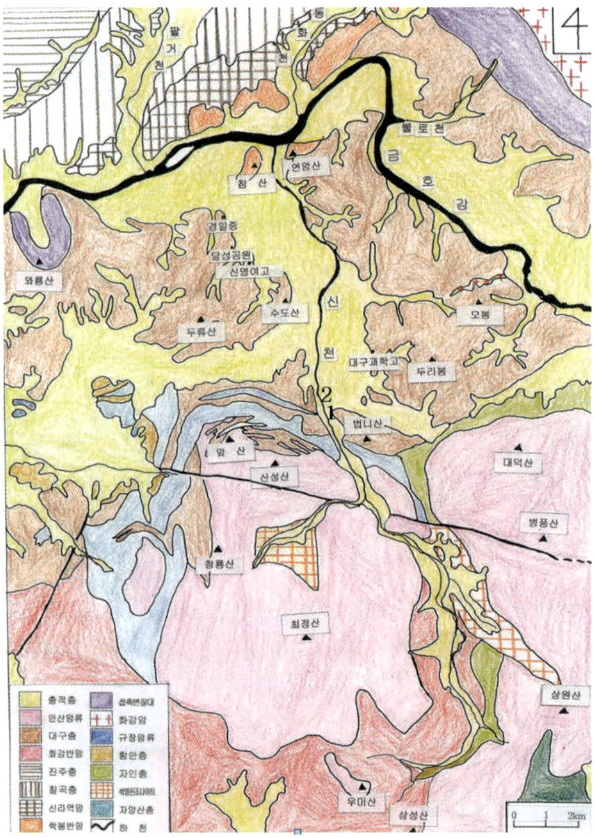

그림 1. 대구 분지의 지질(1: 용두교, 2: 상동교, 출처: 강경택, 2007)

용두교와 상동교 하류 지역은 '대구층'이라 불리는 퇴적암으로 된 분지 중앙부이다. 대구층은 침식에 약하여 분지 바닥(분지상 또는 분지저)을 이루며, 그곳에는 그림 2와 3에서 보듯이 고도가 낮고 경사가 완만한 구릉지와 침식저지(浸蝕低地),[6] 그리고 평탄한 충적평야(신천 범람원)가 발달해 있다. 신천은 이들 지형 중에서도 가장 평탄하고 낮은 충적평야 사이를 흐른다. 때문에 상동교 하류에서 유로 이동은 상대적으로 용이하다.

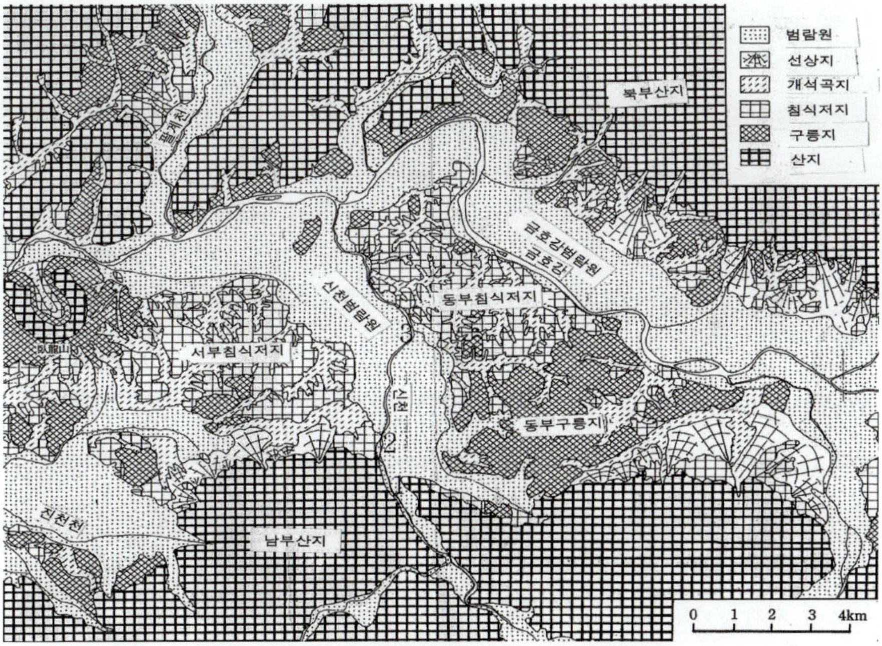

그림 2. 대구 분지 중앙부의 지형 분류도(1: 용두교, 2: 상동교, 3: 동신교, 출처: 대구시사편찬위원회, 1995, 재인용)

6 침식저지는 침식을 받아 낮아진 곳으로 구릉지보다 고도가 낮고 충적평야보다는 고도가 높은 완만한 기복의 지형이다. 대구 분지에서 침식저지는 충적평야와 10~30m 정도 비고차를 갖는다.

그림 3. 구글어스 3D로 본 남부산지와 분지저의 모습

신천 유로 변화와 밀접한 관련을 맺는 분지저의 지형 특징을 좀 더 구체적으로 살펴보면 다음과 같다.

그림 2에서 볼 수 있듯이 대구 분지 바닥을 구성하는 지형은 크게 두 가지로 나누어진다. 하나는 신천과 금호강 주변의 충적평야이고, 다른 하나는 충적평야 좌우에 발달한 침식저지와 구릉지이다. 후자에서 특히 중요한 것은 침식저지이다. 이들은 구릉지와 달리 현재는 거의 시가지적 토지로 이용된다.

대구 분지 중앙부의 침식저지는 신천을 중심으로 동서로 나누어진다. '신천 서쪽의 침식저지는 서부침식저지, 동쪽은 동부침식저지'라 부른다.

신천 동쪽에 있는 침식저지는 신천 우측의 충적평야와 무열로와 지상철 3호선 동쪽의 동부 구릉지[7]를 제외한 거의 대부분 지역[8]이다. 신천 서쪽 역시

7 산격동의 연암산과 수성구 만촌동, 이천동, 황금동, 지산동에 있는 형제봉, 모봉, 연호산, 두리봉, 무학산 지역은 동부 구릉지에 속한다.

8 동부 침식저지 지역은 신천동, 신암동, 산격동, 효목동, 대현동, 복현동 일대와 신천과 무열로 사이의 범어 2, 3동, 만촌 1동 이다.

신천 좌측의 충적평야와 구릉지인 와룡산과 두류산을 제외한 대부분 지역은 침식저지[9]이다.

신천 충적평야는 서부 침식저지와 동부 구릉지 및 침식저지 사이에 분포한다. 이는 지형 발달에서 두 가지 의미를 갖는다. 하나는 신천이 이들 지형 사이에서 유로 변화를 하면서 하곡 폭을 넓혔다는 것이고, 다른 하나는 그 속에서 신천의 범람으로 충적평야가 발달했다는 것이다. 이들 의미로 볼 때, 과거 어느 시기에 신천은 지금과 달리 현재의 충적평야 좌우 여기저기를 흘렀다는 것을 알 수 있다.

신천 유로 변화 추론의 근거인 충적평야의 분포 특성을 그림2와 4를 통해 살펴보면 다음과 같다.

신천 우측의 충적평야는 용두교에서 4.5km 하류에 있는 동신교 사이에 분포한다.[10] 동신교 하류에서는 충적평야가 거의 나타나지 않는다. 이는 그림 2와 4에서 보듯이 동신교 하류 구간은 동부 침식저지가 신천에 인접하여 발달해 있기 때문이다. 충적평야 폭은 대개 1.2~1.5km이다.

신천 좌측의 충적평야는 우측의 충적평야와 여러 면에서 차이가 난다. 첫째, 분포 범위의 차이이다. 신천 우측의 충적평야는 용두교에서 금호강 사이의 절반 정도인 동신교까지 분포하지만, 신천 좌측의 충적평야는 상동교 부근에서 금호강까지 전 구간(약 7.2km)에 걸쳐 연속적으로 분포한다.[11] 때문에 신천과 서부침식저지 사이의 대부분 지역이 여기에 포함된다. 둘째, 충적평야의 폭의 차이이다.

9 서부침식저지 지역은 달서구 죽전동, 감삼동, 본리동, 본동, 용산동, 송현 1, 2동, 남구의 대명동, 남산동, 중구 대신동 그리고 서구의 비산동, 평리동, 내당동 등이다.

10 신천 우안(동쪽)의 충적평야는 수성구 상동, 중동, 두산동, 수성 1, 2, 3가동, 황금 2동 등에 분포한다.

11 신천 좌안(서쪽)의 충적평야는 남구는 봉덕 1, 2동은 신천에 연하여 좁게 나타나지만 이천동부터 본격적으로 나타난다. 중구는 대봉 1동, 삼덕동, 동인동, 성내 1, 2, 3동, 그리고 칠성동, 고성동, 원대동, 노원동, 침산 1, 2, 3 동 신천 좌안의 북구는 모두 충적평야이다. 서구의 비산동 5, 7동도 충적평야에 속한다.

그림 4. 대구 분지 중앙부의 등고선도(점선: 신천 충적평야 경계, 파선: 금호강 충적평야 경계, 1: 용두교, 2: 상동교, 3: 비봉초, 출처: 강경택 2007 재구성)

우측의 충적평야 폭은 대부분 구간에서 비슷하지만 좌측의 충적평야 폭은 상류에서 하류로 갈수록 넓어진다. 충적평야가 시작되는 상동교 부근에서 충적평야 폭은 40m 정도이지만, 하류로 갈수록 넓어져 대봉교 부근에서는 800m, 수성교 부근에서는 2km, 그리고 이 보다 하류인 경대교와 비봉초등 사이의 평야 폭은 약 3km에 이른다. 셋째, 충적평야의 형태적 차이이다. 우측의 충적평야는 대부분 구간의 평야 폭이 유사하기 때문에 형태는 직사각형에 가깝다. 반면 좌측의 충적평야는 하류로 갈수록 폭이 넓어져 마치 부채의 반쪽을 펼쳐놓은 것과 같은 형태를 띤다. 형태로 보면 신천 충적평야, 특히 신천 좌안 충적평야는 선상지적 특성을 띤다.

충적평야의 형태적 특성뿐만 아니라 지형면의 분포 특성에서도 선상지적 특성을 볼 수 있다. 이는 그림 4의 등고선 특성과 고도별 지형면 분포 특성에서 알 수 있다.

그림 4에서 충적평야 상의 등고선은 하류 쪽으로 휘어진 형태, 즉 Bull이 선상지 특징으로 제시한 선단 쪽으로 돌출하는 형태(윤순옥 외, 2005)를 띤다. 이뿐만 아니라 지형면 폭도 하류로 갈수록 넓어진다. 등고선 70~80m는 충적평야가 시작되는 부근이고, 남부산지의 산록부에 인접한 관계로 등고선 폭은 250m 정도에 불과하고, 지형면 경사도 급하다. 그러나 충적평야가 본격적으로 나타나는 60~70m 지역부터는 등고선 폭이 넓어진다. 등고선 간격이 급격히 넓어지는 곳은 고도 50~60m 지역이다. 이곳의 등고선 폭은 2.5km 정도에 이르고, 지형면 경사도 아주 완만해진다. 또한 신천 좌 · 우안 충적평야의 종단 경사는 금호강 충적평야 종단 경사의 약 8배인 4‰이다. 이 정도의 종단 경사는 대개 선상지로 이루어진 충적평야에서 흔히 발견된다(이기은, 2005).

이상의 지형면 특징으로 볼 때, 신천 충적평야는 선상지성으로 발달하였을 가능성이 높다. 선상지에서 하천은 여러 갈래로 나누어져 흐르거나 땅 밑으로 복류하는 특성이 있다.

2. 충적평야의 퇴적층 특징

신천 좌 · 우안 충적평야가 선상지성으로 발달하였을 가능성은 지형면의 특징뿐만 아니라 퇴적층에서도 찾을 수 있다.

하천 범람으로 발달하는 충적평야의 퇴적층은 일반적으로 자갈, 모래, 실트, 점토 등이 무게 순으로 퇴적된 구조를 갖는다. 때문에 퇴적층에는 뚜렷한 층리구조(層理構造)가 발달한다. 반면 선상지의 퇴적층은 층리구조가 없다. 이는 상이한 크기의 퇴적물들이 뒤섞여 퇴적한 결과이다. 그것은 다음과 같은 이유 때문이다.

경사가 급한 좁은 하곡에서 빠른 속도로 흐르던 하천은 완만한 경사가 시작되는 곡 입구(谷口)의 넓은 평지로 나오면서 유속이 급격히 늦어진다. 이로 인해 하천이 운반하던 물질들은 곡구에서부터 퇴적되기 시작한다. 유속의 감속과 퇴적의 관계는 비유하면 미끄럼틀에서 내려오던 사람들이 그것의 끝에서 뒤섞이는 것과 비슷하다. 이로 인해 선상지에는 퇴적물들이 무게와 크기에 따른 나눔−분급(分級)−이 없이 퇴적되면서 층리 구조가 발달하지 않는다. 이 같은 선상지성 퇴적물의 특징을 신천 좌안 충적평야에서 볼 수 있다.

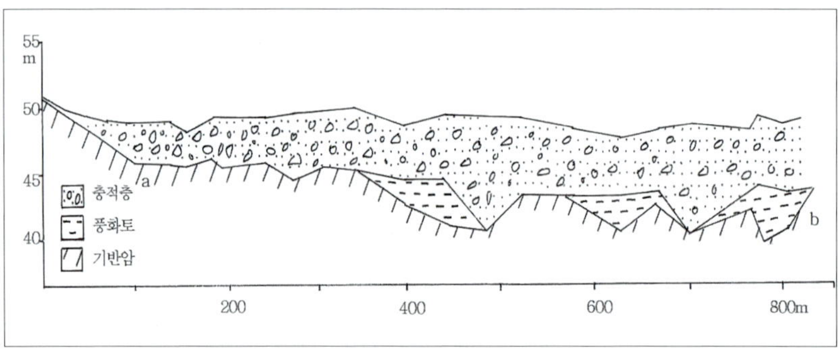

그림 5. 건들바위 네거리에서 대봉교 사이 충적층 횡단면도(출처: 송언근, 2018)

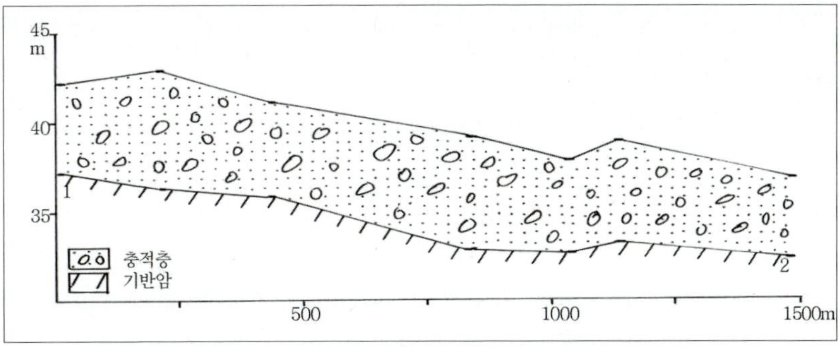

그림 6. 반월당에서 신천교 사이 충적층의 종단면도(출처: 송언근 2018)

그림 7. 보링지역(1: 반월당, 2: 대구직업학교, a: 건들바위, b: 대백프라자)

그림 5는 지상철 3호선 공사의 보링 데이터로 작성한 건들바위 네거리(그림 5와 7의 a) 부근에서 대백프라자(그림 5와 7의 b) 사이 충적평야의 퇴적층 횡단면도이다. 그림 6은 지하철 1호선 공사의 보링 데이터로 작성한 반월당(그림 6과

7의 1)에서 대구역 북쪽 대구직업전문학교(그림 6과 7의 2) 사이의 충적평야의 퇴적층 종단면도이다.

그림 5와 6에서 볼 수 있듯이 건들바위에서 대백프라자 사이, 그리고 반월당에서 대구직업전문학교 사이의 충적층은 하천 범람으로 나타나는 일반적 퇴적층과 달리 층리구조가 없다. 이는 신천이 운반한 물질들이 크기에 관계없이 뒤섞여 퇴적되었다는 것을 의미한다. 그림에서 보듯이 신천좌안 충적평야의 퇴적층에는 실트와 모래, 자갈들이 뒤섞여 있다. 자갈의 직경은 1~15cm까지 다양하며, 형태는 아원력 내지 아각력이 주를 이룬다. 토양색은 갈색 내지 암갈색을 띤다. 충적층의 두께는 인위적인 매립층을 제외하면 3.2~8.7m 사이이며, 평균 두께는 4~5m 정도이다.

전술했듯이 퇴적물들의 분급이 없고, 층리구조가 발달하지 않은 퇴적층 특징, 그리고 둥근 정도인 원마도가 낮은 자갈과 퇴적층 두께 등으로 볼 때 신천 좌안 충적평야는 전형적인 선상지성 퇴적물이라고 할 수 있다.

지형도와 보링 데이터 분석뿐만 아니라 1884년 9월~12월에 우리나라를 여행한 조지 포크[12]가 남긴 여행지에서도 신천 좌안 충적평야가 선상지성으로 발달했음을 알 수 있다. 12월 5일 대구를 여행하면서 남긴 포크의 기록에 다음과 같은 내용이 있다.

> 대구 주변 지역은 그리 많이 비옥하거나 생산적이지 않았다. 이곳은 감영이 있는 장소라서 중요했다. 주변 평야는 개간됐지만 많은 부분이 돌밭이었고, 일부분만 논이었다(조법종, 조현미, 2021, 389).

12 조지포크는 1883년 조선 최초로 미국에 파견된 민영익, 서광범, 홍영식 등 조선 보빙사를 수행하는 미국 측 통역관에 임명되었다. 1884년 보빙사의 귀국 시 조선 주재 미국 공사관 해군 무관으로 그 해 5월에 조선에 왔다. 그는 1885년부터 1887년까지 초대 푸트 공사의 사직으로 임시대리 공사를 맡아 고종을 비롯한 조선정계의 주요 자문역할을 수행하였다(조법종, 조현미, 2021).

평야에 돌이 많다는 기록은 위의 내용뿐만 아니다. 포크는 상동 부근에서 신천을 건너 신천 좌안 충적평야로 들어오면서 본 광경에 대해서도 '밭이 거의 없는 자갈투성이의 나쁜 땅이었다'라고 기록 하였다. 포크의 기록으로 보면 지금으로부터 138년 전, 개간되지 않은 신천 좌안 충적 평야에는 곳곳에 돌이 많았다는 것을 알 수 있다. 이는 이 지역이 선상지성 충적평야라는 또 다른 증거이다.

신천 좌안 충적평야에 돌이 많았다는 포크의 기록은 1917년 지석묘 사진에서 확인할 수 있다.

그림 8. 1917년 대구 재판소 앞 지석묘 사진(출처: 국립중앙박물관 소장품)

그림 8의 대구 재판소 위치는 현 동성로에서 100여 m 동쪽에, 그리고 현 신천에서 1.4km 정도 서쪽에 있었다. 재판소가 포함된 지역 전체 충적평야 (동산~신천) 폭은 2.6km 정도이다. 때문에 대구 재판소는 충적평야의 중간 정도에 위치한다. 그런데 사진을 확대하면 지석묘 주변에 pebble~boulder에 이르는 원력 내지 아원력들이 곳곳에 분포하는 것을 볼 수 있다. 대구 재판소 부근의

퇴적물 특징을 수성구 상동의 지석묘 사진(그림 9)에서도 볼 수 있다. 여기서도 지석묘 주변 밭에 boulder 급의 아원력들이 곳곳에 분포해 있는 것을 볼 수 있다. 전술한 두 지석묘 주변처럼 실트, 모래, 력들이 뒤섞여 있는 퇴적환경은 선상지성 평야에서 나타나는 전형적인 특징이다.

그림 9. 일제강점기 수성구 상동 지석묘(출처: 국립중앙박물관 소장품)

이상에서 살펴본 신천 좌 · 우안, 특히 좌안 충적평야의 지형면과 퇴적물 특징으로 볼 때, 신천의 충적평야는 선상지성으로 발달하였다는 것을 알 수 있다. 이는 홍경희(1965), 조화룡(1995), 이기은(2005), 강경택(2007)의 연구와도 일치한다.

한편 앞 절에서 언급했듯이 선상지의 하천은 곡구를 벗어나면 넓게 퍼지면서 흐르거나 유로를 자주 바꾸는 특징이 있다(권혁재, 1999). 이로 인해 선상지에는 하천들이 유로 변화를 하면서 여러 갈래로 나누어져 흐른다. 이 같은 선상지 하천의 흐름 특성으로 볼 때 신천도 과거 어느 시기에는 상동교 하류의 충적평야에서 유로 변화를 하면서 여러 갈래로 나누어져 흘렀을 가능성이 있다.

2장

시가지에 남아있는 하천 흔적[13]

건들바위 하식애

13 2장은 "강경택(2007), 대구천 고유로의 지형발달"을 토대로 재구성한 것임.

1. 건들바위 위에 호텔이 있다면

갈대 잎이 바람에 흔들릴 때 비파 같은 아름다운 소리를 낸다는 금호강(琴湖江)에는 이름만큼 아름다운 곳이 많다. 금호강을 따라 대구로 들어오면서 볼 수 있는 바위 절벽은 정자만 세우면 시 한 수에 노래가 절로 나올 것 같은 경치이다. 인터불고 호텔 아래쪽에 있는 바위 절벽, 아양교 부근의 아양류 아래 절벽과 경상고등학교 아래쪽 절벽, 이들에서 지금 도시의 모습을 지우면, 절벽 아래로 흐르는 푸른 금호강과 절벽 주위의 울창한 숲, 그리고 날아갈 듯이 세워진 정자, 하늘에 떠 있는 반달, 상상만 해도 절경이다. 서거정이 대구 십경 중 제 1경을 금호강으로 삼은 것도 이유가 있었다.

그림 10. 인터불고 호텔 아래 금호강 하식애

화랑교 옆 바위 절벽에 정자가 있었는지 모르겠지만 지금은 인터불고 호텔이 있다. 그런데 금호강, 절벽, 인터불고 호텔이 어우러진 경관에서 금호강을 지우면 어떤 모습이 될까? 금호강이 사라진 곳에 도로를 건설한다면 이곳은 또 어떤 모습으로 변할까? 도로에는 차가 달리고, 도로 옆에는 바위 절벽이 있으며, 그 위에 인터불고 호텔이 있는 모습이 된다. 지나가는 사람들은 '왜 여기에 절벽이 있지?'라고 의아해 할 것이다.

그림 11. 건들바위

그림 12. 동산병원 동쪽 하식애(2004년 촬영)

반대의 상상을 해 보자. 그림 11의 건들바위 앞에 있는 도로가 하천이라면 건들바위 주변은 어떤 모습일까? 푸른 강물, 바위 절벽, 그 위에 정자라도 있으면, 서거정이 대구 1경으로 이야기한 금호강에 비견할 경치가 된다. 한 때 서거정이 금자라를 잡고 싶어 하였던 대구 십경 중 2경인 입암(笠巖)의 위치를 이곳으로 생각한 것도 경치만으로 보면 '그럴 수 있겠다' 싶다.

그림 12는 동산병원 동쪽 절벽과 그 아래의 주차장 모습이다. 이곳 역시, 절벽 아래에 하천이 흐른다면 인터불고 호텔이 있는 금호강 하식애 경관과 별반 다를 바 없다.

대구 시내에는 그림 11, 12와 같은 절벽들이 곳곳에 있다. 건들바위 남쪽의 수도산, 봉산문화거리의 제일 중학교, 반월당의 성광교회, 계산 성당 맞은편의 제일교회, 달성 등에서 이 같은 절벽들을 볼 수 있다. 이들 절벽에서 동쪽의 신천까지는 모두 평탄하다. 즉 절벽에서 신천 사이의 지형은 모두 '절벽→평탄한 땅→신천'이라는 동일한 패턴을 보인다.

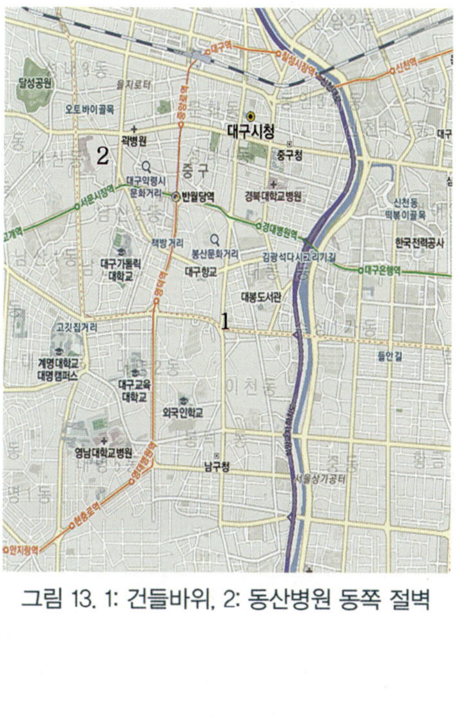

그림 13. 1: 건들바위, 2: 동산병원 동쪽 절벽

일반적으로 구릉지와 침식저지는 고도와 경사가 점진적으로 낮아진다. 때문에 이들 지형은 완만한 경사로 평야와 만난다. 그런데 건들바위, 동산병원의 침식저지는 거의 수직에 가까운 절벽이다.

인터불고 호텔 아래쪽에 있는 금호강의 바위 절벽을 학술적 용어로 '하식애(河蝕崖, river cliff)'라 부른다. 하천의 침식으로 깎여 발달한 절벽이라는 뜻이다. 하식애는 하천의 침식작용 중 하곡을 좌우로 넓히는 측방침식(側方侵蝕)에 의해 만들어진다.

하식애와 유사한 형태의 절벽들이 도시 중간에 일련의 방향성으로 연속적으로 나타날 때는 크게 두 가지 원인을 생각할 수 있다. 하나는 지진과 같은 단층 활동이고, 다른 하나는 하천의 침식 작용이다. 그런데 대구에는 신생대 3기 이후 단층 활동이 없었다(대구시사편찬위원회, 1995). 그렇다면 하천의 침식 작용에 의한 결과로 볼 수밖에 없다. 이는 지금은 하천이 없지만, 과거 어느 시기엔가 이들 절벽 쪽으로 어떤 하천이 흘렀다는 것을 의미한다. '그 하천은 어떤 하천이었고, 언제 대구에서 사라졌는지? 하천이 흘렀다면, 하천에 의해 형성된 구 하식애들은 어디에, 어떤 형태로 발달해 있는지?'라는 의문이 든다.

2. 옛날 하천의 흔적을 따라서

가. 효성 타운에서 남구청

저녁 약속이 들안길의 식당에 있을 때면, 내가 근무하는 대학에서 영대 네거리를 거쳐 봉덕로를 타고 남구청 네거리를 지나 중동교를 건너 들안길로 간다. 차를 타고 가면서 습관적으로 도로 경사를 살핀다. 지표면 경사 변화를 보기 위해서이다. 도로 경사가 갑자기 달라지는 것은 그 곳에 침식이나 퇴적을 일으킨 어떤 에너지가 작용했다는 뜻이다.

그림 14. 주요 지점(1: 영대네거리, 2: 남구청네거리, 3: 파리바게트, 4: 봉덕성당, 5: 현대힐스테이트아파트)

영대 네거리에서 남구청 네거리까지는 평탄한 길이 이어지다 파리바게트 부근(그림 14의 3 지점)에서 갑자기 내리막인 경사 변환부가 나타난다. 경사변환부가 끝나는 곳에서 신천 사이에는 다시 평탄한 지형이다. 반대로, 학교로 올 때는 중동교를 넘어 봉덕성당(그림 14의 4)을 지나 봉덕로와 중앙대로를 이용한다. 이때도 유사한 경사 변환부를 만난다. 중동교를 지나 평탄한 길이 이어지다가 봉덕성당에서 현대힐스테이트아파트(그림 14의 5) 부근으로 가면서 오르막인 경사변환부가 나타난다.

그림 15. 파리바게트에서 봉덕시장 부근 경사변환부(횡단보도 부근)

그림 16. 현대힐스테이트 부근의 경사변환부

인접한 두 지역에 유사한 형태의 지형, 즉 '신천→평탄한 땅→경사변환부'가 나타난다는 것은 적어도 지형학을 전공한 필자와 같은 사람들에게는 흥미로운 일이 아닐 수 없다.

'하천(신천)→평탄한 땅→경사변환부'로 이어지는 지형 배열은 곡저평야에서 쉽게 볼 수 있다. 즉 하천의 유로 변화로 넓어진 하곡(河谷)에 하천 범람으로 충적평야가 만들어질 때 이와 유사한 지형 배열이 나타난다. 이런 지형이 신천에 멀리 떨어진 대구 시내에 나타나니 흥미로울 수밖에 없다. 만약 봉덕성당 부근의 현대힐스테이트아파트와 남구청 부근의 파리바게트 사이에 '하천(신천)→평탄한 땅→경사변환부'라는 지형이 연속적으로 나타난다면 이들은 하천에 의해 만들어졌을 가능성이 높다. 이 같은 추론을 하면서 파리바게트와 현대힐스테이트아파트 사이를 조사했다. 예측한 것처럼 이 지역에 경사변환부들이 곳곳에 나타났다. 현대힐스테이트 아파트에서 북쪽으로 260m쯤 떨어진 아진맨션에서 경사변환부가 나타났다. 이곳을 경계로 신천 쪽은 평탄한 지형이 이어진다(그림 17 참조). 아진맨션과 신천 쪽 평탄면과의 비고는 3~4m 정도이다. 아진 맨션 북쪽의 봉덕 2동 행정복지센터 부근에도 신천 쪽의 평탄한 곳과 5m 정도의 비고를 가진 경사변환부가 있다.

그림 17. 아진맨션 경사변환부(사진 왼쪽 전봇대 부근)

이들 경사 변환부들의 위치(그림 14 참조)는 앞산 힐스테이트아파트→아진 맨션→봉덕 2동 행정복지센터→ 파리바게트 쪽으로 연속적이면서 일련의 방향성을 나타낸다. 경사변화부에서 신천 사이의 지형 배열도 '경사변환부→평탄한 땅→신천'이라는 동일한 패턴을 보인다. 이 같은 지형 배열 특징으로 보면 앞산 힐스테이트아파트 남쪽에도 이와 유사한 지형이 나타날 가능성이 있다.

그림 18. OK MART에서 효성 타운 아파트로 들어가는 도로 상의 경사변환부

지형도를 보면 신천 좌측에 평탄한 땅이 나타나기 시작하는 곳은 효성 타운 아파트 부근이다. 따라서 경사변환부가 나타난다면 이 부근일 수 있다. 추정처럼 효성타운 아파트로 올라가는 길에 있는 OK MART 부근에서 경사변환부가 나타났다. 아파트 진입로 건설을 위해 경사변환부의 높이와 경사를 완만하게 하였을 것이기 때문에 원래는 이보다 훨씬 가파른 형태였을 것이다. OK MART에서 신천 사이는 평탄한 지형이다. 앞에서 살펴보았던 경사변환부-평탄면-신천이라는 지형 배열 특징이 여기서도 나타났다. 이는 과거 어느 시기에 이쪽으로 하천이 흘렀다는 것을 의미한다. 따라서 OK 마트에서 북쪽의 앞

산 힐스테이트아파트 사이에도 경사변환부가 나타나야 한다. 추정한 것처럼 OK MART 건너편 골목길에 있는 해경 빌라와 팔레스빌 빌라 쪽에 하식애성 절벽이 나타났다. 이 지형은 앞산 힐스테이트아파트 동쪽에 있는 모텔 마이더스까지 연속되었다.[14] 이들 하식애성 지형 위치는 OK MART에서 봉덕 2동 행정복지센터 부근의 파리바게트까지 일련의 방향성과 연속성을 갖는다. 이는 이들 지형이 동일한 하천에 의해 만들어졌다는 것을 의미한다.

그림 19. 팔레스빌과 모텔 마이더스 사이의 하식애(2006년 촬영)

이상에서 살펴 본 하식애성 절벽(또는 경사변환부)들과 신천의 위치적 관계, 그 사이의 지형 배열 특징으로 볼 때, 이들 지형은 신천과 관련하여 발달했을 가능성이 높다.

14 현재 이곳의 하식애는 앞산 힐스테이트 아파트 공사로 대부분 파괴되었다. 팔레스빌 빌라 뒤쪽에 하식애가 국지적으로 남아있다.

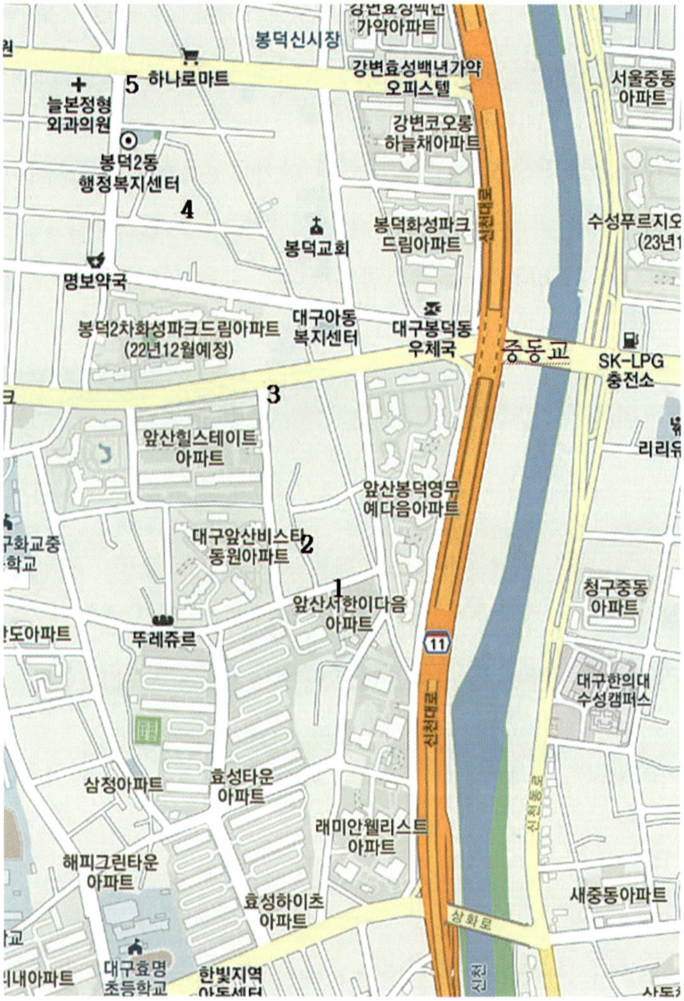

그림 20. 상동교에서 파리바게트 사이 경사변환부 위치(1: OK MART, 2: 팔레스빌, 3: 모텔 마이더스, 4: 아진 맨션, 5: 파리바게트)

나. 남구청에서 반월당

효성타운아파트에서 남구청 네거리 부근의 파리바게트까지 하식애 또는 경사변환부가 일련의 방향성으로 나타나는 것을 볼 때, 파리바게트 북쪽에도 이들 지형이 나타날 가능성이 높다. 예측과 달리 파리바게트와 봉명네거리 사이에는 뚜렷한 형태의 하식애성 절벽과 경사변환부들이 나타나지 않았다. 지형적으로 이천로와 봉덕로 19길 사이는 고도 차이가 꽤 나는데도 그러하다. 이는 이 지역이 주거지역으로 개발되면서 경사변환부들이 파괴되었고, 남아있는 지형들도 건물들에 가려졌기 때문이다.

이 같은 특성의 이 지역은 전체적으로 남구청 앞 이천로와 봉덕로 19길 사이는 완경사 지형이고, 봉덕로 19길에서 신천 사이는 평탄한 지형이다. 따라서 이 지역도 '경사변환부→평탄한 땅 →신천'이라는 지형 배열을 보인다.

그림 21. 주요 지점(1: 아진맨션, 2: 봉덕2동행정복지센터, 3: 파리바게트, 4: 경사변환부, 5: 봉명네거리, 6: 현대블루핸즈)

그림 22. 봉명네거리와 남구청 사이의 경사변환부

파리바게트에서 봉명네거리 사이에서 경사변환부가 가장 뚜렷한 곳은 그림 22의 남구청과 봉명네거리 사이이다. 이곳과 봉명네거리의 고도차(비고)는 10m 정도이다. 남구청 앞 이천로는 도로 공사를 위해 고도와 경사를 낮추었을 가능성이 높다. 때문에 공사 전 자연상태의 경사변환부는 현재보다 비고가 높고, 경사도 급했을 것으로 추정된다.

이상의 지형 특징으로 볼 때 봉덕로 19길은 아진맨션, 봉덕2동 행정복지센터, 파리바게트로 이어지는 구유로 방향으로 추정된다.

아진맨션에서 봉명네거리를 향해 북서쪽으로 이어지던 구유로 방향은 현대블루핸즈(그림 21의 6)에서 방향을 북북서로 바꾸어 수도산 쪽으로 이어진다. 이 지역에서 하식애성의 절벽이 나타나기 시작하는 곳은 영선 초등학교 남쪽에 있는 교대역 월드메르디앙아파트 부근이다.[15] 여기서부터 영선초등학교와 서봉사를 거쳐 대구광역시 상수도 사업본부까지 하식애성 절벽이 연속적으로 나타난다(그림 23, 24 참조). 이 지역에서 노출된 하식애성 절벽의 전체 길이는

15 교대역 월드메르디앙 아파트의 하식애는 아파트 건설로 많이 파괴된 상태이다.

약 600m 정도이고, 경사는 70~80° 정도로 상당히 가파르다.

그림 23. 영선초등 주변 하식애(사진 위쪽 끝: 서봉사)

그림 24. 서봉사 밑 하식애

그림 25. 건들바위 하식애

서봉사가 있는 수도산 하식애성 절벽은 대구광역시 기념물인 건들바위로 이어진다. 건들바위 지역의 하식애성 절벽은 길이가 100여 m에 이르고, 경사는 거의 수직에 가깝다. 여기에는 수직절리를 따라 발생한 차별 침식으로 하식애 본체에서 분리된 지형이 있다. 하식애 하부에는 하천의 측방침식으로 안쪽이 파여 횡적으로 발달한 공동(空洞)같은 지형도 볼 수 있다.

하천은 일정 방향으로 흐른다. 때문에 건들바위 절벽이 서부침식저지를 침식하여 발달한 것이라면, 이곳에 인접한 서부침식저지에도 하식애가 나타나야 한다. 그것이 그림 26이다.

건들바위의 하식애성 절벽과 연결되는 이곳은 건들바위에서 북쪽으로 100여 m쯤 떨어진 건들바위 버스 정류장부근의 골목에 있다. 여기에 발달한 하식애성 절벽은 높이가 5~10m 정도이고, 경사도 아주 가파르다. 관찰 가능한 하식애성 절벽의 길이는 130m 정도 된다.

그림 26. 건들바위 북쪽 하식애

이곳 절벽은 북쪽의 제일중학교 쪽의 하식애성 절벽(그림 27)과 연결된다. 제일중학교 동쪽 가장자리에 발달한 하식애성 절벽의 높이는 대략 9m 전후이고, 경사는 거의 70~80°에 가깝다. 이곳 하식애는 방향을 서서북쪽으로 틀어 봉산 뜰안채 아파트와 봉산 문화회관 서쪽으로 이어진다.

그림 28은 봉산문화회관 부근의 하식애성 절벽이다. 현재 이 지역은 봉산 뜰안채아파트와 봉산문화회관으로 하식애성 절벽을 보기 힘들다. 그러나 이들이 건립되기 전에는 제일 중학교에서 이어지는 하식애성 절벽들이 봉산문화회관 뒤쪽에 뚜렷하게 발달해 있었다. 이로 인해 절벽과 그 아래의 평지 간에 지형차가 뚜렷하였다.

그림 27. 제일 중학교 아래 하식애

그림 28. 봉산문화회관 서쪽 절벽(2004년 촬영)

봉산문화회관에서 하식애성 절벽의 방향은 북서쪽의 대구초등학교를 지나면서 서쪽으로 방향을 틀어 반월당 쪽으로 나아간다. 반월당 부근에서 하식애성 절벽이 가장 뚜렷하게 나타나는 곳은 반월당과 대구초등학교 사이의 성광 교회 쪽이다. 성광교회 북쪽(그림 29)은 주택들이 들어서 있어 뚜렷한 모습을 볼 수 없지만 교회 아래쪽에 하식애성 절벽이 발달해 있다.

그림 29. 성광교회 부근 하식애(2004년 촬영)

그림 30. 경사변환부 위치(1: 봉명네거리, 2: 영선초등, 3: 건들바위, 4: 제일중,
5: 봉산문화회관, 6: 성광교회)

이상에서 살펴본 남구청에서 반월당 사이의 하식애성 절벽은 신천 좌안 충적평야 상에서 형태적으로 가장 모식적이고, 규모적으로도 가장 크다. 특히 교대역 월드메르디앙 아파트에서 봉산 문화회관 사이, 1.5km 구간에는 전형적인 하식애성 절벽이 발달해 있다. 하식애성 절벽의 연속성은 다른 지역과 비교가 되지 않을 정도로 뛰어나다.

다. 반월당에서 팔달교

반월당에서 계산오거리 사이에는 하식애성 절벽이 나타나지 않는다. 이곳에는 동아백화점 맞은편의 침식저지의 북쪽 가장자리 일부 지역에서 경사변환부들을 볼 수 있다. 이들조차 개발에 의해 뚜렷한 모습으로 남아있지는 않다.

그림 31. 제일교회 하식애(2004년 촬영)

침식저지상의 경사변환부들은 계산오거리에서 방향을 북서쪽으로 돌려 계산성당 맞은편의 제일교회(그림 31), 성명여중(그림 32), 그리고 동산병원(그림

33) 동쪽 가장자리로 이어진다. 이들 지역에서 다시 하식애성 절벽이 나타난다. 이들 중에서 동산병원 동쪽 하식애는 건들바위와 함께 대구 시내에 있는 하식애 중에서 형태적으로 가장 전형적인 곳이다.

그림 32.성명여중과 구암서원 사이에 발달한 하식애

그림 33. 동산병원 동쪽 하식애

이 지역의 하식애성 절벽의 위치로 볼 때, 이들을 만든 하천은 반월당에서 계산오거리 쪽으로 서류하다가 계산오거리 부근에서 북북서쪽으로 방향을 바꾸어 흘렀다는 것을 알 수 있다.

동산병원 하식애성 절벽과 연결되는 지형이 다시 나타나는 곳은 달성(達城)의 동쪽(그림 34)과 북쪽(그림 35)이다. 특히 동쪽의 하식애성 절벽 밑으로 복개된 달서천이 흐르기 때문에 이곳에 발달한 절벽은 하천의 침식으로 발달한 하식애라는 것을 알 수 있다. 반면 달성 북쪽의 하식애성 절벽[16]은 현재 이곳으로 하천이 흐르지 않기 때문에 하식애의 존재로 과거 이 지역으로 하천이 흘렀다는 것을 알 수 있을 뿐이다.

그림 34. 달성 동쪽 하식애성 절벽(토성 위의 정자: 관풍루, 토성 앞의 도로: 복개된 달서천)

16 그림 35의 달성 북쪽 하식애는 이 지역이 재개발되기 전인 2004년에 촬영한 것이다. 사진에서 보듯이 하식애성 절벽을 기준으로 위쪽과 아래쪽의 지형차가 뚜렷하다.

그림 35. 달성공원 북쪽 하식애성 절벽(2004년 촬영)

그림 36. 1: 달성 동쪽 하식애, 2: 달성 북쪽 하식애성 절벽, 3: 경일 중학교 하식애성 절벽

달성 동쪽(그림 36의 1)과 북쪽(그림 36의 2)에 발달한 하식애의 형태와 방향은 이들을 만든 하천의 흐름을 추적하는 중요한 단서가 된다. 달성의 동쪽 하식애는 위치로 볼 때, 달성 남쪽에서 북쪽으로 흐르던 하천인 달서천이 달성 동쪽을 지나면서 만든 것이다. 반면 달성 북쪽 하식애는 위치와 형태로 볼 때, 달성 남동쪽에서 이곳으로 흘러들어와 북서쪽으로 흘렀던 어떤 하천이 만든 것으로 보인다. 이 같은 위치 관계로 볼 때, 달성 북쪽 하식애를 만든 하천은 동쪽 하식애를 만든 달서천과 다른 하천이었을 것으로 추정된다.

달성공원 북쪽에서 금호강 사이에는 뚜렷한 하식애가 나타나지 않는다. 이 지역의 대부분은 신천과 금호강의 범람원이어서 하식애를 만들 지형이 없기 때문이다. 이 지역에서 뚜렷한 하식애성 절벽을 볼 수 있는 곳은 달성의 북서쪽에 있는 경일 중학교 주변(그림 37 참조)가 유일하다. 학교 북쪽에서 하식애성 절벽을 볼 수 있다.

그림 37. 경일 중학교 부근 하식애성 절벽

이상에서 살펴본 효성타운 아파트의 OK 마트에서 경일중학교까지 하식애성 절벽과 완경사의 경사변환부들의 위치를 나타낸 것이 그림 38이다. 그림에서 볼 수 있듯이 이들은 연속과 불연속을 반복하면서 OK 마트에서 경일 중학교까지 이어진다.

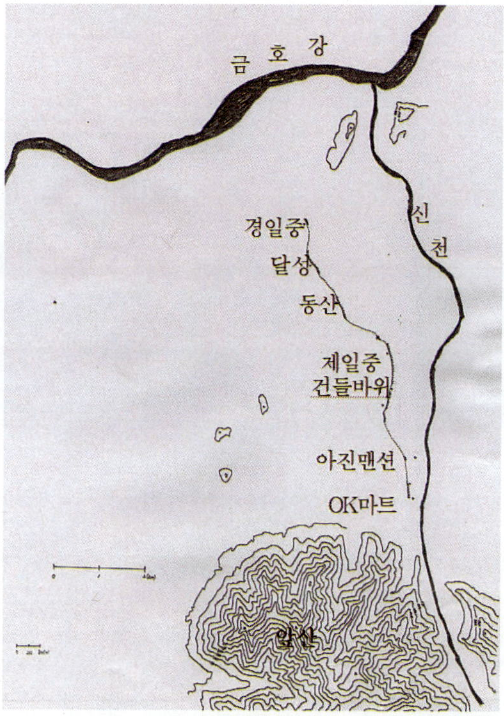

그림 38. OK 마트에서 경일중학교까지의 하식애와 경사변환부 위치

한편 OK 마트에서 경일 중학교 사이에 하천의 측방침식으로 발달한 하식애성 절벽과 경사변환부가 위치적으로 일련의 규칙성을 가지고, 연속적으로 발달했다는 것은 과거 이 지역으로 하천이 흘렀다는 것을 의미한다. 이들 하식애성 지형과 신천의 위치적 관계로 볼 때, 그 하천은 신천일 가능성이 높다. 신천이 지금 이곳을 흐르지 않는다는 것은 유로가 변하였다는 것을 의미한다.

2부_

신천 분류의 발달과 본류의 유로 변화

1부의 신천 좌안 충적평야 특성과 서부 침식저지 동쪽 말단에 발달한 하식애들의 분포 특성을 볼 때, 과거 어느 시기에 신천은 지금과 달리 흘렀을 가능성이 있다. 만약 그러하다면 1924년 대구읍지와 1976년 달구벌이 제시한 '과거에 신천은 대구부의 서쪽으로 흘렀다'라는 것이 사실일 수 있다.

2부에서는 1부의 조사를 토대로 신천의 유로 변화 여부를 살펴본다. 이를 선상지성으로 발달한 신천 충적평야의 특성을 고려하여 신천 본류와 신천에서 분류한 하천들로 나누어 살펴본다.

먼저 대구민들의 삶과 불가분의 관계를 가졌을 신천 분류 하천들의 흐름 특성을 살피고, 이어서 신천 본류의 유로 변화 특성을 살펴본다.

3장

신천 분류의 발달[17]

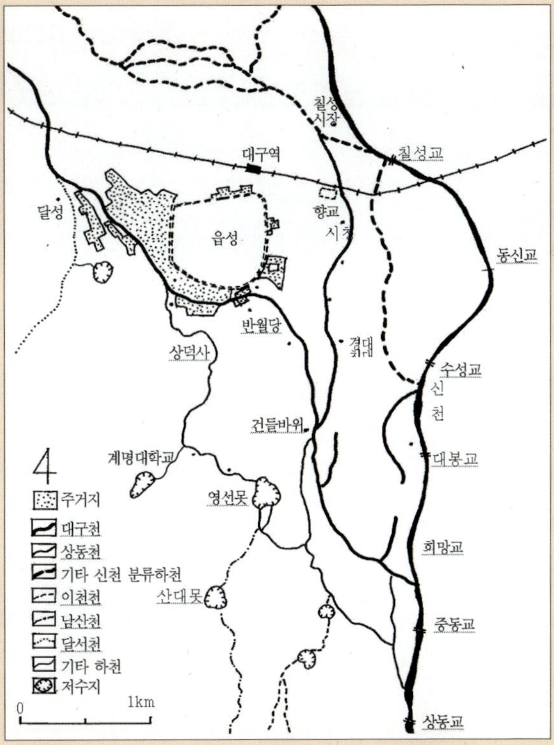

1910년대 신천 좌안 충적평야의 하계망

17 3장은 "송언근 · 강경택, 2017a, 1910년대 신천 좌안 충적평야의 하계망 특성"을 재구성한 것임.

1. 대구 시내로 흘렀던 또 다른 신천: 대구천과 상동천

신천 좌안 충적평야가 선상지성으로 발달하였다면 과거 어느 시기에 이곳으로 여러 갈래의 하천들이 흘렀을 것이다. 그것을 1900년대 초 지도에서 볼 수 있다. 여기서는 다양한 지도와 현지 조사를 통해 신천 분류하천의 존재를 명확히 하고, 이를 토대로 100여 년 전 신천 좌안 충적평야의 하계망 특성을 살펴본다.

가. 대구천과 상동천[18]의 흐름 특성

1) 지도 분석

가) 지형도, 지질도, 수도 지도 분석

대구부의 서쪽으로 흘렀던 대구천이 뚜렷하게 나타나는 가장 오래된 지도는 1903년의 축척 1/8,000 대구시가도(그림 39)이다. 이 지도에는 철거되기 전 대구 읍성과 주변 모습이 자세히 나타난다. 특히 읍성 주변의 하천 흐름이 잘 나타난다. 읍성의 남쪽에는 동에서 서로 흐르는 하천이 뚜렷이 나타난다. '대구천'이라 부르는 이 하천은 지도의 남동쪽에서 북서류하여 반월당 지역으로 들어와 읍성의 남쪽에 근접하여 서류하다가 계산성당 부근에서 북서류하여 달성 쪽으로 흘러간다. 달성 쪽으로 흘러가는 대구천의 존재는 사진으로서도 확인 가능하다.

18 대구천의 존재와 위치는 대부분의 연구자들이 동의한다. 반면 상동천은 필자의 연구(2017)로 처음 밝혀진 하천으로, 상동교 부근에서 신천에서 분류하였기에 이를 '상동천'이라 명명하였다.

그림 40은 대한제국시대 읍성 서문 밖으로 흘렀던 하천[19]을 찍은 것이다. 이것의 위치는 대구읍성의 서문 밖 서성로와 국채보상로 101길이 만나는 부근이었을 것으로 여겨진다(그림 39의 5). 이 하천은 위치로 볼 때 읍성의 남쪽을 돌아 북서쪽의 달성으로 흘러갔던 대구천의 대한제국 시대 모습으로 추정된다.

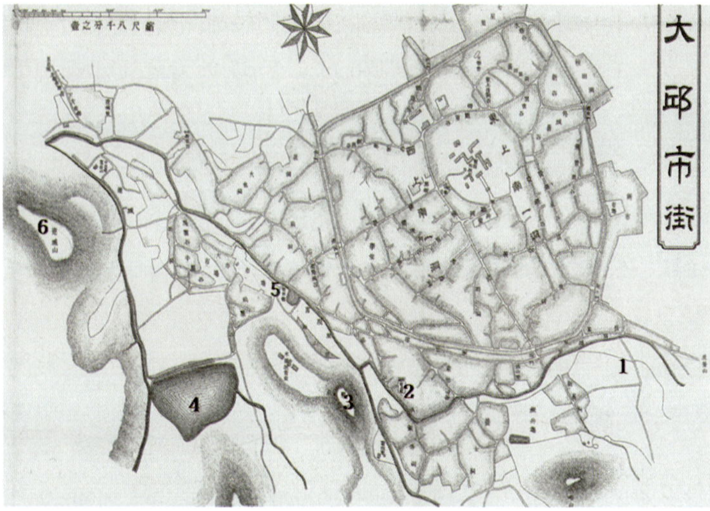

그림 39. 1903년 대구 시가지도(1: 반월당, 2: 계산성당, 3: 동산, 4: 천황당못, 5: 달서교, 6: 달성)(출처: 영남대학교 박물관, 1998)

그러나 1903년 지도는 읍성 주변만 나타나 대구천의 전체 정보가 없다. 이 문제를 해결할 수 있는 것이 1918년에 제작된 1/50,000 대구 지형도(그림 41)이다.[20]

19 그림 40의 달서천을 본 연구에서는 '대구천'이라 부른다. 그 이유는 9쪽에 상세히 기술하였다.

20 그림 41의 1918년 1/50,000 지형도는 제작 연대는 1918년이지만 공간 정보, 특히 지형 정보는 이보다 오래되었다. 이는 다음과 같은 이유 때문이다. 대한제국 재정 고문이었던 메가타(目賀田種太郎)는 재정의 기초를 확립하기 위해서는 지적 정리가 급선무라 판단하고, 대구, 평양, 전주에 측량 기술자를 양성하였다. 이것이 대구에서 현대적 측량과 지도 제작의 출발이다. 기록에 의하면, '1907년 1월 18일부터 대구 시가지 측량을 시행하여 융희 2년(1909)에

그림 40. 대한제국 시대 읍성 서문 밖의 달서천과 달서교(출처: 부산박물관)

1903년 지도에 나타난 대구천 유로를 1918년 지형도에서 추적하면 반월당 이남에서 그것은 건들바위를 지나 일본군 80연대(현 캠프헨리)[21] 서쪽에서 남동쪽으로 방향을 틀어 신천으로 이어진다. 달성 이북에서는 북류하여 팔달교 부근에서 금호강으로 유입한다. 그리고 대구천은 현재의 건들바위 부근에서 유로가 재분류한다. 분류한 유로는 1918년 당시 시가지화 된 대구부의 동쪽에서 북류하다가 현재 칠성시장 부근에서 신천에서 분류한 하천과 합류하여 북서쪽으로 흘러 침산 서쪽을 지나 금호강으로 흘러갔다.

그것을 완성하였다'라고 한다(국립지리원, 2003). 따라서 1918년의 1/50,000 지형도 상의 기초 정보, 특히 지형 정보들은 적어도 1907년에서 1909년 사이에 조사된 것을 활용하였을 가능성이 높다. 그리고 그림 41의 1918년 1/50,000 대구 지형도상 하천 표시는 1917년 대구수도지도, 1918년 1/10,000 대구 지형도, 1910년대 지적도의 분석을 종합하여 가독성을 위해 지도에 나타난 유로에 그림 파일을 통해 유로를 보다 진하게 나타내었다.

21 1916년부터 일본군 80연대가 주둔하였던 곳(손필헌, 2009)은 현재 캠프헨리 지역이다. 본 연구에서는 이해의 편의상 캠프헨리와 일본군 80연대를 시대와 필요에 따라 같이 사용한다.

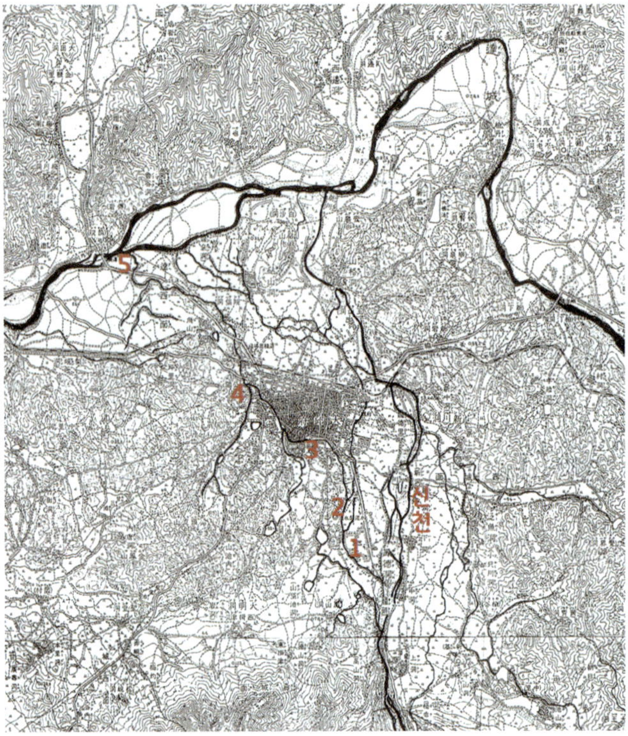

그림 41. 1918년 대구 지형도(1: 일본군 80연대, 2: 건들바위, 3: 반월당, 4: 달성, 5: 팔달교)

1918년 지형도 분석으로 볼 때, 대구 읍성 남쪽으로 흘렀던 대구천은 신천에서 분류하여 북서류하면서 대구부의 중심부를 통과하여 금호강으로 유입하였다는 것을 알 수 있다.

대구천의 시작 지역과 흐름 방향을 알 수 있는 두 번째 증거는 1917년에 제작된 1/12,000의 대구시 수도지도(그림 42)이다. 이 지도는 1918년 1/50,000 지형도보다 대축척이면서 남쪽으로 현재의 중동교 부근, 북쪽으로는 대구역 이북의 칠성동까지 나타난다. 때문에 1918년 1/50,000 지형도보다 대구의 중심부로 흐르는 하천들의 흐름을 보다 자세히 살필 수 있다.

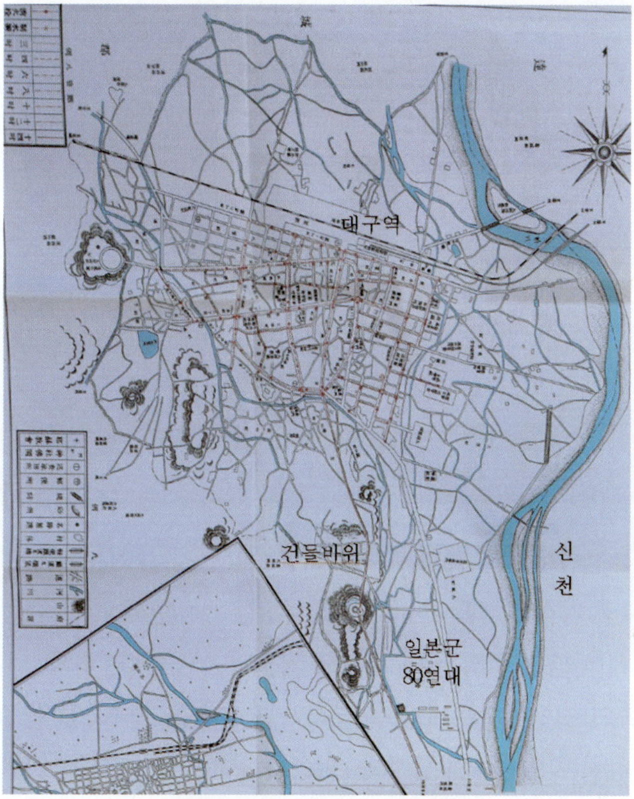

그림 42. 1917년 대구 수도지도

1917년 대구 수도지도에도 대구천은 일본군 80연대 남동쪽 신천 부근에서 분류한다. 신천에서 분류한 대구천은 북서류하다가 일본군 80연대 남서쪽 모퉁이에서 부대의 서쪽 경계를 따라 북류하여 건들바위를 지나 대구 읍성 쪽으로 흘러 읍성의 남쪽과 서쪽으로 흘러갔다. 이 지도에서도 건들바위 부근에서 대구천 유로가 분류한다. 분류 하천은 대구 읍성의 동쪽에서 북류하여 현 칠성시장 부근에서 신천에서 분류한 하천에 합류하는 것을 볼 수 있다.

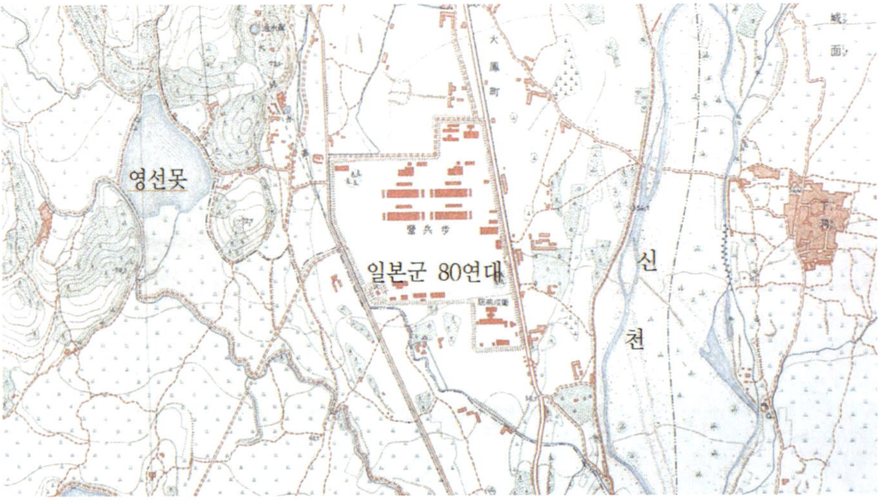

그림 43. 1918년 대구 지형도(1/10,000)

대구천이 신천에서 분류한 하천이라는 세 번째 증거는 1918년에 제작된 1/10,000 대구 지형도(그림 43)이다. 이 지도는 1910년대 지도 중 가장 대축척이고, 지도에 나타낸 범위는 대구 수도 지도와 비슷하다. 여기서도 일본군 80연대 남동쪽의 신천에서 대구천이 분류하는 모습을 볼 수 있다. 또한 신천에서 분류한 하천이 80연대의 남쪽과 서쪽 가장 자리를 따라 흐르는 것을 볼 수 있다.

네 번째 증거는 1929년 타테이와 이와오(立岩 巖)가 제작한 대구 지질도(그림 44)이다. 지질학자 또는 지형학자들이 지질도를 그릴 때는 연구 지역의 하천들 중 대표적인 하천만 나타낸다. 따라서 그림 44의 대구 지질도에 나타난 하천들은 당시 대구 분지로 흘렀던 대표적인 하천들이다. 지질도에 나타난 하천을 보면 신천과 더불어 신천 우안에는 범어천, 좌안에는 신천에서 분류한 대구천이 그려져 있다. 반면 신천 좌안의 또 다른 중요 하천인 남산천, 달서천, 이천천은 나타나지 않는다. 이는 범어천과 대구천이 신천 좌·우안 충적평야에서 가장 중요한 하천이라는 뜻이다. 지질도 상의 지형 위치로 볼 때 대구천은 현재의 중동교 부근에서 신천에서 분류하여 대구 분지의 서부 구릉지 동쪽 말단을 따라 북류한다. 그러나 앞의 두 지도와는 달리 이 하천은 대구부의 중심부에서는 더 이상 나타나지 않는다.

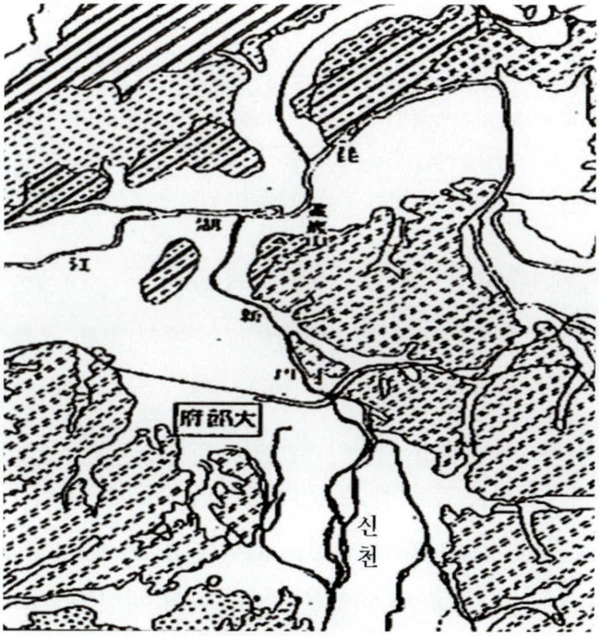

그림 44. 1929년 대구 지질도

이상의 그림 41, 42, 43, 44에 나타난 대구천은 신천에서의 분류 위치, 흐름 방향, 주변 지형지물의 위치 등이 거의 유사하다. 따라서 당시의 대구천은 지금의 중동교와 희망교 사이에서 신천에서 분류하여 북서류하다 일본군 80연대 부근에서 북류하여 대구 읍성 동쪽과 서쪽으로 흐르다 금호강으로 유입하였다는 것을 알 수 있다.

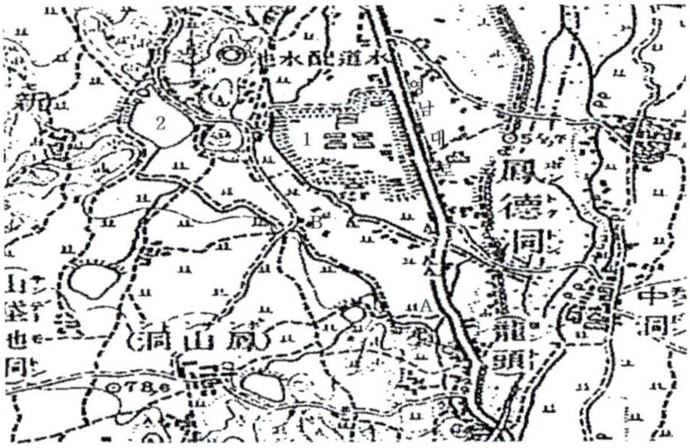

그림 45. 건들바위와 상동교 사이 신천 분류 하천들(1: 일본군 80연대, 2: 영선못, 3: 수도산)

한편 그림 45는 1918년 1/50,000 대구 지형도에서 건들바위와 상동교 사이를 확대한 지도이다. 지도에서 봉덕동(鳳德洞)과 용두(龍頭) 우측에 있는 하천은 신천이다. 지도를 보면 일본군 80연대 남동쪽, 즉 봉덕동(鳳德洞)의 동(洞) 부근에 대구천으로 보이는 신천에서 분류한 하천이 보이고, 그 남쪽에 또 하나의 하천이 북서류하는 것을 볼 수 있다. 지도상으로 보면 이 하천은 일본군 80연대 동쪽에 있는 영남대로가 신천을 건너는 부근-현 상동보 부근-에서 신천에서 분류한다. 그리고 이 하천은 북서류하여 영선못으로 흘러간다. 이 하천이 상동천이다.

상동천의 존재는 그림 43의 1918년도 1/10,000 지형도에서 볼 수 있다. 여기서도 위치적으로 상동천으로 추정되는 하천이 일본군 80연대 남쪽에서 북서류하여 영선못으로 흘러들어가는 것을 볼 수 있다. 이뿐만 아니라 1954년 영선못과 캠프헨리 사이의 항공사진(그림 46)에서도 상동천의 흔적을 찾을 수 있다.

그림에서 화살표가 지시하는 3번 지점(현 봉명네거리 부근) 좌우에 곡류하는 유로 흔적이 있다. 이것의 위치를 그림 43의 1918년 1/10,000대구 지도에 나타난 상동천 유로와 비교하면 위치가 같다는 것을 알 수 있다. 또한 그림 46의 3번 주변 유로는 영선못을 향한다, 이런 특징을 종합하면 1954년 항공사진상의 3번 주변의 유로는 상동천 흔적임을 알 수 있다.

그림 46. 1954년 항공사진(1: 영선못, 2;캠프조지, 3: 상동천 잔재, 4;캠프헨리)

상동천은 신천에서 분류한 후 다시 분류한다. 그것을 그림 45에서 볼 수 있다. 그림의 A 지점에서 상동천 유로가 갈라진다. 분류한 하천은 북동류하여 대구천으로 흘러간다. 또한 1/50,000 지형도에서는 정확히 나타나지 않지만, 1910년대 1/600 지적도에는 그림 45의 B 지점에서 상동천이 갈라지는 것을 볼 수 있다. 이 하천은 수도산 쪽으로 북류하여 건들바위 부근에서 대구천에 합류한다.

나) 지적도 분석

토지를 필지별로 구분하고 땅을 용도에 따라 구분한 지적도는 지번, 지목, 경계가 표시되어 있어 필지별 토지 성격을 파악하는 데 아주 유용하다. 특히 지적도는 지목(地目)을 전, 답뿐만 아니라 제방, 하천, 구(溝), 유지(溜池) 등으로 세세히 구분하였다. 뿐만 아니라 충적평야 상에서 하천이 흐르는 곳의 지목은 봇도랑을 나타내는 '구(溝)'로 표시하고, 푸른색으로 유로를 표시하여 다른 지목과 구분하였다.

본 연구의 핵심 자료인 1910년대 1/1,200 지적도[22]에는 앞에서 살펴본 지도들과 달리 앞산과 상동교 부근의 토지 이용까지 상세히 나타난다. 이로 인해 이들 지적도에는 상동천과 대구천의 분류 위치, 이들의 유로 방향 등 분류하천의 흐름 특성이 세세히 기록되어 있다. 때문에 1910년대 지적도는 대구천이 신천 분류하천이냐 아니냐를 판단하는 가장 핵심적인 자료라고 할 수 있다.

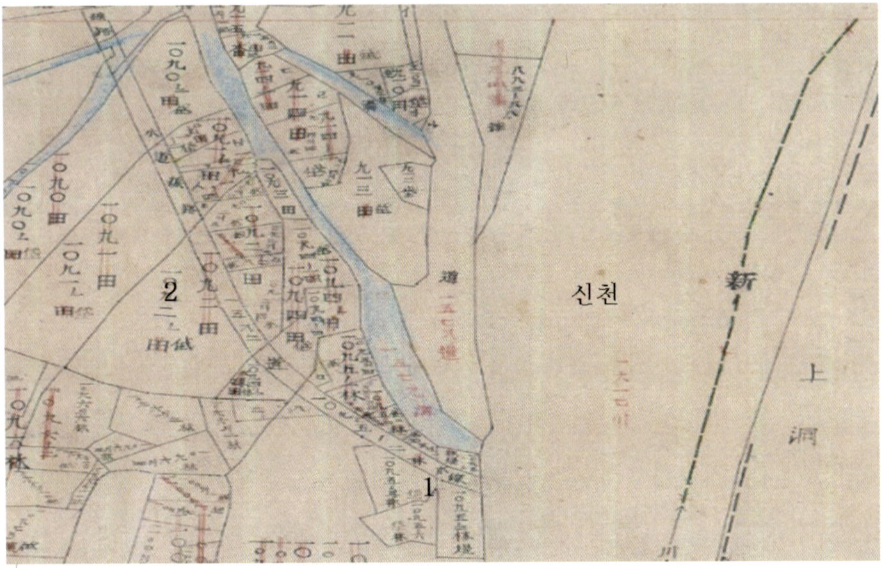

그림 47. 1910년대 지적도 상 상동교 부근 신천의 분류 모습(좌, 1: 앞산봉산영무예다음아파트, 2: 효성타운)

그림 47은 상동천의 분류 지점을 나타낸 것으로 그림의 우측에 있는 신(新)은 신천을 의미하고, 신천 건너의 상동(上洞)은 오늘날 신천 우안의 상동 지역

22 본 연구에 사용하는 지적도에는 1915년 12월에 설치된 일본군 80연대 표시가 없고, 1911년에 조선총독부를 위촉하여 상수도 설치를 위해 실측설계를 실시한(대구 상수도 사업 100년사, 2006) 수도선로는 표시되어 있다. 이로 미루어 볼 때 본 지적도는 1911년에서 1915년 사이에 제작된 것으로 보인다.

을 의미한다. 지적도에 나타난 상동천의 분류 지점을 현재 지도에서 찾으면[23] 그곳은 '앞산봉덕영무예다음아파트'이다. 이곳에서 분류한 상동천은 효성타운 아파트 동쪽에서 북서류한다. 분류 부근의 상동천 유로 폭은 약 10m 정도이다. 그러나 과거에는 이보다 훨씬 넓었을 것으로 추정한다. 이는 다음과 같은 이유 때문이다.

지적도가 제작된 1910년대는 후술하겠지만 대구 판관 이서가 대구 읍성과 향교의 홍수 피해를 막기 위해 신천이 상동천과 대구천으로 유입하는 곳을 중심으로 신천을 따라 제방을 건설한지 130여 년 지난 시기이다. 이는 1910년대 상동천은 130여 년 동안 신천 물의 유입이 급격히 줄어들었을 때의 하천 규모라는 뜻이다. 따라서 1778년 이서가 신천 제방을 막기 이전의 상동천은 1910년대 지적도에 나타난 유로 폭보다 훨씬 넓었을 것으로 판단된다.

그림 48의 1910년대 지적도와 현재 지도를 비교하면 대구천은 현 강변효성백년가약 동쪽에서 신천에서 분류하였다. 여기서부터 대구천은 봉덕시장 북동쪽을 따라 북서류하였다.

1910년대 제작된 지적도는 1/1,200의 대축척 지적도이어서 1/25,000 혹은 1/50,000 지형도와는 비교가 되지 않을 정도로 토지 이용 특성이 정확하고, 구체적이다. 그림 47과 48에서 볼 수 있듯이 지번별 지목이 정확히 표시되어 있다. 신천에서 분류하는 부근의 상동천 유로 지목은 작은 개울을 뜻하는 구(溝)로 표시되어 있다. 대구천 역시 지도가 접힌 부근의 유로 지목이 구(溝)로 되어 있다. 이는 상동천과 대구천이 신천에서 분류한 하천이라는 가장 명확한 증거이다.

---

23 1910년대 지적도상의 위치와 현재 지도에서의 위치 비교는 3단계를 거쳐 이루어졌다. 1단계는 1910년대 지적도상의 지번과 1965년 지적도의 지번 비교를 통한 위치 찾기이다. 2단계는 위성사진과 1/5,000 지형도상의 토지 이용 특성을 토대로 일차적으로 찾은 위치 검증하기이다. 3단계는 앞의 두 단계를 통해 찾은 1910년대 위치를 현지 조사를 통해 최종적으로 확인하기이다.

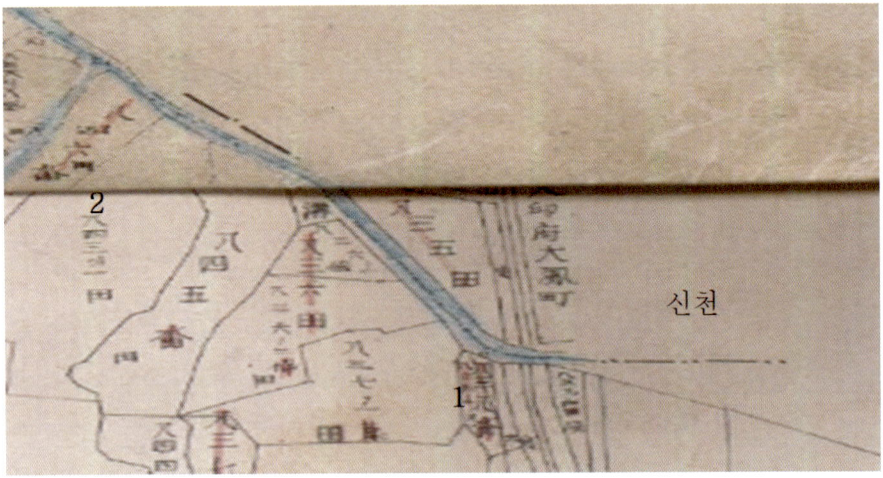

그림 48. 1910년대 지적도 상의 중동교 부근 신천의 분류 모습(1: 강변효성백년가약, 2: 봉덕시장)

2) 현지 조사

가) 대구천

그림 49. 1965년 지적도(1: 강변효성백년가약, 2: 봉덕시장, 3: 대성유니드, 붉은선: 대구천 흔적)

1910년대 제작된 지형도 및 지적도에서의 대구천 유로가 1965년 지적도(그림 49)에는 골목으로 나타난다. 이곳은 현재 강변효성백년가약 북쪽 가장자리에서 봉덕시장 서쪽으로 연결되는 대봉로 17길과 19길, 그리고 대성 유니드아파트 서쪽 희망로 5길(그림 49의 지적도에 붉은 선으로 나타난 곳)이다. 이 길들은 그것의 형태, 위치, 방향 등으로 볼 때 과거 대구천 유로였다는 것을 알 수 있다.

대구천의 유로 흔적을 간직한 봉덕시장 북서쪽의 대봉로 17길에서 현재의 집에서 태어나 지금까지 생활하고 계신 72세(2017년 기준)인 조** 씨와 1시간 정도 인터뷰하였다. 72년을 한 곳에서 산 그는 자신의 경험뿐만 아니라 아버지와 할아버지에게서 들은 이야기들로 옛날 신천과 그 지류들에 대해 많은 정보를 갖고 있었다.

> 우리 집 앞에 있는 골목은 우리 외할아버지 소싯적에 봇도랑이 있었던 곳이다. 여기는 집도 없고 그냥 무형지이니까 소꼴도 베고, 소 먹이러 오기 좋았다. 왜 둑 같은 데는 풀도 많고 소 먹이기도 좋잖아. 수성들은 옛날부터 들이니까, 들에는 소 먹이기가 좋지 않으니 신천 건너서 오히려 이리로 소도 먹이고... 여기에 물이 흘렀다는 것은 우리 할아버지 세대 때 이야기로 우리 외할아버지가 여기에 물이 흘렀다고 하였다...

위의 인터뷰로 볼 때 조**씨 외할아버지의 젊은 시절의 이 지역의 모습과 1910년대 지형도에 있는 이 지역으로 흘렀던 대구천의 모습은 시대적으로, 위치적으로 유사하다.

그림 50. 대구천을 따라 발달한 골목(대봉로 17길)(2017년 촬영)

그는 또 "어릴 때 보면 여기는 신기하게도 이 골목을 따라서 집들이 쭉 들어서 있었고 다른 지역은 휑한 벌판이었다. 그리고 집들이 있는 쪽은 주변보다 조금은 높았다."라는 이야기를 하였다. 그의 이야기에서 집들의 배열 방향, 집들이 위치한 곳과 주변 지역의 비고, 둑의 존재 등으로 볼 때, 집들이 들어선 곳은 대구천 주변의 자연제방 상이었을 것이고, 그 배후 혹은 신천 주변은 범람의 위험으로 사람들이 거의 살지 않았다고 볼 수 있다. 그리고 집들이 위치한 자연제방의 존재는 대구천 유로가 상당 기간 이 지역에서 일정한 유로를 유지하였다는 것을 의미한다. 면담자의 이야기는 그림 51의 1954년 항공사진에서 확인할 수 있다. 그림에서 A–B 사이가 대구천의 잔재로 보이는 골목길이다. 이 길을 따라 집들이 배열되어 있는 것을 볼 수 있다.

면담자는 또한 "신천에 수문이 여러 곳 있었다. 한 곳은 봉덕시장에서 강변 효성백년가약으로 가는 길을 따라가다 신천 제방과 만나는 곳이고, 다른 한 곳은 상동보 부근이다. 자신이 어릴 때는 수문은 작동은 하지 않았고, 어른들 이야기로는 홍수 때 신천 물이 흘러들어오는 것을 막기 위한 것이었으며 농사

철에는 신천 물을 끌어들였다"라고 하였다. 면담자가 이야기한 수문의 위치는 앞의 지적도에서 본 신천의 분류 지점들과 거의 일치한다.

그림 51. 1954년 항공사진에 나타난 대구천 흔적(A–B 사이 골목)

면담으로 볼 때도 강변효성백년가약 북쪽 도로에서 캠프헨리 남쪽에 있는 대성유니드아파트 사이에 존재하는 골목(대봉로17길~희망로5길)은 대구천의 잔재로 추정되는 작은 하천이 흘렀던 곳이라는 것을 알 수 있다.

나) 상동천

1910년대 지적도에 나타난 상동천 유로는 그림 52의 1965년 지적도[24]에서 그 흔적을 쉽게 찾을 수 있다. 지적도상에 나타난 골목길의 위치와 방향은 그림 47의 1910년대 지적도상의 상동천 유로 방향과 거의 일치한다.

---

24 그림 52의 1965년 지적도에서 신천 좌측에 검게 표시한 골목이 과거 상동천의 유로 흔적이다.

그림 52. 1965년 지적도상 상동천 흔적(좌, 1: 레미안 웰리스트 2단지, 2: 효성타운)

지적도뿐만 아니라 현지 조사에서도 상동천의 흔적을 찾을 수 있다. 그림 53의 골목길이 그것이다. 사진에서 보듯이 골목길의 폭은 3~4m 정도 되며, 형태는 과거 봇도랑의 형태를 대체로 유지하여 곡류하는 유로와 같다.[25] 또한 이 지역에서 2017년 현재까지 80년 생활하신 윤**(80) 할아버지의 이야기에서도 상동천의 존재를 확인할 수 있다.

신천에서 나온 봇도랑은 저쪽으로 빠져나가 영선못으로 갔는기라... 캠프워크에서 조금 올라와서 영선못 쪽으로 갔어요. 캠프 조지 앞에 있는 미군부대 숙소 있잖아요 거기로 빠져나갔어요.

면담자의 나이로 볼 때 그의 기억은 1940년대 중반으로 보인다. 그의 이야기로 볼 때 당시 상동천은 관개용으로 흘렀으며, 폭은 3m 정도로 1910년대보다 많이 축소되었다. 그리고 당시에도 상동천은 1910년대 지적도에 나타난 흐름 방향과 같이 봉덕 성당 북쪽을 돌아 현 캠프 조지를 지나 영선못으로 흘러

25 그림 53의 구상동천에 발달한 골목은 현재는 앞산봉덕예다음아파트 공사로 사라졌다.

갔다는 것을 알 수 있었다.

면담 과정에 지도상에서 추정한 상동천의 분류 위치를 윤** 할아버지 이야기에서 확인할 수 있었다.

그림 53. 구 상동천에 발달한 골목(2017년 촬영)

지금도 수문 자리 표시가 있어요. 냇가에 막아 놓은 거기가 수문 자리에요. 거기서 물이 빠져나와요. 그 물이 없으면 농사를 못 지었어요.…. 봉덕 성당 뒤쪽은 전체가 들이었어요. 신천에서 나온 봇도랑 물이 없으면 농사를 못 지어요. 내가 알기로는 그거 아니면 대구 시내 농사를 못 지었어요.

그림 54는 면담자가 얘기한 상동천의 분류 지점에 설치된 수문이다. 상동교에서 200여 m 하류에 있는 상동보 부근에 있는 이곳은 과거 신천에서 상동천의 잔재였던 봇도랑으로 물을 보냈다는 증거이다.

그림 54. 상동천의 수문 흔적(2017년 촬영)

지도 분석과 현지 조사를 통해 볼 때, 신천에서 분류한 상동천은 적어도 1900년대 초중반까지는 신천 좌안 충적평야에 농업용수를 공급하는 중요한 관개용 수로로 이용되었다는 것을 알 수 있다.

나. 기타 하천들: 이천천, 달서천, 남산천

신천 좌안 충적평야에는 대구천과 상동천뿐만 아니라 이천천, 남산천, 달서천 등 또 다른 하천들이 흘렀다. 이들은 신천에서 분류한 대구천, 상동천과 달리 앞산과 두류산을 발원지로 한 신천과는 독립된 하천이다. 이들 하천의 1910년대 흐름 특성은 다음과 같다.

1) 이천천

신천과 관련된 연구들에서 대구천만큼 이견이 큰 하천이 이천천이다. '이천천은 대덕맨션 남쪽 산지(강경택, 2007)에서, 또는 캠프워크 동쪽 샘(최형주, 2015; 정희령, 2016)에서 발원했다는 주장에서부터, 발원지는 명확하지 않지만 대구천과 명확히 구분되었던 하천이었는데 대구천의 유로 변화로 그 곳으로 흐르던 물이 이천천으로 흐르게 되었다(전영권, 2004)'라는 주장까지 여러 이견이 있다. 이 같은 해석의 차이는 이천천의 흐름을 정확히 분석할 수 있는 자료 부족에 기인한 것으로 보인다.

이천천의 유로 판단은 현재 공식적으로 '이천천'이라 부르는 하천을 대상으로 자연 상태의 이천천 모습이 최대한 나타난 지도에서 발원지와 흐름을 찾고, 이것을 시대별 지도들과 비교하면서 유로의 변화 과정을 추적하는 것이 가장 바람직하다.

그림 55. 구화교학교 상류부의 이천천 유로(1965년 지적도)

이천천을 관리하는 남구청에서는 봉덕초등학교 옆에 있는 화교중학교 북편에서부터 대백프라자 서쪽 건너편에 있는 MG 새마을 금고까지의 복개하천을 '이천천 복개구조물'이라는 이름으로 관리한다. 대백프라자 북쪽의 이천천 복개구조물은 중구청이 관리한다. 따라서 이천천의 발원지는 화교학교로 흐르는 물이 시작되는 곳이다. 오늘날 이천천이라 부르는 하천의 발원지가 가장 뚜렷하게 나타나는 지도는 1965년 지적도이다(그림 55)이다.[26] 이를 토대로 이천천의 발원지를 추적하면 다음과 같다.

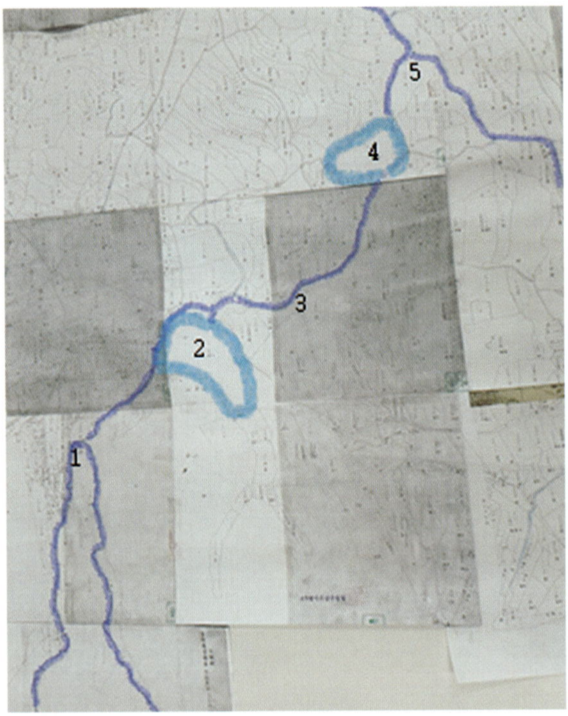

그림 56. 1910년대 지적도의 이천천 상류부 모습(1: 삼정탕, 2: 저수지(현봉덕초등), 3: 구화교학교, 4: 명보약국 부근 저수지, 5: 봉덕 2동 행정복지센터)

26 그림 55에 나타나는 이천천으로 추정되는 하천 유로는 가독성을 위해 1965년 지적도에 나타난 유로를 그림 파일을 통해 진하게 표시하였다.

지적도에서 이천천은 화교학교 앞을 지나 그 서쪽에 있는 봉덕초등학교 서쪽을 따라 남쪽의 앞산 쪽으로 올라가다 삼정탕 부근에서 유로가 둘로 나누어진다. 두 유로 중 하나는 성바오로 성당으로, 다른 하나는 대덕맨션 쪽으로 이어진다. 이 두 유로들은 성당과 아파트 남쪽의 앞산의 골들로 이어진다.

1965년 지적도에서 본 이천천의 발원지는 그림 56의 1910년대 1/1,200 지적도에서도 볼 수 있다. 그림에서 보듯이 1910년대 이천천 역시 대덕아파트 남쪽 앞산의 두 골짜기에서 발원하여 두 갈래로 흐르다 현 삼정탕 부근에서 합쳐진다. 여기서 1910년대에 저수지였던 현 봉덕 초등학교 쪽으로 흘러들어갔다가 저수지 서쪽에서 흘러나와 화교학교를 통과하여 북쪽으로 흐르는 것을 볼 수 있다.

그림 57. 화교학교 앞 이천천 복개도로(사진 오른쪽 전봇대 부근이 구화교학교이다)

이상의 두 시기의 지적도를 분석해 볼 때, 이천천은 대덕 아파트 남쪽의 앞산 골짜기를 발원지로 하는 하천이라는 것을 알 수 있다. 앞산을 발원지로 하는 이천천의 1910년대의 흐름 방향을 도식화한 그림 59를 토대로 살펴보면 다음과 같다.

그림 58. 명보약국 지역(1: 명보약국, 2: 대덕로 33길, 3: 봉덕로 20길(복개된 이천천)

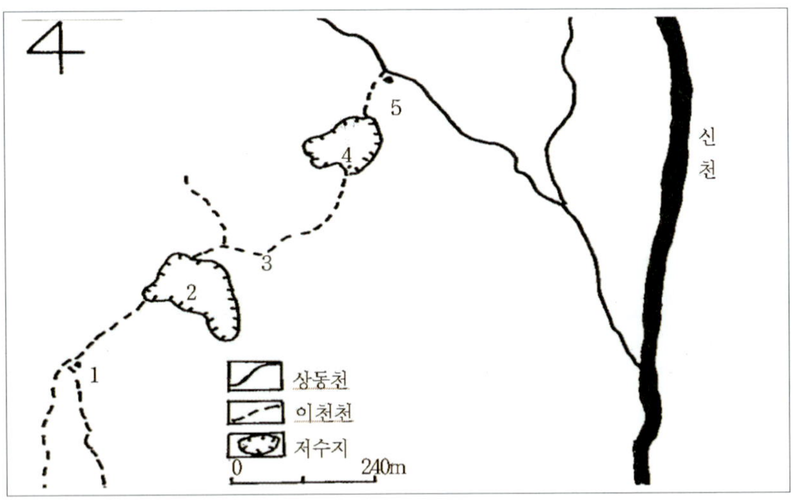

그림 59. 1910년대 이천천(1: 삼정탕, 2: 봉덕초 부근 저수지, 3: 화교학교, 4: 명보약국 부근 저수지, 5: 봉덕 2동 행정복지센터)

앞산에서 발원한 이천천은 남동쪽으로 흘러 현재 봉덕초등학교 자리인 저수지로 흘러들어갔다. 여기서 흘러나와 화교학교 앞의 대덕로 30길을 지나 방향을 북쪽으로 바꾸어 대덕로를 가로질러 대덕로 33길 쪽으로 흐르다가 또 다른 저수지로 유입한다. 이곳은 대덕로 33길과 봉덕로 20길이 만나는 명보약국 네거리 부근(그림 58)이다. 명보약국 부근 저수지의 북동쪽 끝에서 다시 이천천 물이 흘러나온다. 여기서 북동쪽으로 흐르던 이천천은 봉덕 2동 행정복지센터 북쪽에서 상동천에 합류한다. 이 같은 흐름으로 보면 적어도 1910년대까지의 이천천 유로는 발원지인 대덕 아파트 남쪽의 앞산 골에서 봉덕 2동 행정복지센터까지이며, 상동천의 지류였다는 것을 알 수 있다.

2) 달서천과 남산천

그림 60. 1903년 대구 시가지도(1: 계산성당, 2: 동산, 3: 천황당못, 4: 달성)

그림 60의 1903년 대구 시가도에는 현 서문시장인 천황당못을 지나 북류하던 하천이 달성의 북동쪽에서 대구천과 합류하는 모습이 뚜렷이 나타난다. 이 하천은 오늘날 달서천의 위치와 동일하다. 그리고 동산의 남쪽에서 계산오거리 쪽으로 북류하다가 동산과 계산성당 사이에서 대구천에 합류하는 하천은 오늘날의 남산천의 위치와 같다. 1903년 지도에 나타난 달서천과 남산천으로

추정되는 두 하천을 1918년 1/50,000 대구 지형도(그림 61)와 1963년 1/50,000 지형도(그림 62)의 비교를 통해 1910년대 이들 하천의 흐름 방향을 살펴보면 다음과 같다.

그림 61. 1918년 지형도(1: 산대못, 2;캠프조지, 3;영선못)

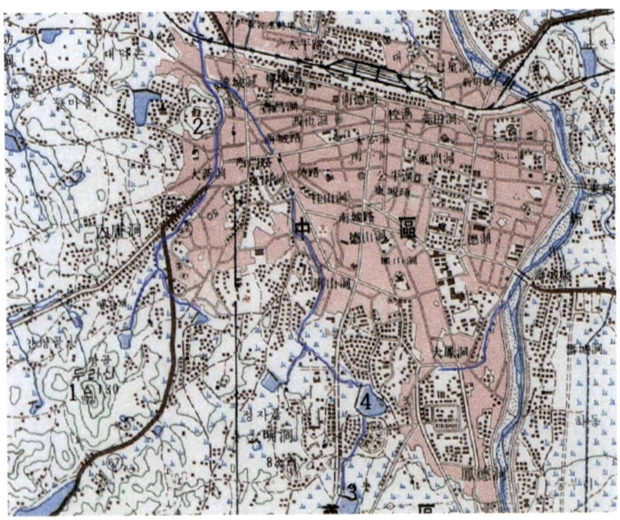

그림 62. 1963년 대구 지도(1: 두류산, 2: 달성, 3: 산대못, 4: 영선못)

1918년과 1963년 대구 지도에서 달서천이 시작되는 것을 추적하면 두류산이 나온다. 두류산 북쪽 골짜기가 달서천의 발원지이다. 여기서부터 달서천은 북동류하여 오늘날의 내당시장, 내당초등학교 서쪽 경계를 따라 흐르다가 반고개와 대구중부소방서 사이를 지나 큰장로 12길을 따라 북동류하면서 서문시장 서쪽을 거쳐 달성 쪽으로 흘러갔다. 달성 북동쪽에서 달서천은 그림 60과 61에서 보듯이 본류인 대구천에 합류한다. 따라서 1910년대 달서천은 대구천의 지류이고, 그 구간은 두류산에서 달성까지였다.

남산천의 정확한 발원지는 찾을 수 없다. 그러나 그림 61과 62로 볼 때, 현재의 영대네거리와 앞산비행장이 있는 캠프워크 뒤의 앞산 골에서 흘러나왔던 것 같다. 이곳에서 북류하던 남산천은 영대네거리 남쪽에 있었던 산대못을 지나 영선못 쪽으로 북류한다. 이 과정에 남산천은 그림 61에서 보듯이 영선못 남쪽의 현 캠프조지 부근에서 신천에서 분류하여 북서류하던 상동천에 합류하였다.

이상의 남산천 흐름으로 볼 때, 1910년대 남산천은 오늘날과 달리 상동천의 지류였으며, 그 구간은 앞산에서 캠프조지 사이였다는 것을 알 수 있다. 따라서 1903년 대구 시가도에서 동산과 계산성당 사이에서 대구천으로 유입하던 하천은 당시는 남산천이 아니라 상동천이었다고 할 수 있다. 후술하겠지만 상동천을 오늘날 남산천이라 부르는 것은 1910년대의 하계망에 어떤 변화가 있었다는 것을 의미한다.

2. 신천 좌안 충적평야의 하계망 특성

전절의 지도 분석과 현지답사를 통해 밝혔듯이 대구천은 신천에서 분류한 하천이다. 대구천이 신천에서 분류하여 흐를 수 있었던 또 다른 근거는 신천 좌안충적평야의 기반암 고도 분포이다.

주지의 사실이지만 하천은 지표면 고도를 따라 흐르는 것이 아니라 하상 고도를 따라 흐른다. 그리고 그것은 기반암 고도와 관련 깊다. 특히 신천은 곳곳에 노출된 기반암 상을 흐르기 때문에 신천의 흐름 방향은 기반암 고도와 밀접한 관련이 있다.

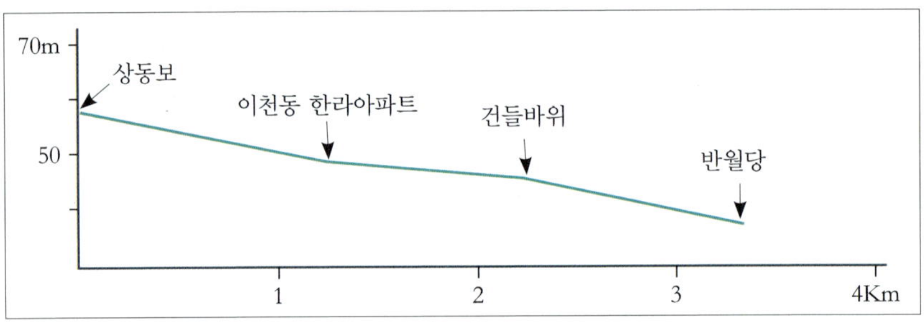

그림 63. 상동보와 반월당 사이 기반암 고도 종단면도

그림 63은 상동천이 신천에서 분류하는 상동보 부근에서 반월당 사이의 기반암 종단 고도를 나타낸 것이다. 그림에서 볼 수 있듯이 상동보 부근 신천의 최심하상고는 57.2m이다. 여기서 1.4km 정도 북서쪽에 있는 이천동 한라아파트 부근의 기반암 고도는 47m 정도이다. 이곳은 과거 상동천이 흘렀던 곳이다. 여기서 1km 북쪽에 있는 건들바위 네거리의 기반암 고도는 45.7m이고, 이곳에서 북서쪽으로 1km 정도 거리에 있는 반월당의 기반암 고도는 37m 정도이다.

이 같은 기반암 고도 분포로 인해 상동보 부근에서 분류한 상동천은 기반암 고도가 낮은 이천동 쪽으로, 그리고 중동교와 희망교 사이에서 분류한 대구천은 건들바위에서 반월당 쪽으로 북류하였다.

신천 분류 하천이 흐름 방향에 영향을 준 또 다른 요인은 자연제방[27]이다. 대구천이 특히 그러하다.

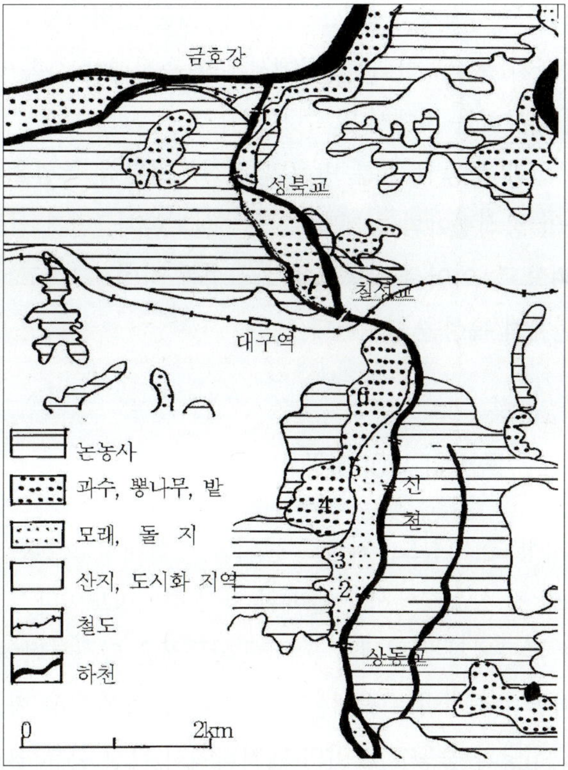

그림 64. 1943년 대구시 토지이용도(1: 효성타운, 2: 봉덕교회, 3: 봉덕시장, 4: 캠프헨리, 5: 청운맨션, 6: 경대병원, 7: 경명여중)

27 하천 범람 시 하천에 인접한 지역은 상대적으로 조립질인 모래와 실트 등이 퇴적된다. 때문에 이들 지형은 주변보다 고도가 높다. 이런 지형을 '자연제방'이라 부른다. 이 지역은 고도가 높아 범람 시 침수 위협이 적어 일찍부터 주거지로 이용되었으며, 과수원, 밭농사 지역으로 활용되었다.

1943년 대구부사에 수록된 대구시 토지이용 분류도(그림 64)에서 과수, 뽕나무, 밭, 그리고 모래, 돌 지역은 자연제방이다. 신천 좌안 충적평야에서 자연제방이 처음 나타나는 곳은 효성타운아파트 동쪽의 대봉로 부근이다. 여기서 봉덕교회, 봉덕 시장, 대구중, 캠프헨리, 청운맨션 쪽으로 자연제방이 이어진다. 이 같은 지형 특징으로 대구천은 고도가 높은 자연제방을 피해 고도가 낮은 충적평야의 서쪽 가장자리 쪽으로 흘렀다. 이를 신천에서 분류한 대구천이 캠프헨리 부근까지 북서류하고, 그곳에서부터 충적평야 서쪽 말단의 서부침식저지를 따라 북류하는 것에서 알 수 있다.

이상의 대구천과 상동천 흐름 방향의 지질 · 지형적 특성을 토대로 100여 년 전 신천 좌안 충적평야의 하계망 특성을 살펴본다. 먼저 상동교와 건들바위 사이를 살펴보고, 이어서 상동교에서 칠성동 사이, 그리고 이들을 종합하여 하계망의 전체적 특성을 살펴본다.

가. 상동교에서 건들바위 사이 하계망

그림 65는 지형도, 지질도, 지적도 등의 근 · 현대지도와 현지답사를 통해 구성한 100여 년 전 상동교에서 건들바위 사이 하계망도이다. 그림에서 볼 수 있듯이 상동보 부근에서 신천에서 분류한 상동천은 앞산봉덕영무예다음아파트에서 신천 좌안 충적평야로 들어온다. 여기서 봉덕 성당을 향해 북서류하던 상동천은 봉덕 성당과 중동교 사이의 네거리에서 다시 분류한다. 상동천에서 분류한 하천은 봉덕 교회, 강변코오롱하늘채 아파트를 지나 북류하다가 강변효성백년가약 서쪽 가장자리 부근에서 대구천으로 유입한다.

상동천 본류는 봉덕 성당에서 북서쪽에 있는 봉덕 2동 행정복지센터 쪽으로 북서류한다. 행정복지센터 북쪽에서 이천천을 합류한 상동천은 북서쪽의 봉명 네거리 쪽으로 흐르다가 이곳에서 다시 분류한다.

봉명 네거리에서 상동천의 본류는 북서쪽에 있는 캠프조지 쪽으로 북서류하면서 영대네거리 남쪽에 있었던 산대못에서 흘러나오는 남산천을 합류하여 영선못으로 들어간다. 반면 상동천에서 분류한 하천은 봉명네거리에서 방향을 북쪽으로 돌려 수도산 쪽으로 북류하다가 건들바위 부근에서 대구천으로 유입한다.

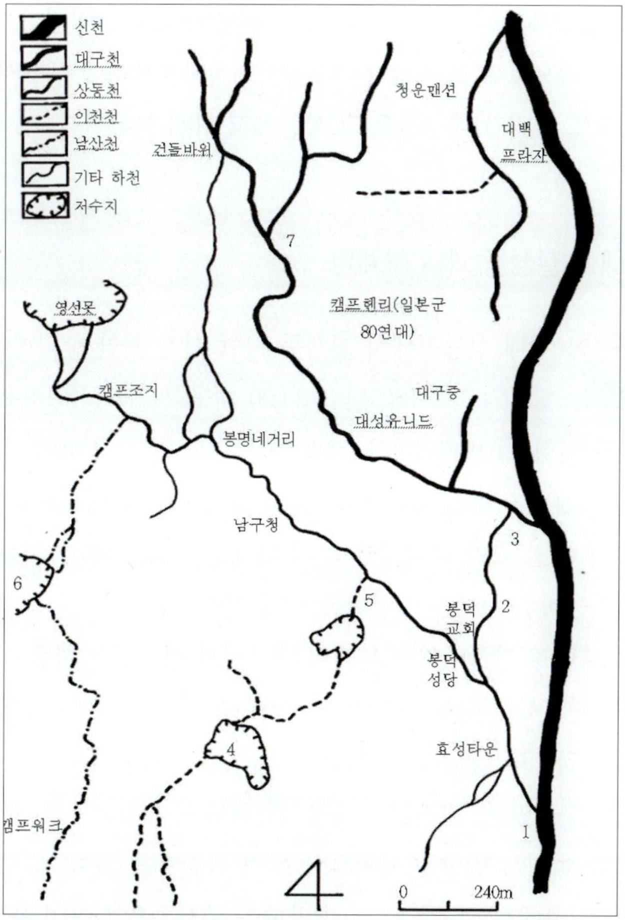

그림 65. 1910년대 상동교에서 건들바위 사이 하계망도(1: 앞산봉덕영무에다음, 2: 강변코오롱하늘채, 3: 강변효성백년가약, 4: 봉덕초 저수지, 5: 봉덕2동 행정복지센터, 6: 산대못, 7: 이천동 행정복지센터)

대구천은 중동교와 희망교 사이의 강변효성백년가약 부근의 신천에서 분류하여 아파트 북쪽 가장자리- 대봉로 18길-를 따라 북서류하다 아파트 북서쪽 모퉁이 부근에서 재분류한다. 대구천에서 분류한 하천은 대구중학교를 지나 북류하다가 대백프라자 서쪽에서 신천으로 흘러들어간다.

대구천 본류는 일본군 80연대 쪽으로 북류하다가 부대의 북서쪽 경계 부근인 현 이천동행정복지센터 부근에서 다시 두 갈래로 나누어진다. 이들 중 하나는 건들바위 쪽으로 흐르고, 다른 하나는 행정복지센터 동쪽에서 북류한다. 건들바위 쪽으로 흘러간 대구천은 그 부근에서 다시 분류한다.

나. 상동교에서 칠성동 사이 하계망

그림 66은 1910년대 상동교에서 칠성동 사이 신천 좌안 충적평야의 하계망이다. 이 지도는 일차적으로 1903년 1/8,000 대구 시가도, 1918년 1/50,000과 1/10,000 대구 지형도, 1917년 1/12,000 대구 수도 지도, 1910년대 1/1,200 지적도, 1929년 1/600 지적도, 1965년 1/3,000 지적도 등을 대상으로 건들바위에서 칠성동까지 신천 좌안 충적평야 상의 하계망을 조사하고, 이를 그림 66의 상동교에서 건들바위 사이 하계망과 통합한 것이다.

그림 66을 토대로 건들바위 이북에서 대구천과 상동천 흐름을 살펴보고, 이를 그림 65와 종합하여 상동교에서 대구역 북쪽의 칠성동까지 1910년대 신천 좌안 충적평야 하계망 특징을 전체적으로 살펴보면 다음과 같다.

건들바위까지 흘러 온 대구천은 북북서류하면서 제일중학교, 봉산문화회관 쪽으로 흐르다 여기서 방향을 서쪽으로 돌려 반월당을 거쳐 계산오거리 방향으로 흘렀다. 이곳에서 대구천은 다시 방향을 북서쪽으로 돌려 읍성 남서쪽의 계산성당 부근에서 상동천을 합류하여 계산성당 맞은편의 제일 교회, 성명여자중학교, 현 오토바이 골목을 거쳐 달성 쪽으로 흘렀다. 달성에서 달서천을 합류한 대구천은 북서류하면서 금호강의 팔달교 쪽으로 흘러갔다.

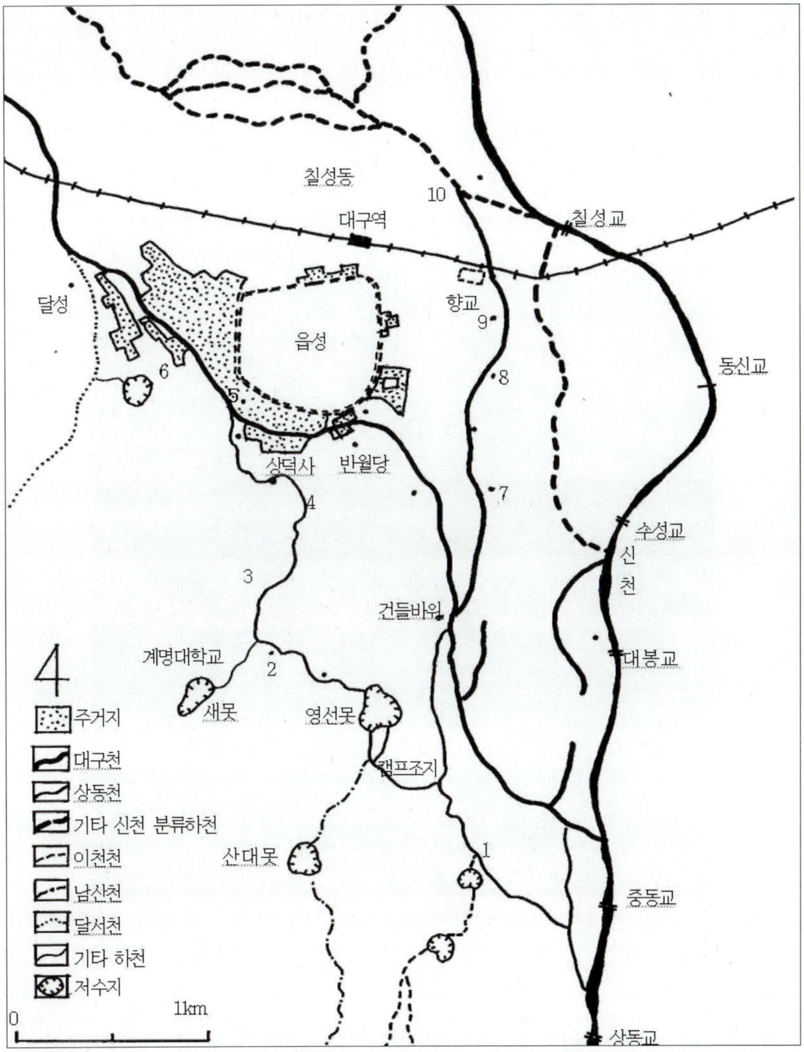

그림 66. 1910년대 상동교에서 칠성동 사이 하계망(1: 봉덕2동 행정복지센터, 2: 경북여상, 3: 천주교대구교구청, 4: 서한포레스트아파트, 5: 계산성당. 6: 서문시장, 7: 경대사대부설중 · 고등, 8: 국채보상공원, 9: 시청, 10;온세상교회)

한편 대구천은 건들바위 부근에서 다시 분류하였다. 이 하천은 북류하여 읍성 동쪽과 향교 옆을 지나가는 칠성동 쪽으로 흘러갔다. 대구천 본류와 더불어 신천 좌안 충적평야의 핵심 하천이었던 분류하천의 흐름을 1918년 1/50,000 지형도와 1937년 1/10,000지형도를 현재의 위성사진과 비교하여 그 방향을 살펴보면 다음과 같다.

그림 67. 골목으로 남아 있는 대구천 분류 흔적(검은선: 유로 흔적, 1: 건들바위, 2: 더샵리비테르아파트, 3: 경대사대부설중고, 4: 명의관, 5: 국채보상공원, 6: 대구시청)

그림 67에서 보듯이 대구천 분류하천은 건들바위 동쪽의 더샵리비테르아파트 서쪽의 이천로와 북쪽의 명륜로를 따라 북류하여 경대사대부설 중고등 쪽으로 흘렀다. 여기서 방향을 북서쪽으로 돌려 경북대학교 생활관인 명의관 북쪽의 동성로 5길을 따라 북동류하면서 국채보상공원의 서쪽 가장자리 지역을 지나 대구 시청 주차장 동쪽의 경상감영길을 따라 크게 곡류하여 향교가 있었던 태평아파트 쪽으로 북류하였다. 경부선 북쪽에서 대구천 분류하천은 칠성

시장 부근에서 또 다른 신천 분류하천을 온세상교회(그림 66의 10) 동쪽에서 합류하여 북서류하였다.

대구천과 더불어 신천의 또 다른 분류하천인 상동천 흐름은 다음과 같다. 상동보 부근에서 신천에서 분류한 상동천은 북서류하여 영선못–현 영선 시장 주변–으로 들어갔다가 못의 북서쪽 가장자리에서 다시 흘러나와 경북여자상업고등학교 쪽으로 북서류하였다.

한편 영남이공대학교와 심인중 · 고등 사이 침식저지의 골짜기 – 현충로–를 따라 흐르는 소하천이 있었다. 이 하천은 계명대학교 대명동 캠퍼스 동쪽의 삼각지네거리 부근에 있었던 저수지 – 새못–로 흘러들어갔다. 저수지에서 나온 소하천은 경북여자상업고등학교 서쪽에서 상동천에 합류하였다. 이곳에서 상동천은 북쪽으로 방향을 돌려 현재의 천주교 대구교구청이 있는 침식저지와 현 자동차 부속골목 사이에서 북류하였다. 북쪽으로 흐르던 상동천은 반월당역서한포레스트아파트(그림 66의 4)에서 북서쪽으로 방향을 돌려 상덕사 쪽으로 흘렀다. 상덕사에서 서쪽으로 흐르던 상동천은 방향을 북쪽으로 돌려 흐르다가 계산 성당 부근에서 대구천으로 유입하였다.

이상의 그림 65와 66을 통해 살펴본 1910년대 신천 좌안 충적평야의 하계망의 전체적 특징은 다음과 같다.

당시에도 신천 본류는 지금처럼 현재의 위치에서 흘렀다. 반면 신천 좌안 충적평야에는 상동보 부근에서 신천에서 분류한 상동천과 중동교와 희망교 사이에서 신천에서 분류한 대구천이 흘렀다. 이들 하천 중 특히 중요한 것은 대구천이다. 상동천은 계산성당 부근에서 대구천으로 유입하고, 이천천, 남산천은 상동천으로 유입하였다. 때문에 이들 하천 모두는 대구천의 지류였다. 달서천도 달성부근에서 대구천에 합류하였다. 뿐만 아니라 상동천은 봉명네거리에서 북서류하여 서부침식저지 사이를 흘렀기 때문에 충적평야의 하계망 발달에 직접적인 영향을 주었다고 보기는 어렵다. 이런 이유들로 1910년대 신천 좌안 충적평야의 하계망은 대구천에 의해 발달했고, 대구천에 의해 지배되었다고 할 수 있다. 특히 대구천은 건들바위 부근에서 갈라져 대구 읍성을 동서로 감싸듯이 대구의 중심부를 흐르는 대구부에서 가장 중요한 하천이었다.

한편 그림 66에서 본 대구천 본류의 유로 방향은 I 장에서 살펴 본 대구 시내에 분포하는 하식애성 절벽들의 위치와 유사하다. 특히 건들바위에서 제일중학교를 거쳐 성명여자중학교와 달성 사이의 하식애성 절벽 및 경사변화부들의 위치는 대구천의 흐름 방향과 거의 같다. 그리고 효성타운 아파트에서 봉덕 2동 행정복지센터, 남구청 쪽으로 이어지는 하식애와 경사변환부는 상동천의 흐름과 위치적으로 유사하다. 이는 대구시내에 있는 하식애성 절벽과 경사변환부들은 대구천과 상동천의 흐름과 관련이 있을 수 있다는 것을 의미한다. 그런데 1910년대 지적도에 대구천과 상동천은 봇도랑 정도로 작은 규모인 구(溝)로 표시되어 있다. 하식애 규모로 볼 때, 과거 대구천과 상동천은 1910년대 보다 규모가 아주 컸거나, 아니면 오래 전 어느 시기에 신천 본류가 이들 지역으로 흐르면서 현재와 같은 하식애를 발달시켰을 가능성이 있다.

3. 100여 년 전 신천과 오늘날 신천 하계망의 차이

100여 년 전인 1910년대 신천과 현재 신천의 가장 큰 차이는 신천 분류하천과 그들이 만든 하계망이다. 신천 본류는 현재와 같은 방향으로 흘렀지만 신천의 분류 하천인 대구천과 상동천은 신천 좌안 충적평야 상을 흐르면서 그들만의 하계망을 만들었다. 이로 인해 1910년대 신천 하계망과 현재의 하계망은 같은 신천인가 의심스러울 정도로 차이가 크다. 특히 차이가 큰 곳은 상동교 하류의 신천 좌안 충적평야이다.

그림 68은 1910년대 신천 하계망을, 그림 70은 현재의 그것을 나타낸 것이다. 그림에서 보듯이 상동교 상류, 즉 남부 산지에서 신천 하계망은 100여 년 전이나 지금이나 변함이 없다. 반면 상동교 하류 분지중앙부에는 유로 변화가 뚜렷하다.

대구 분지 중앙부의 하계망을 신천 우안(동쪽)과 좌안(서쪽)으로 나누어 100여 년 전과 오늘날 신천 좌 · 우안 하계망의 변화 특징을 살펴보면 다음과 같다.

신천 동쪽에서 가장 큰 하천인 범어천은 병풍산(567.7m)에서 발원하여 북서류하면서 지산범물 분지로 흘러들어온다. 여기서 범어천은 분지의 북쪽 가장자리를 따라 북서류하다가 두산오거리(그림 68의 5) 부근에서 방향을 북쪽으로 돌려 대구과학고등학교, 범어 대성당 쪽으로 흘러간다. 북류하던 범어천은 범어화성파크드림아파트 부근에서 방향을 북서쪽으로 돌려 동부침식저지의 남서쪽 가장자리를 따라 크게 곡류하여 대구 중앙 중 · 고등학교 부근(그림 68의 3)에서 본류인 신천으로 유입한다. 이 같은 흐름 방향을 나타내는 지표인 하식애들이 범어천 주변에도 나타난다. 특히 동부침식저지의 서쪽 말단에 위치한 범어대성당에는 범어천의 측방침식으로 발달한 하식애[28]의 잔재를 볼 수 있다.

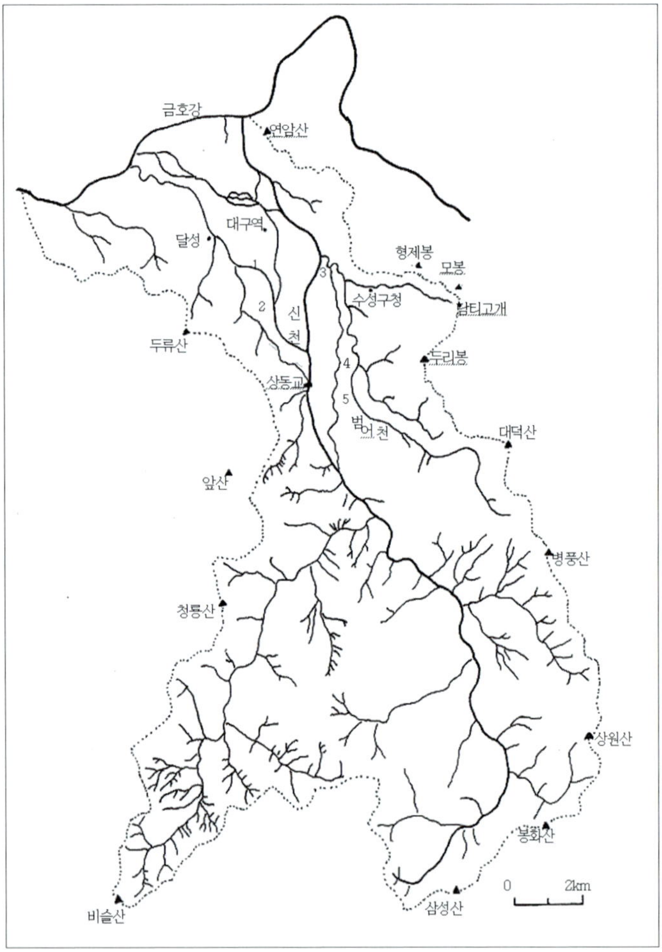

그림 68. 1918년 대구 분지 속 신천 하계망(1: 반월당, 2: 건들바위, 3: 중앙 중 · 고등, 4: 황금네거리, 5: 두산오거리)

28 범어 대성당이 건설되기 전 이 지역에는 범어천 하식애가 뚜렷이 남아 있었다. 그러나 대성당 공사로 이들 대부분이 사라지고, 현재는 대성당 북쪽 가장자리에 일부 남아 있다. 이것도 대나무로 가려져 있다. 범어화성파크드림 아파트와 범어월드메르디앙웨스트카운티 아파트 등은 범어천의 공격사면부였던 동부침식저지에 건설되었다. 이로 인해 과거 이 지역에 발달해 있었던 하식애들은 아파트 건설로 대부분 조경석으로 가려지거나 사라졌다.

한편 범어천은 신천으로 흘러가는 과정에 주변 구릉지들에서 발원한 지류들을 합류하였다. 대표적인 지류는 형제봉, 모봉, 담티 고개, 두리봉 지역을 유역분지로 하는 하천–담티천–이다. 이 하천은 담티고개에서 달구벌대로를 따라 서류하다가 범어네거리 북서쪽의 한국전력공사 대구본부 전력관리처 부근에서 본류인 범어천에 합류하였다. 또 다른 지류는 두리봉 주변에서 발원하여 황금동 캐슬골드파크 아파트 단지 앞의 청수로를 따라 흐르다 황금네거리 부근에서 본류인 범어천으로 흘렀던 하천이다.

신천 동쪽의 충적평야에서 흘렀던 또 다른 주요 하천은 파동의 용두교 상류에서 신천에서 분류한 하천이다. 이것은 상동, 중동, 수성동의 신천 충적평야에서 신천과 범어천 사이에서 북류하다가 현재의 수성 태왕아너스 부근에서 범어천에 합류하였다. 이 하천을 지역 주민들은 '중천'이라 불렀다. 그리고 범어천, 중천, 담티천 등 세 하천이 만나는 지역을 주민들은 '삼강촌'이라 하였다.[29]

그림 69. 범어대성당 주변 하식애 잔재

29 '중천'이라는 하천명과 '삼강촌'이라는 지명은 이 지역에서 오래 생활하신 신＊＊ (85세) 어르신과의 면담에서 들은 것이다.

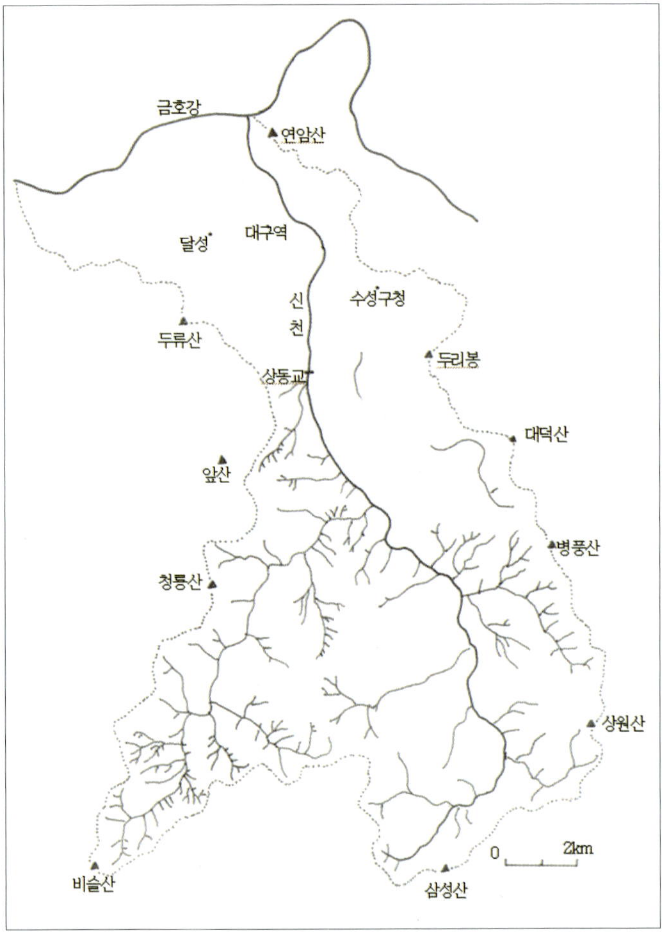

그림 70. 현재의 대구 분지 내 신천 하계망

100여 년 전 신천 동쪽 충적평야 상을 흐르던 하천들 중 범어천만 남아있다. 이는 범어천은 넓고 독립적인 유역분지를 갖기 때문이다. 즉 범어천은 남쪽으로 법이산(334.3m), 용지봉(633.8m), 남동쪽으로 병풍산(567.7m), 북쪽으로 대덕산(603.7m)과 무학산으로 둘러싸인 지산범물 분지를 유역으로 한다. 때문에 범어천은 이들 유역분지로부터 상당한 양의 물을 지속적으로 공급받는다. 이것이 100여 년 전과 현재의 범어천이 똑같은 하천으로서 기능하는 이유이다. 그러나 현재 범어천은 최상류지역과 대구과학고등학교 주변 등 일부 구간만 노출되어 있고, 나머지는 모두 복개되었다.

신천 서쪽 충적평야의 핵심 하천은 전절에서 보았듯이 신천에서 분류한 하천들이다. 이들 하천은 범어천과 달리 신천으로부터 물을 공급받는다. 이의 대표적인 하천이 대구천과 상동천이다. 특히 중요한 하천은 대구천이다. 상동천과 독립된 발원지를 갖는 남산천, 달서천, 이천천 등 모든 하천이 대구천으로 유입하기 때문이다. 따라서 신천 좌안 충적평야의 하계망은 대구천에 의해 발달했다고 할 수 있다.

이상에서 살펴보았듯이 100여 년 전 신천 하계망은 좌안 충적평야뿐만 아니라 우안 충적평야에서도 지금과 비교되지 않을 정도로 복잡하였다. 이러하였던 하계망이 지금은 보이지 않는다. 변화가 특히 심한 곳은 신천 좌안 충적평야이다. 이는 과거 어느 시기에 신천으로부터 물의 공급에 문제가 생겼고, 그것이 분류하천들의 유로 변화를 야기하였다는 것을 의미한다.

4장

신천 본류의 유로 변화[30]

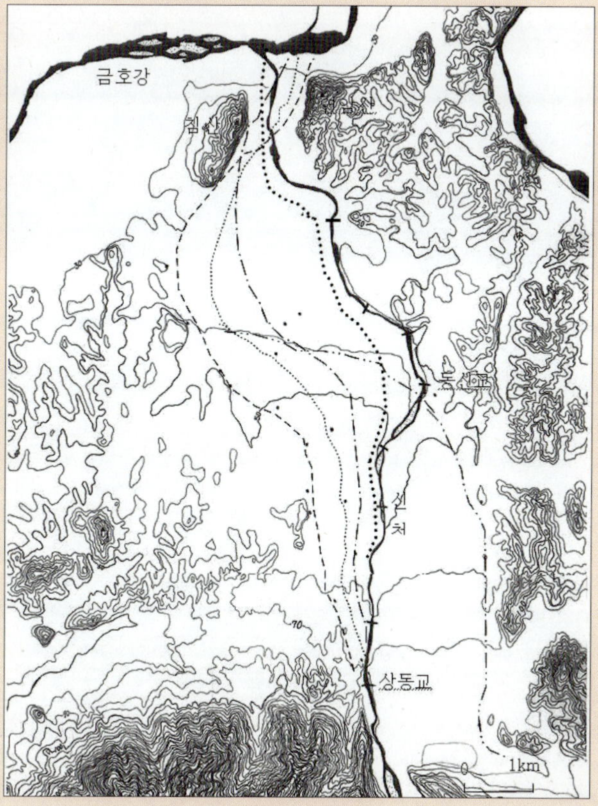

30 4장은 "송언근, 2018, 대구 신천 유로의 지형 발달"을 재구성한 것임.

1. 신천 본류의 변화 흔적들

신천 분류의 흔적이 지도상에 나타난다면 신천 본류의 흔적은 지형으로 남아 있다. 그것은 충적평야 상에서는 하식애와 자연제방이고, 충적평야 밑에는 기반암의 고도 변화이다. 여기서는 이들을 토대로 신천 본류의 유로 변화 과정을 살펴본다.

가. 상동교에서 대구역 사이 신천 유로 변화 흔적

1) 지석묘 분포 특징

청동기의 주요 생활터전 중 한 곳은 하천 주변의 자연제방이다. 이곳은 주변보다 고도가 높아 하천 범람에 상대적으로 안전하다. 또한 자연제방은 모래를 중심으로 한 사질토로 되어 있어 석기로 된 농경 도구를 사용하는 데 적절하다. 이런 특징으로 자연제방에는 청동기의 대표 유적인 지석묘와 주거지 유적이 나타난다.

그림 71은 신천에 있는 청동기 유적 분포도이다. 신천 우안의 청동기 유적은 상동교와 중동교 사이에 분포한다. 반면 이보다 하류 지역에는 유적이 나타나지 않는다. 청동기 유적이 다시 나타나는 곳은 신천 좌안이다. 그곳은 중동교에서 700여 m 하류에 있는 희망교 건너편의 대구중 부근이다. 이곳에서부터 청동기 유적은 대봉네거리, 경북대 사범대 부설 중·고등학교, 대구 시청, 그리고 대구역 방향으로 연속적으로 나타난다.

한편 자연제방은 하천의 범람으로 발달하기 때문에 하천에 인접하여 유로 방향을 따라 발달한다. 이 같은 특성으로 자연제방 상의 청동기 유적은 당시 하천의 흐름 방향을 추적하는 주요 지표가 된다.

신천에 분포하는 청동기 유적지의 분포 방향을 통해 청동기 시대 신천 흐름 방향을 추적하면 다음과 같다.

청동기 유적의 분포 위치로 볼 때, 당시 신천은 상동 지역에서는 지금과 유사한 방향으로 흘렀지만 희망교부터는 지금의 신천보다 서쪽에서 흘렀던 것 같다.

한편 신천의 서쪽에서 북쪽으로 이어지든 청동기 유적지 방향은 대구중에서 경북대 사범대 부설 중 · 고등학교로 가면서 조금씩 북서쪽으로 휘어지다가 읍성과 대구역 쪽에서 크게 북서쪽으로 휘어진다. 지석묘의 분포가 그러하다는 것은 자연제방의 분포 방향이 그와 유사하다는 뜻이고, 이것은 자연제방을 만든 청동기 시대 신천이 그 같은 방향으로 흘렀을 가능성을 제시한다.

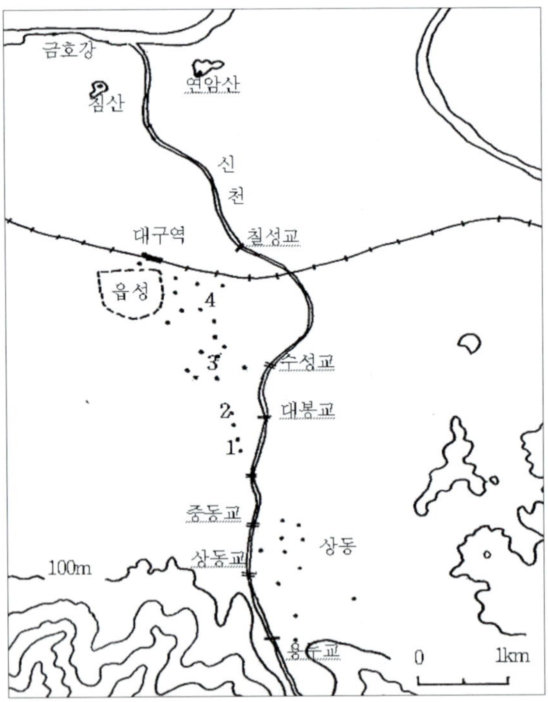

그림 71. 청동기 유적 분포도(• : 청동기 유적지, 1: 대구중, 2: 대봉네거리, 3: 경대사대부중고, 4: 시청)

2) 충적층의 기반암 고도 분포 특징

가) 기반암 분포 고도의 종단 특성

그림 72는 대구 도시철도 1, 2, 3호선 지질조사 보고서[31]를 토대로 작성한 그림 73, 74, 75의 시추 지점들이다.[32] 각 지점들의 충적층 하의 기반암 고도 분포 특성은 다음과 같다.

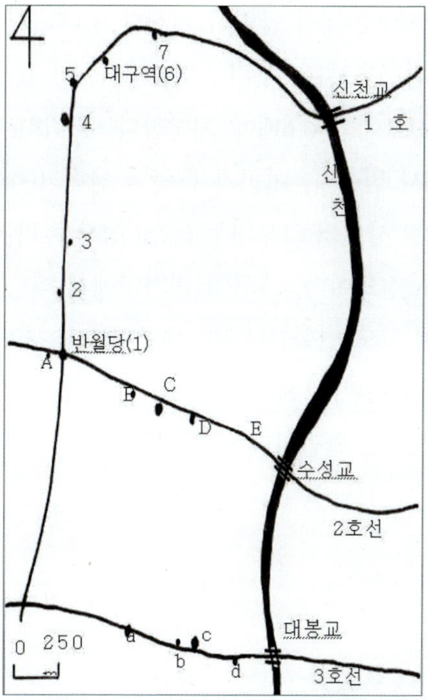

2: 맘스타치
3: CGV 아카데미지점
4: 향촌문화관
5: 대구역 네거리
7: 리더스 보링센터

A: (구)적십자병원
B: 경대사대부설초등
C:경대사대부설중 · 고등
D: 삼덕네거리
E: 동부교회

a: 건들바위 네거리
b: 대봉성당
c: 대봉네거리
d: 삼성내과

그림 72. 주요 시추 지점들

31 반월당에서 신천교 사이의 시추 자료는 지하철 1호선 지질 조사 보고서(대구시 지하철건설본부, 1992), 반월당에서 수성교 사이의 시추 자료는 지하철 2호선 지질 조사 보고서(대구시 지하철건설본부, 1995), 그리고 건들바위에서 대봉교 사이는 건들바위~대봉교 구간 지반 조사 현황(대구시 도시철도건설본부, 2010) 자료를 근거로 작성하였다.

32 그림 73, 74, 75의 충적층 구조는 매립토를 제외한 자연상태의 충적층만 표시한 것이다.

그림 73은 지하철 1호선 시추 자료들을 토대로 작성한 반월당 네거리에서 북쪽의 신천교 사이 퇴적층 종단면도이다. 그림에서 반월당 네거리 부근(그림 73의 1번)과 이곳에서 북쪽으로 250m 정도 떨어진 맘스타치(그림 73의 2번)의 기반암 고도차는 0.87m이다. 그리고 맘스타치와 그 곳에서 북쪽으로 220m 정도 떨어진 CGV 아카데미 지점(그림 73의 3번)의 고도차는 0.45m이다. 따라서 반월당에서 CGV 아카데미 지점 사이의 기반암 고도 차이는 평균 0.6m 정도로 아주 작다. 이 같은 특징을 보이던 기반암 고도차가 대구역 남쪽 300여 m 지점에 있는 향촌문화관 부근(그림 73의 4번)에서 급격히 커진다. CGV 아카데미 지점과 향촌문화회관 사이의 기반암 고도차는 무려 2.99m이다. 이 값은 맘스타치와 CGV 아카데미 지점간의 고도차의 6.6배에 해당한다. 급격히 낮아지던 기반암 고도는 향촌문화회관에서 멈춘다. 이곳과 대구역 남쪽 100m 지점인 대구역 네거리 부근(그림 73의 5번) 사이의 고도차는 0.1m 정도로 다시 평탄해진다. 이들 구간의 폭은 약 200m 정도이다. 대구역 네거리에서 리더스보링센터(그림 73의 7번) 지역으로 가면서 고도 변화를 보면, 대구역(그림 73의 6번)에서 고도가 약간 높아지지만 향촌문화회관 32.88m, 대구역 네거리 32.77m, 리더스보링센터 32.46m이어서 전체적으로 완만하게 낮아진다.

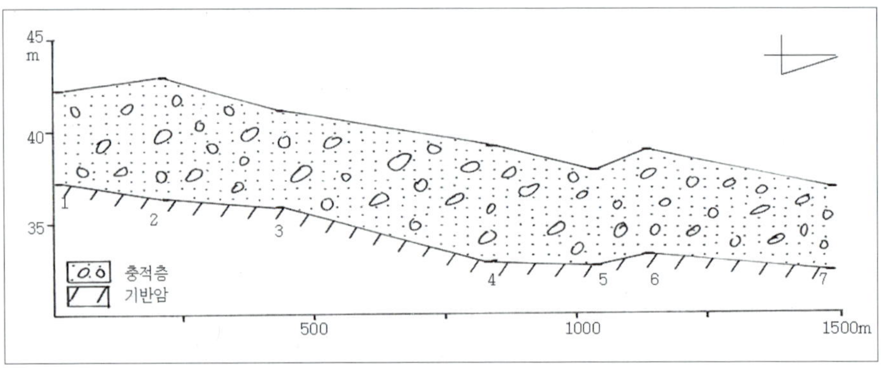

그림 73. 반월당에서 신천교 사이 충적층의 종단면도

이상에서 살펴본 반월당에서 신천 사이 기반암의 종단 특성은 크게 두 가지이다. 첫째, 충적층 고도가 41.17m CGV 아카데미 부근에서 기반암의 고도가 갑자기 낮아진다. 둘째, 고도가 다시 완만해지는 지역은 향촌문화회관과 대구역 네거리 사이이다. 두 번째 특징이 나타나는 지역의 기반암 폭은 200m 정도로 현 신천과 유사하다.

나) 기반암 분포 고도의 횡단 특성

그림 74는 지상철 3호선 시추 자료로 작성한 신천 좌안 충적평야의 서쪽 말단인 건들바위 네거리에서 대봉교 사이의 충적층 횡단형 구조이다.

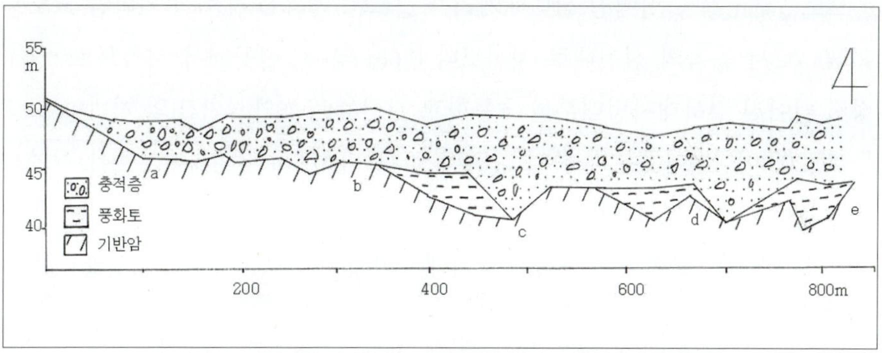

그림 74. 건들바위 네거리에서 대봉교 사이 충적층 횡단면도

충적층 아래 기반암 고도를 보면 신천의 충적평야가 끝나는 건들바위 네거리 부근(그림 74의 a 지점)의 기반암 고도는 45.67m이다. 여기서 신천 방향인 동쪽으로 230m 정도 떨어진 대봉 성당 부근(그림 74의 b 지점)의 기반암 고도는 45.15m, 그 곳에서 다시 동쪽으로 330m 정도 떨어진 삼성내과 부근(그림 74의 d 지점)의 기반암 고도는 44.10m이다. 그리고 대봉교 우측, 신천의 충적평야가 시작되는 신천에 인접한 지역(그림 74의 e 지점)은 기반암 고도가 44.29m 이다.

각 지점의 기반암 고도에서 알 수 있듯이 충적평야 서쪽 말단과 동쪽 신천 사이의 고도차는 700여 m 거리에서 1.4m에 불과할 정도로 기반암 고도는 완만하게 낮아진다. 그러나 일부 지역에서는 기반암 고도가 급격히 낮아진다. 그 중 한 곳이 대봉네거리 부근(그림 74의 c 지점)이다. 이곳의 기반암 고도는 주변보다 2.6~3.7m 정도 낮고, 폭은 180m 정도이다. 또 다른 지역은 대봉네거리에서 동쪽으로 약 200m 떨어진 삼성내과(그림 74의 d 지점) 부근이다. 이곳의 기반암 고도는 주변보다 1.8~2m 정도 낮고, 폭은 200m에 이른다.

그림 75는 지하철 2호선 시추 자료를 토대로 구성한 반월당에서 수성교 사이 충적층의 횡단면도이다.

이 구간의 지역별 기반암 고도를 보면 충적평야가 시작되는 수성교에 인접한 신천대로 부근(그림 75의 F 지점)의 기반암 고도는 41.40m이다. 여기서 서쪽으로 570m 정도 떨어진 삼덕네거리 부근(그림 75의 D 지점)의 기반암 고도는 40.80m로서 동쪽의 신천대로 지점보다 0.6m 낮다. 이곳에서 서쪽으로 350m 정도 떨어진 경북대사범대부설 초등학교 부근(그림 75의 B 지점)의 기반암 고도는 40.20m이다. 이곳은 동쪽의 삼덕네거리보다 0.6m 낮다. 여기에서 서쪽으로 650m 정도 떨어져 있는 구적십자 병원 부근(그림 75의 A 지점)의 기반암 고도는 38.40m이고, 이곳은 동쪽의 경북대사범대부설 초등학교보다 1.8m 낮다.

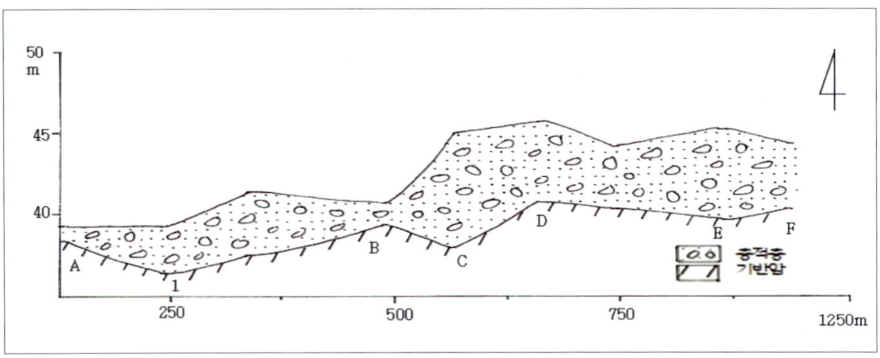

그림 75. 반월당에서 수성교 사이 충적층 횡단면도

수성교와 반월당 사이에서도 기반암 고도가 주변보다 특히 낮고 그 폭이 넓은 곳들이 있다. 한곳은 경북대사범대부설 중 · 고등학교 지역으로 이곳은 주변보다 1.4~2.6m 낮다. 또 한곳은 반월당(그림 76의 1 지점)으로 이곳은 주변보다 1.9~2.8m 낮다. 기반암 고도가 낮은 곳들의 폭은 200m에 이를 정도로 넓다. 나머지 한곳은 삼덕네거리 동쪽의 동부교회(그림 75의 E 지점) 지역으로 이곳은 앞의 두 곳에 비해 주변과의 고도차가 적지만, 좌우 비고차가 0.7~1.7m 정도 된다.

이상에서 살펴본 신천 좌안 충적평야의 기반암 고도 분포의 횡단 특성은 크게 두 가지이다. 하나는 기반암 고도 변화가 수성교를 중심으로 상 · 하류 간에 반대 특성이 나타난다는 점이다. 즉 건들바위 네거리에서 대봉교 사이는 서쪽에서 동쪽으로 갈수록 기반암 고도가 낮아지는 데 비해, 반월당에서 수성교 사이에서는 동쪽에서 서쪽으로 갈수록 기반암 고도가 낮아진다. 이는 수성교를 중심으로 상 · 하류에서 하천의 흐름 방향이 달랐다는 것을 뜻한다. 다른 하나는 특정 지역의 기반암 고도가 주변보다 많이 낮고, 그 폭이 현재의 신천과 유사하다는 점이다. 이는 이들 지역에 과거 어느 시기에 현 신천 정도의 규모를 가진 하천이 흘렀다는 것을 암시한다. 이 같은 판단은 첫째, 신천 좌안 충적평야는 신천의 유로 변화로 발달하였고, 둘째, 주변보다 기반암 고도가 특히 낮고, 그 폭이 현 신천과 유사한 지역들이 일련의 방향성을 갖기 때문이다.

이 같은 맥락에서 기반암의 고도가 주변보다 낮고, 그 폭이 현 신천과 유사한 지역을 그림 72에서 찾아 연결하면 이들은 "대봉네거리→ 경대사대부설 중 · 고등학교→ 향촌문화회관"으로 이어진다. 이들 지점을 연결하면 그 방향은 북서쪽으로 연결된다. 이들 위치는 공교롭게도 지석묘 분포와 유사하다. 이는 이들 위치에서 신천 규모의 하천이 북서쪽으로 휘어져 흘렀을 가능성을 제시하는 것이다.

나. 대구역 주변 유로 변화 흔적

대구역 주변에서 유로 변화의 흔적이 뚜렷이 드러나는 곳은 고도 40m 지역이다. 이 지역을 따라 선상지면의 특성이 급격히 변하고, 자연제방의 분포도 달라진다. 이들 지형을 통해 대구역 주변의 신천 유로 변화 특성을 살펴보면 다음과 같다.

1) 선상지의 고도별 지형면 특징

1부 1장에서 살펴보았듯이 신천 충적평야는 수성못 부근에서 북쪽의 금호강 주변까지 퍼져있는 대규모 선상지성 지형이다. 때문에 충적평야의 지형면은 상류에서 하류로 갈수록 폭이 넓어지고, 경사는 완만해진다.

그림 76. 대구 분지 중앙부의 등고선도

그림 76을 통해 등고선별 지형면 특징을 보면, 등고선 70~80m에서 250m 정도였던 지형면 폭이 등고선 60~70m에서는 870m 정도로 넓어지고, 50~60m에서 지형면 폭은 2.5km에 이를 정도로 넓어진다. 80m에서 50m로 가면서 점차 넓어지는 등고선 간격과 완만해지는 지형면 경사 특징이 40~50m 지역에서는 나타나지 않는다. 이 부근의 등고선 폭은 500m로서 50~60m 등고선 폭의 1/5에 불과하다. 이로 인해 그림 77에서처럼 등고선 40~50m 지역에는 경사변환부가 나타난다. 또한 그림 76에서 보듯이 40m 등고선 형태는 이보다 높은 고도의 등고선과 형태적으로 다른 모습을 보인다. 즉 70~50m 등고선은 선상지에서 일반적으로 나타나는 하류 쪽으로 굽은 형태이다.

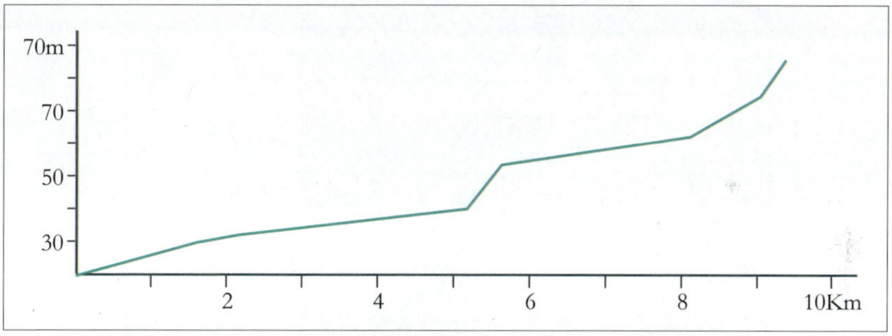

그림 77. 신천 좌안 충적평야의 종단 경사 변화도

반면 40m 등고선은 이들과 달리 동에서 북북서로 이어지는 직선적인 형태를 띤다. 40~50m에서 좁아졌던 등고선 폭은 30~40m에서 다시 넓어진다. 이 지역의 등고선 폭은 3.5km 정도로 신천 좌안 충적평야에서 가장 넓다. 이처럼 고도 80m에서 30m 쪽으로 가면서 등고선 폭이 넓어지는 특성으로 볼 때 40~50m 등고선 폭은 50~60m 등고선 폭에 가깝거나 더 넓어야 한다. 경사도 50~60m 보다 완만해야 한다. 그런데 그 반대 현상을 보인다.

고도별 선상지면의 지형 특징으로 볼 때, 40~50m 부근에 경사변환부가 나타나는 것은 이 부근에서 어떤 지형 발달 메커니즘이 작용했던 것을 의미한다.

그 메커니즘은 40m 등고선에 거의 평행하게 작용한 것 같다.

2) 자연제방의 지역별 분포 특징

그림 78은 1937년 대구 1/10,000 지형도를 토대로 작성한 대구 분지의 토지 이용분류도이다. 그림에서 볼 수 있는 신천에 연하여 발달한 주거지, 밭, 과수원 지역은 자연제방으로 추정된다.

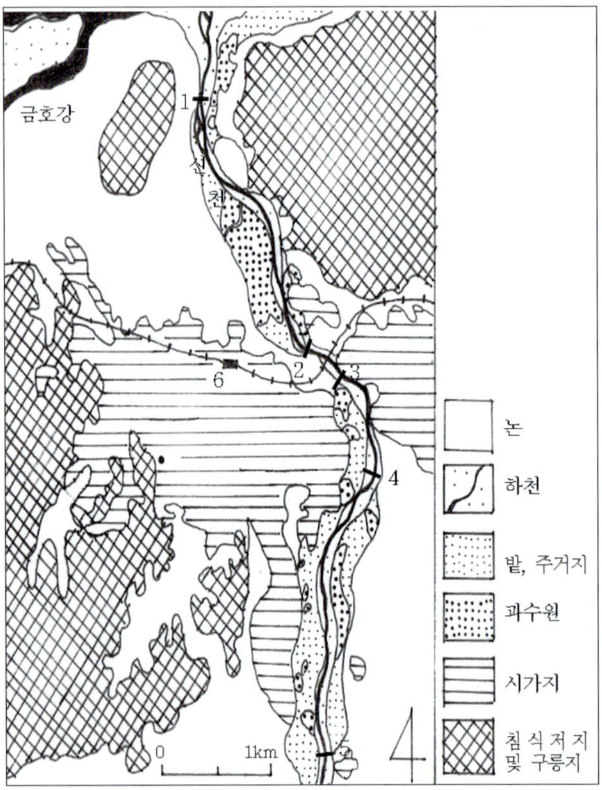

그림 78. 1937년 신천 주변 토지 이용도(1: 성북교, 2: 칠성교, 3: 신천교, 4: 동신교, 5: 중동교, 6: 대구역)

자연제방 분포는 신천의 동안과 서안이 다르다. 신천 우안의 경우, 동신교에서 중동교 사이, 2.6km 구간에는 자연제방이 연속적으로 분포한다. 그러나 동신교 하류에서 칠성교 사이는 자연제방이 나타나지 않는다. 자연제방이 다시 나타나는 곳은 칠성교에서 신천과 금호강의 합류점 사이이다. 이 지역의 자연제방은 침식저지가 신천에 가깝게 발달해 있어 신천과 침식저지 사이에 국지적으로 좁게 분포한다.

신천 좌안, 즉 신천 서쪽의 자연제방은 네 지역으로 나눌 수 있다. 첫째, 상동교에서 신천교 사이이다. 이 지역의 자연제방은 신천 전체 구간에서 가장 길고 연속적으로 분포한다. 둘째, 신천교에서 칠성교 사이로서, 이 지역에는 약 600m 구간에서 자연제방이 나타나지 않는다. 또한 이 지역은 그 상 · 하류 구간의 토지이용과 달리 대부분 논농사로 활용된다. 셋째, 칠성교 하류에서 성북교 사이로서, 이 지역에도 자연제방은 넓고 연속적으로 발달한다. 특히 현 칠성시장 주변은 신천 전체 구간에서 자연제방의 폭이 가장 넓다. 넷째, 성북교에서 금호강 사이로서, 이 지역에는 자연제방이 나타나지 않는다.

신천 좌 · 우안 자연제방 비교에서 보았듯이 신천에서 자연제방 분포가 가장 특징적인 곳은 신천교에서 칠성교 사이이다. 이 구간만 자연제방이 나타나지 않는다.

1937년 지도에서 본 자연제방의 지역적 분포 특성은 1918년 1/10,000 지형도에서도 볼 수 있다. 그림 79에서 신천 좌안과 우안에 나타나는 녹색으로 표시된 지역은 과수원, 뽕나무, 밭 지역이다. 이들 중 신천 좌안의 녹색 지역은 신천의 충적평야 상에서, 신천의 흐름 방향을 따라, 신천에 연하여 분포한다. 이 같은 분포 특징으로 볼 때 이 지역은 1938년 토지이용도에서 살펴보았듯이 신천의 자연제방에 해당한다. 이와 달리 신천 우안의 녹색지역은 침식저지의 토지이용을 나타낸 것이다.

1918년 지형도에 나타난 신천 좌안의 자연제방은 신천 철교에 인접한 경편 철도선까지 신천을 따라 넓은 범위에 걸쳐 연속적으로 분포한다. 그러나 경편

철도선 하류부에는 자연제방적 토지이용이 거의 나타나지 않는다. 이들 지역의 토지이용은 논농사이다. 논농사 지역은 신천에서 대구역까지 연속적 발달했다. 약 600m에 걸쳐 나타나지 않던 자연제방이 신천대교에서부터 다시 나타나며 이곳에서 하류로 가면서 자연제방은 다시 넓고, 연속적으로 분포한다.

그림 79. 1918년 신천 철교 주변 지형 특징(1: 신천대교, 2: 신천철교, 3: 경편철도선, 4: 대구역)

이상에서 살펴본 1918년과 1937년 신천 자연제방 분포 특징에서 주목할 점은 두 가지이다. 하나는 자연제방이 나타나지 않는 신천교에서 칠성교 사이는 위치적으로 대구역의 동쪽이고, 고도적으로 대구역 지역과 유사하다는 점이다. 다른 하나는 자연제방이 끊어진 신천교와 칠성교 사이의 토지 이용은 하천 인근임에도 불구하고 논농사 지역이며, 이들은 대구역 쪽으로 연결된다는 점이다. 이 같은 특징은 신천을 따라 발달하던 자연제방이 칠성교와 신천대교 사이에서는 형성되지 못할 정도의 침식 에너지가 작용하였고, 그것이 대구역 쪽으로 이어졌다는 것을 의미한다.

다. 대구역 북쪽 유로 변화 흔적: 침산과 연암산 공격사면[33]의 분포 특성

그림 80은 침산과 연암산 주변의 1/5,000 지형도이다. 현재 신천은 침산과 연암산 사이를 통과하여 금호강으로 흘러간다. 그런데 그림에서 보듯이 현 신천으로부터 200~900m정도 떨어진 침산과 연암산에 하천의 공격사면이 발달해 있다. 이는 과거 어느 시기에 이곳으로 신천이 흘렀다는 것을 의미한다.

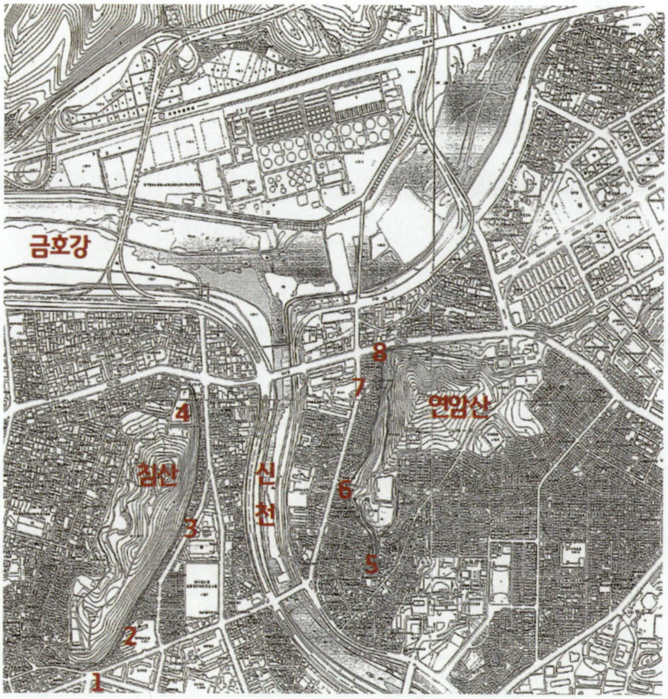

그림 80. 침산과 연암산 하식애(1: 오봉오거리, 2: 침산초등, 3: 태광자동문, 4: 경상여고, 5: 산격제일교회, 6, 7: 산격1동행정복지센터, 8)

33 곡류하는 하천은 곡류대의 바깥쪽에는 침식작용을, 안쪽에는 퇴적작용을 한다. 이로 인해 곡류대의 바깥쪽에는 하식애가, 안쪽에는 충적평야가 발달한다. 곡류대의 바깥쪽을 공격사면이라 하고, 안쪽을 활주사면이라 한다. 따라서 현 하천이 떨어져 있지만, 일련의 방향성을 갖고 하식애성 절벽이 발달해 있으면, 그곳은 과거 하천의 공격사면일 가능성이 높다.

공격사면, 즉 하식애성 절벽이 나타나는 곳은 침산의 동쪽 사면과 연암산의 서쪽 사면이다. 이들 중 침산의 공격사면은 전체적으로 남서에서 북동 방향으로 발달해 있다. 공격사면의 길이는 1.3km 정도이며, 사면의 방향으로 볼 때, 이 지역은 두 구간으로 나누어진다. 하나는 침산의 남서쪽 말단에 있는 오봉오거리에서 북동쪽으로 900m 정도 떨어진 태광자동문 사이이다. 이 구간에서 공격사면의 방향은 남서에서 북동이다. 다른 하나는 태광자동문에서 북동쪽 말단에 있는 경상여고까지로, 이 구간에서 공격사면은 남에서 북북서로 발달해 있다.

침산에서 신천 유로 변화 흔적이 뚜렷이 남아 있는 곳은 침산초등학교 서쪽에 있는 하식애이다. 이곳에는 그림 81에서 볼 수 있듯이 신천의 측방침식으로 발달한 하식애의 잔재인 수직에 가까운 기반암이 노출되어 있다. 그 방향은 남서에서 북동이며, 형태적으로 거의 직선에 가깝다.

그림 81. 침산 동쪽의 침산초등학교 부근 하식애

오봉오거리에서 태광자동문 사이의 침산 동쪽 사면의 공격사면 방향과 지형적으로, 방향적으로 유사한 곳을 침산 대안에 있는 연암산에서 볼 수 있다. 그림 80의 6번 지점에서 8번 지점 사이에 발달한 공격사면이 그곳이다. 이 지역의 공격사면도 남서에서 북북동으로 발달했다. 침산과 연암산에 발달한 공격사면의 방향이 유사하다는 것은 과거 어느 시기에 신천이 침산과 연암산의 공격사면 사이로 흘렀다는 것을 의미한다. 당시 이 지역으로 신천이 흘렀을 때 만들어진 하식애가 그림 82이다. 이곳은 산격1동 행정복지센터(그림 80의 7) 동쪽의 연암산 사면에 발달해 있다. 이곳의 경사는 거의 수직에 가깝고, 분포 방향은 남서에서 북북동 방향이다.

그림 82. 연암산 서쪽의 침산1동 행정복지센터 부근 하식애(그림 80의 6과 8사이)

침산의 두 번째 공격사면부는 태광자동문에서 경상여고 사이이다. 이곳의 공격사면은 남에서 북북서쪽으로 발달하여, 오봉오거리에서 태광자동문 사이의 공격사면 방향인 남서에서 북북동과는 다르다. 이는 태광자동문 남쪽의 신천 흐름과 북쪽의 흐름 방향이 달랐다는 것을 의미한다.

그림 83. 연암산 서쪽의 산격제일교회 주변 하식애(그림 81의 5와 6사이)

침산 동사면에서 나타나는 태광자동문에서 경상여고 사이의 공격사면부 방향과 연결되는 곳을 연암산 남서쪽에서 찾을 수 있다. 그림 80의 5번 지점인 연암산 남쪽 말단부의 산격제일교회에서 6번 지점 사이에 발달한 공격사면이 그곳이다. 이처럼 침산과 연암산의 공격사면 방향이 유사하다는 것은 과거 어느 시기에는 이들 공격사면부 사이로 신천이 흘렀다는 것을 의미한다. 이와 관련된 하식애가 산격제일교회 주변에 높고, 길게 발달해 있다(그림 83). 과거 신천 공격사면부의 잔재인 이곳 하식애의 높이는 12m 전후이고, 경사 70° 전후로 아주 가파르다. 그것의 분포 방향은 남동에서 북서이다.

2. 지역별 신천 본류의 변화 특징

가. 용두교에서 희망교 사이의 유로 변화

신천에서 청동기 유적이 본격적으로 나타나는 곳은 신천이 남부산지를 벗어나는 수성구 상동의 용두교 부근이다. 용두교에서 중동교 사이에 나타나는 신천 우안의 청동기 유적지는 현 신천의 흐름과 유사한 방향으로 남에서 북으로 상당한 범위로 밀집한 특성을 보인다. 이 같은 특징으로 볼 때, 청동기 시대에도 용두교에서 중동교 사이에서 신천은 현 신천과 유사한 방향으로 흘렀을 것으로 추정된다. 이는 용두교에서 중동교 사이의 지형 특성으로도 추정할 수 있다.

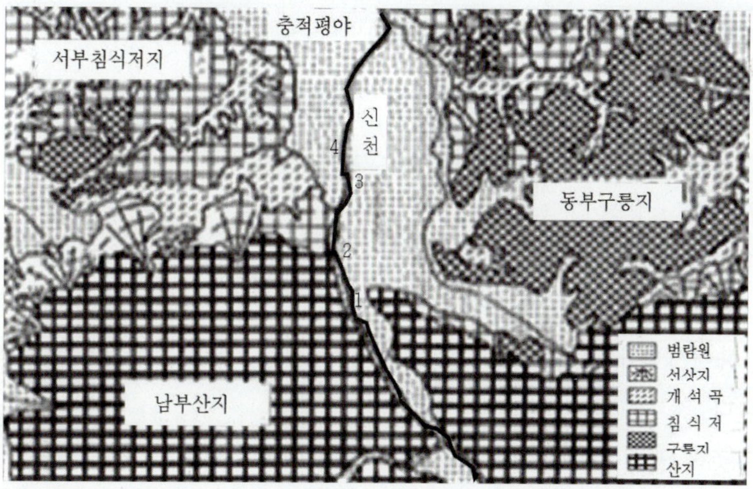

그림 84. 대구 분지 중앙부의 지형 분류도(1: 용두교, 2: 상동교, 3: 중동교, 4: 희망교)

신천이 분지상(盆地床)으로 들어오는 지점은 신천 좌 · 우안이 다르다. 분지상이 시작되는 남부산지 경계는 신천 우안은 용두교 부근이고, 신천 좌안은 용두교에서 1km 하류에 있는 상동교 부근이다(그림 84 참조). 특히 신천 좌안은 상동교 부근의 남부산지 말단에서 침식저지가 신천에 인접하여 약 800m 하류의 중동교까지 뻗어있다. 이 같은 지형 차이로 신천 우안은 좌안에 비해 1.8km 정도 더 남쪽에서부터 충적평야가 발달했다. 이것이 신천 우안을 따라 자연제방이 발달하고, 그곳에 청동기 지석묘가 넓게 분포한 이유로 보인다.

한편 상동과 중동 지역의 청동기 유적은 신천 좌안에 분포하는 유적들보다 송국리 문화 유적이 많다. 송국리 문화는 청동기 후기의 안정된 농경문화를 기반으로 하는 문화로 알려져 있다(유병록, 2015). 안정된 농경문화가 발달하기 위해서는 그것을 영위하는 청동기인들의 거주지이자 농업 지역인 자연제방이 신천과 상당한 비고를 가져야 한다. 그래야 범람의 위험에서 벗어나 안정된 농경 생활을 할 수 있다. 용두교에서 중동교 사이의 자연제방이 그 같은 조건을 가졌다는 것은, 그것을 만든 신천이 오랫동안 이 부근으로 흘렀다는 것을 의미한다. 이는 적어도 청동기에는 용두교에서 중동교 사이에서 신천은 지금과 유사한 위치에서 유사한 방향으로 흘렀다는 것을 의미한다.

나. 희망교에서 향촌문화관 사이의 유로 변화

신천 좌안에서 청동기 유적이 나타나기 시작하는 곳은 중동교에서 약 900m 하류에 있는 대구중 부근이다. 여기서 청동기 유적은 북쪽의 대봉네거리, 경북대사범대 부설 중 · 고등학교, 대구 시청, 대구역 쪽으로 연속적으로 분포한다.

대구중에서 대구역 사이에 분포하는 청동기 유적지들의 위치 특성은 현 신천과의 거리를 통해 보다 정확히 알 수 있다. 유적이 처음 나타나는 대구중 부근은 신천과 200여 m, 그 북쪽의 대봉 네거리 부근은 신천과 400m 정도 서쪽으로 떨어져 있다. 경대사대부설중 · 고등학교 부근은 신천에서 600m 정도, 대구 시청 서쪽의 교동전자상가 부근은 약 1.3km, 그리고 가장 북서쪽인 대구역 부근의 유적지는 신천과 1.7km 정도 떨어져 있다. 이처럼 대구중에서 북쪽으로 갈수록 유적지들의 분포 방향은 북서쪽으로 휘어져 신천에서 멀어진다.

그림 85. 주요 지점(1: 대구중, 2: 대봉네거리, 3: 경대사대부설중고등, 4: 시청, 5: 향촌문화회관)

유적지 위치는 자연제방 위치와 밀접한 관련이 있기 때문에 자연제방 역시 수성교에서 대구역으로 가면서 북서쪽으로 이동했을 가능성이 높다. 이는 자연제방의 최고점 고도 위치 변화를 통해서 확인할 수 있다. 대구중, 대봉네거리, 경북대사범대부설중 · 고등학교 부근의 유적지 위치는 이 지역의 자연제방 중에서 고도가 가장 높은 지역이다. 이들 지역의 자연제방 최고 고도점과 신천의 거리를 보면 대구중 부근에서는 300여 m, 대봉네거리 부근에서는 약 500m, 그리고 경대사대부중고 부근은 620m 정도이다. 이처럼 자연제방 중 고

도가 높은 지역들의 위치 역시 북서쪽으로 휘어진다.[34]

한편 전 장에서 살펴본 신천에 의해 발달한 충적층 하의 기반암 고도가 주변보다 특별히 낮고, 그 폭이 현 신천과 유사한 지점을 연결하면 그곳은 대봉네거리–경대사대부설 중 · 고등학교–향촌문화관 부근으로 연결된다. 이곳은 청동기 유적지 및 자연제방 방향과 비슷하다.

이상의 신천 좌안의 청동기 유적 분포 위치, 자연제방 최고도점 위치, 기반암 고도 특성 등으로 볼 때, 당시 신천은 대구중, 대봉네거리, 경대사대부설 중 · 고등학교로 가면서 북서쪽으로 방향을 틀어 흘렀고, 대구역 부근으로 갈수록 보다 서쪽으로 휘어져 흘렀던 것으로 보인다.

유병록(2015)은 신천 좌안 충적평야의 청동기 유물을 청동기 전기로 편년하였다. 따라서 앞에서 언급한 대봉네거리–경대사대부설 중 · 고등학교–향촌문화관 부근으로 이어지는 기반암 고도가 특히 낮은 지역을 과거 신천이 흘렀던 곳으로 추정하면, 청동기 이전에도 신천은 이들과 유사한 방향으로 흘렀을 가능성이 있다.

하천의 흐름은 지반운동과 같은 특별한 경우를 제외하고는 유사한 방향을 따라 이동하는 경향이 강하다. 이로 볼 때, 청동기 이후에도 청동기 시대 흐름 패턴을 유지한 채 현 신천 쪽으로 유로 이동하였을 가능성이 높다.

다. 향촌문화관에서 침산과 연암산 사이의 유로 변화

청동기와 그 이전 시기 대봉네거리에서 경대사대부설 중 · 고등학교 지역을

34 고고학 연구인 유병록(2015)에 따르면 신천 좌안의 청동기 유적 분포지의 특성을 대구천과 같은 구하천 사이의 소규모 자연제방과 관련하여 해석하였다. 그러나 대구천을 비롯한 소규모 하천들이 청동기 시대에도 신천 좌안에서 흘렀는지 알 수 없다. 그리고 자연제방의 위치와 분포 패턴, 자연제방 최고점의 고도 분포와 변화 방향, 기반암의 급격한 고도 변화와 그곳의 폭 등으로 볼 때 신천 좌안의 청동기 유적들이 분포하는 곳은 지역적 차이는 있지만 현 신천에 의해 발달한 자연제방 상이라 할 수 있다.

통과하여 북서쪽의 향촌문화관 지역으로 흘렀던 신천의 흐름 방향을 연장하면 그것은 향촌문화관 북서쪽으로 이어진다. 신천은 이곳에서 경일 중학교 쪽으로 흘렀던 것으로 추정된다. 이는 그림 86의 절봉면도상의 40m 등고선의 방향에서 알 수 있다.

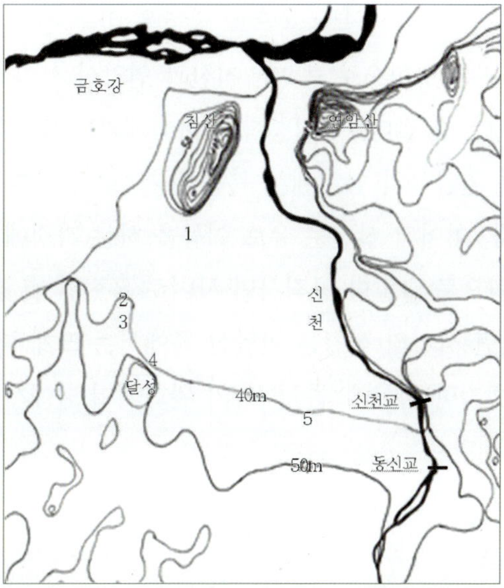

그림 86. 달성 주변 절봉면도(1: 오봉오거리, 2: 경일중, 3: 비산동교회, 4: 현대모비스조흥사, 5: 향촌문화관)

침식이전의 원지형을 복원하는 절봉면도에서 40m 등고선은 현 동신교와 신천교 사이에서 달성 북쪽으로 이어진다. 달성 북쪽에서 등고선 40m 방향은 현대모비스조흥사 부근과 그 북쪽의 비산동 교회, 그리고 경일 중학교 쪽을 향하여 북쪽으로 휘어진다. 이로 볼 때 향촌 문화관에서 북서쪽으로 흘렀던 신천은 달성 부근에서 북쪽으로 방향을 바꾸어 경일중학교 방향으로 흘렀던 것으로 보인다. 여기서 신천은 침산을 향해 북동쪽으로 흘렀던 것으로 보인다. 이는 첫째, 그림 86의 절봉면도에서 경일중학교 부근의 40m 등고선 방향이 북동쪽의 침산 쪽을 지향하고, 둘째, 경일중학교 동쪽에 발달한 하식애의 방향이 남서에서 북동 방향을 띠며, 셋째, 침산 동사면에 발달한 북동에서 남서 방향의 하식애를 남서쪽으로 연장하면 그것은 경일 중학교 쪽으로 나아간다. 이들 세 가지 조건으로 볼 때, 어느 시기에 신천은 경일중학교에서 침산의 남쪽을 향해 북동 방향으로 흘렀던 것으로 추정할 수 있다.

한편 경일중학교 부근에서 북동쪽으로 방향을 바꾼 신천은, 그림 80(117쪽)에 나타난 공격사면부 방향으로 볼 때, 침산과 연암산 사이에서 크게 두 번의 유로 변화가 있었던 것 같다. 경일중학교 하식애와의 방향적 연계성으로 볼 때 신천은 침산과 연암산의 남서에서 북동방향으로 발달한 공격사면부 사이로 흘렀던 것 같다. 이어서 신천은 유로 이동을 하는 과정에 침산과 연암산의 남동에서 북서방향으로 발달한 공격사면 사이로 흘렀던 것 같다. 남동에서 북서 방향으로 흘렀던 시기의 신천은 연암산 쪽에서는 크게 곡류하여 남동에서 북서방향으로 흘렀지만 침산에서는 곡류가 완화되어 남에서 북북서 방향으로 흘렀던 것으로 보인다.

향촌문화회관에서 침산 사이 신천 유로 변화와 관련된 또 하나의 중요한 특징은 신천과 범어천의 합류 지점 변화이다. 이것은 대구역 인근의 지형 발달에도 중요한 영향을 미쳤다.

신천은 과거 신천 좌안 충적평야의 서쪽 말단에 발달한 하식애들을 따라 흘렀다. 이곳에서부터 신천은 점차 동쪽으로 이동하였다. 과거 신천 유로 방향을 파악할 수 있는 지석묘 분포로 볼 때, 청동기 이전에 신천이 흘렀던 향촌문화관 부근은 현 신천보다 1.6km 서쪽에, 청동기 시대 신천이 흘렀던 대구역 부근은 현 신천에서 1.1km 정도 서쪽에 있다. 이는 신천 동쪽에서 흐르는 지류가 신천에 합류하는 지점이 과거에는 현재보다 서쪽에 있었다는 것을 의미한다. 이 같은 합류의 사례가 신천의 주요 지류인 범어천이다.

현재 범어천은 수성못 남동쪽의 병풍산 북쪽 골짜기인 진밭골에서 발원하여 지산동, 두산동, 수성동 지역을 거쳐 동신교 부근의 대구 중앙중 · 고등 부근에서 신천으로 유입한다(130쪽의 그림 88 참조). 그러나 과거 신천은 현재보다 서쪽에 있었기 때문에 신천과 범어천의 합류점도 현재보다 서쪽에 있었을 것이다.

이 같은 추론은 다음과 같은 몇 가지 사실에서 가능하다. 첫째, 1/25,000 지형도를 토대로 곡폭 100m를 매곡하여 원지형을 복원한 절봉면도에서의 특징이다. 그림 86에서 볼 수 있듯이 당시 범어천이 연장되어 흘렀던 지역인 40m 등고선 방향은 동쪽의 신천에서 서서북 쪽의 달성까지 발달해 있다. 등고선의 전체적 형태는 직선에 가깝다. 이 같은 등고선 형태가 신천에서부터 나타난다는 것은 범어천이 서쪽으로 유로를 연장하여 흘렀다는 증거일 수 있다. 둘째, 신천 좌안 충적평야를 만든 선상지의 지형면이 고도 40~50m 부근에서 갑자기 폭이 좁아지고, 경사변환부가 발달한 점이다(113쪽 그림 77 참조). 하류로 갈수록 지형면 폭이 넓고, 경사가 완만해지는 것이 선상지의 일반적 특성이다. 그런데 등고선 40~50m 지역에서 이와 다른 특성을 보인다. 이는 등고선 40m 부근을 따라 범어천이 동에서 서로 흐르면서 지형면 고도를 급격하게 낮추었기 때문으로 보인다. 셋째, 신천교와 칠성교 사이에 자연제방이 발달하지 않은 것과 이들 지역에서 대구역 사이의 토지 이용이 논농사로 활용되는 것이다. 이 역시 범어천이 고도 40m 부근을 동서로 흘렀기 때문이다. 이로 인해 이 지역에는 자연제방 발달이 어렵고, 하천이 동서로 흐르면서 범람과 퇴적을 하여 논농사가 가능한 퇴적층이 발달했기 때문으로 보인다.

3. 신천 본류의 변화 과정

신천 좌안 충적평야의 서쪽 가장 자리에는 남쪽에서 북서쪽으로 가면서 효성타운아파트, 수도산, 건들바위, 제일중학교, 성명여자중학교, 달성공원, 그리고 경일중학교를 따라 하식애가 발달해 있다. 일련의 방향성을 갖고 연속적으로 발달해 있는 이들 하식애와 신천 사이에는 충적평야만 있다. 이는 이를 만든 하천이 신천이라는 의미이자 충적평야의 서쪽 말단은 과거 신천이 영향을 받았던 곳이라는 것을 의미한다. 이 같은 판단은 신천이 분지저로 들어오는 효성타운아파트 지역에 발달한 하식애 분포(그림 87)를 통해서 가능하다.

그림 87. 1954년 항공사진에 나타난 효성타운 아파트 부근의 하식애 흔적(1: 상동교 부근, 2: 효성타운아파트, 3: 팔레스빌, 4: 앞산힐스테이트 아파트, 5: 봉덕성당, 6: 중동교)

그림 87에서 1번은 현 상동교 하류의 상동보 부근이고, 2번 지역인 효성타운아파트, 3번은 팔레스빌, 4번은 앞산 힐스테이트아파트 지역이다. 항공사진에서 보면 1→2→3→4→5번을 연결하는 구릉지 동쪽 말단의 형태는 활처럼 휘

어져 있다. 이런 형태의 지형은 주로 하천의 측방침식으로 발달한다. 이곳을 하천의 공격사면이라 부르고, 하식애는 여기에 발달한다.

신천과 이곳의 위치적 관계와 지형 형태로 볼 때, 과거 어느 시기에 이 지역은 신천의 공격사면이었다. 이곳에 신천의 측방침식이 강하게 작용하면서 하식애가 발달했던 것으로 보인다. 이 같은 메카니즘으로 발달한 하식애들은 1954년 항공사진에서 뚜렷한 형태로 연속적으로 나타난다. 그러나 현재 이곳에서 볼 수 있는 하식애는 팔레스빌 지역(43쪽, 그림 19) 뿐이다. 그 외 지역은 아파트 건설로 대부분 파괴되었다.

그림 87의 항공사진에 나타난 하식애들이 신천에 의해 발달한 지형이라는 또 다른 근거는 대구천과 상동천의 흐름 방향이다. 중동교와 희망교 사이의 강변효성백년가약아파트 부근에서 신천에서 분류하여 캠프헨리 서쪽으로 흘렀던 대구천이 하식애 발달에 영향을 미칠 수 있는 지역은 영선초등학교가 있는 서부 침식저지 부근이다. 이는 이 지역보다 남쪽에 발달한 하식애들은 대구천과 관련이 없다는 것을 의미한다. 신천의 또 다른 분류하천인 상동천은 상동보 부근에서 신천에서 분류하여 봉덕성당, 봉덕 2동행정복지센터, 봉명네거리로 하여 캠프조지 쪽으로 흘러갔다. 때문에 상동천 역시 효성타운 아파트 지역의 하식애 발달과는 관련성이 적다. 따라서 효성타운 아파트에서 봉덕성당 사이의 하식애는 신천에 의해 발달한 것으로 볼 수 있다.

대구 시가지에 있는 하식애들이 서부침식저지의 말단에 위치하고, 이들 방향(57쪽 그림 38)이 일련의 규칙성과 연속성을 갖는 점으로 볼 때 효성타운아파트 지역의 하식애와 수도산, 건들바위, 제일중학교, 성명여자중학교, 달성공원, 그리고 경일중학교 부근의 하식애들은 같은 시기에 발달한 것으로 추정된다. 경일 중학교 북쪽에서는 전절에서 살펴보았듯이 침산의 동쪽 사면에 있는 하식애와 연결된다.

이상의 하식애 위치로 볼 때 과거 어느 시기에 신천은 현재의 위치가 아닌 이들 하식애를 따라 흘렀다는 것을 알 수 있다. 그리고 이들과 현재 신천 사이에 넓은 충적평야가 있다는 것은 신천이 이들 하식애 지역에서 점차 동쪽으로 이동하여 현재의 위치에 이르렀다는 것을 의미한다. 그 과정을 살펴보면 다음과 같다.

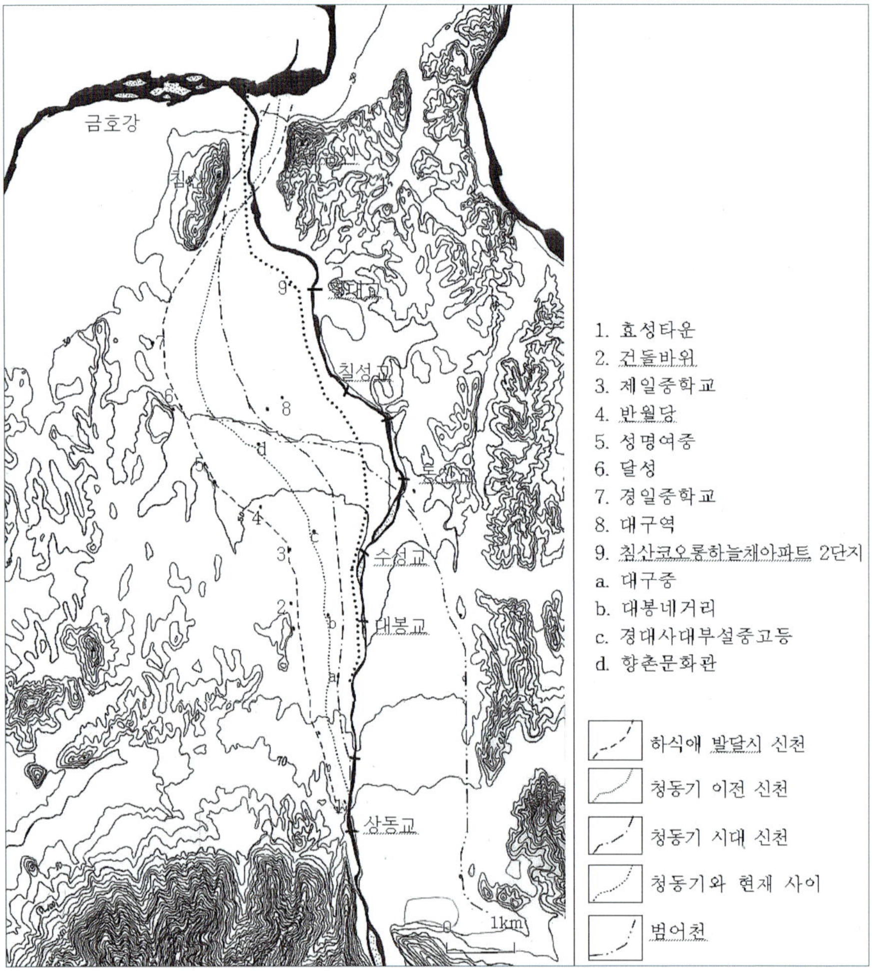

그림 88. 신천 유로 변화 과정

그림 88에서 파선은 전술한 하식애들을 따라 신천이 흘렀을 당시의 유로를

나타낸 것이다. 당시 신천 유로를 보면 상동교에서 수성교 사이는 현재와 비슷한 패턴과 방향으로 흘렀다. 그런데 수성교 부근에서 과거 신천은 현재보다 훨씬 서쪽으로 치우쳐 크게 휘어져 흘렀다. 이 같은 차이는 그림에서 보듯이 이 지역에 유로가 동쪽으로 크게 만곡하기 때문이다. 이 같은 변화가 나타나는 곳은 제일중(그림 88의 3)→반월당(그림 88의 4)→성명여중(그림 88의 5)으로 이어지는 지역이다. 그림에서 보듯이 이 지역에서 신천은 서쪽으로 휘어진 형태로 흘렀다.

하천의 공격사면인 이 지역에는 유수가 바깥쪽으로 돌아 흐르기 때문에 측방침식이 왕성하게 일어난다. 이로 인해 공격사면부의 외측으로 유로 이동이 일어난다. 그 결과를 청동기 신천 유로에서 볼 수 있다. 전절에서 살펴보았듯이 기반암 고도 변화 지역과 지석묘에서 본 자연제방의 분포 특성을 통해 추적한 당시 신천 유로(그림 88의 일점쇄선)에서도 북동쪽으로 휘어진 신천의 공격사면부를 볼 수 있다. 그 지역은 대봉네거리, 경대사대부설 중 · 고등학교, 그리고 대구역 쪽이다. 이들 지역을 연결하면 이 곳 역시 북동쪽으로 휘어진 형태를 띤다. 이는 서부 침식저지의 하식애를 따라 흐를 때의 공격사면부가 만곡한 형태를 유지하면서 북동쪽으로 이동하였다는 것을 의미한다. 이 같은 신천 유로의 이동 과정을 나타낸 그림 88의 파선→옅은 점선→일점쇄선으로 나타낸 과거 신천 유로들이다.

제일중에서 성명여중 사이 공격사면부의 북동쪽 이동은 이들보다 하류 지역의 유로 이동에도 영향을 미쳤다. 그림 88에서 보듯이 하식애를 따라 흘렀던 과거 신천은 성명여중과 침산 사이에서 서쪽으로 크게 만곡하여 흘렀다. 이러하였던 성명여중과 침산 사이의 유로가 제일중에서 성명여중 사이 공격사면부가 북동쪽으로 이동하면서 그것을 따라 점진적으로 동쪽으로 이동하였다. 그 과정에 유로의 굴곡 정도도 줄어들었던 것으로 보인다.

그림 88에서 보듯이 서부침식저지 말단에서 청동기까지의 신천이 유로 형태를 유지하면서 동쪽으로 이동하였다면, 청동기 이후에서 현재까지의 신천

유로 이동은 다음과 같이 추론할 수 있다.

과거 신천이 흘렀을 것으로 추정되는 기반암 고도가 낮아지는 지역이 청동기 이후에 다시 나타나는 곳은 현재의 신천에 가까운 지역이다. 그곳은 대봉교 서쪽 290m 지점에 있는 삼성내과(107쪽의 그림 72의 d), 수성교 서쪽 260m 지점에 위치한 동부교회(107쪽의 그림 72의 E), 신천에서 서쪽으로 550m 떨어진 리더스 보링센터(107쪽의 그림 72의 7)와 신천에 인접한 칠성시장 사이 지역이다. 그리고 마지막 하나는 침산코오롱하늘채 2단지(그림 88의 9)부근이다. 현 신천에서 260~560m 떨어진 이들 지점을 연결한 것이 그림 88의 진한 점선 방향이다. 이곳의 위치는 신천에 인접하고, 그것의 형태와 흐름 방향은 현 신천과 유사하다. 이 같은 특징으로 볼 때, 청동기 이후 신천은 일정 기간 동안 청동기 시대의 흐름 패턴을 유지하면서 동쪽으로 이동한 것으로 보인다. 이 과정에서도 경대사대부설 중 · 고등 부근에서 대구역 사이의 공격사면은 그 형태를 유지하면서 현 수성교와 칠성교 쪽으로 지속적으로 이동하였던 것 같다. 이는 현 수성교와 칠성교 사이의 유로 형태가 동쪽으로 크게 만곡하는 것에서 알 수 있다. 이 같은 유로 이동에 동반하여 대구역 하류 지역의 신천도 동쪽으로 이동한 것으로 보여진다. 이 같은 방향으로 이동을 하던 신천은 삼성내과, 동부교회, 침산코오롱하늘채 2단지 부근에 이르러 현 신천과 가장 유사한 패턴으로 흐르기 시작했던 것으로 보여진다.

서쪽에서 동쪽으로 신천의 유로 이동은 범어천의 흐름(그림 88의 이점쇄선)에도 영향을 미쳤다. 즉 청동기 이전의 범어천은 현재 신천의 합류점보다 서쪽에서 신천에 합류하였던 것 같다. 그 위치는 40m 등고선의 방향과 형태로 볼 때, 하식애 부근으로 신천이 흘렀을 당시의 범어천은 달성 부근에서 본류인 신천에 합류하였던 것으로 보인다. 신천이 동쪽으로 이동하면서 신천과 범어천의 합류 지점도 동쪽으로 이동하였다. 청동기 전후에는 향촌문화회관 부근에서 신천과 범어천이 합류하였을 것으로 추정된다. 이 같은 방향의 이동으로 현재의 동신교 부근에서 범어천이 신천으로 유입하게 되었다.

이상의 신천 유로 변화 과정을 토대로 전장에서 살펴본 신천의 분류 하천인 대구천과 상동천의 발달을 추정하면 다음과 같다. 서부 침식저지의 하식애 위치로 볼 때, 과거 신천은 이 지역으로 흘렀다. 그 때 분지 중앙부의 신천 하곡은 지금과 비교가 되지 않을 정도로 좁았을 것이다. 시간이 지나면서 신천은 하식애 위치에서 점진적으로 동쪽으로 이동하였다. 이 과정에 하곡 폭이 넓어지고, 그 속에서 신천은 범람과 퇴적을 반복하면서 충적평야 폭을 넓혀갔다. 평야 폭이 넓어지면서 선상지성 하천의 일반적 특징처럼 상동교에서 남부 산지를 벗어난 신천은 본류이외에도 여러 분류들을 만들면서 충적평야 상을 흘렀다. 이 같은 과정을 통해 대구천과 상동천이라는 분류하천들이 발달하였던 것으로 추정된다.

3부_

이공제와 신천 분류의 유로 변화

5장_ 신천 범람의 의미와 이공제 위치

6장_ 이공제 건설과 신천 분류의 하계망 변화

100여 년 전만 하여도 신천 좌안 충적평야에는 신천의 분류하천들이 거미줄처럼 연결되어 있었다. 이들 하천은 대구부민들의 일상에 깊은 영향을 미쳤다. 여기에는 홍수 시 하천 범람에 의한 인명과 재산 손실도 포함된다.

역사에는 홍수 때마다 신천 범람으로 읍성과 향교가 침수 위험에 놓였다는 기록이 있다. 그러나 대구 읍성과 향교를 침수시킨 하천이 신천 본류인지 신천 분류인지 명확하지 않다.

3부에서는 신천 논란의 원인인 이공제를 대상으로 향교와 읍성을 침수시킨 하천의 존재를 밝히고, 이를 토대로 이공제 건설 목적과 위치 및 규모 등을 밝힌다. 나아가 이공제 건설이 신천 좌안 충적평야의 하계망에 미친 영향을 살펴본다.

5장

신천 범람의 의미와 이공제 위치[35]

이서 공원

35 5장은 "송언근, 2017, 이공제와 신천 분류 하천의 관계"를 재구성한 것임.

1. 역사 기록으로 본 대구에서 범람의 의미

대구시 수성구 상동에는 이서 공원이 있다. 정조 원년(1776년)에 대구 판관으로 부임한 이서(李漵)는 1778년 대구 시내를 관류하는 신천에 제방을 쌓아 큰 홍수 때마다 읍성과 향교가 침수되는 것을 막았다. 주민들은 그의 공적을 기리기 위해 이 방죽을 이공제(李公堤)라 부르고, 1797년 1월에 비를 세워 그의 공적을 기렸다. 그리고 이서 공원에는 1898년 대홍수 때 무너진 이공제를 군수 이범선이 보수한 공을 기려, 이듬해 2월에 세운 이후범선영세불망비(李侯範善永世不忘碑)도 함께 모셨다(이재두, 2002).

그림 89. 사진 왼쪽: 이서 비석, 사진 오른쪽: 이범선 비석

향교와 읍성의 침수를 막기 위해 만든 이공제가 아이러니하게도 논란의 대상이 되었다. 이공제로 인해 신천 유로가 변했고, 그로 인해 '새로 생긴 하천'이라는 의미로 '신천'이라는 이름이 생겼다는 것이 사실이냐 아니냐가 논란의

핵심이기 때문이다. 이공제가 논란의 제공자이자 문제해결의 핵심이다.

이서를 기리기 위해 세운 이공제 비문에 '향교의 성묘와 읍터가 모두 신천의 하류에 있었기 때문에 항상 큰물이 지면 침수를 우려했다(영남일보, 2012.11.23.)'라는 내용이 있다. 비문에 기록된 신천은 이서가 판관으로 부임할 무렵에는 부의 동쪽과 서쪽, 두 갈래로 흘렀다. 동쪽은 신천 본류이고, 서쪽은 신천 분류이다. 따라서 향교와 읍성을 침수시킨 하천이 신천 본류이었는지, 아니면 신천 분류로서 또 다른 신천인 대구천이었는지를 밝히는 것이 이공제 논란을 규명하는 핵심이다. 이를 위해 선행되어야 할 조사는 조선시대 대구에서의 범람이 어떻게 기록되어 있는지이다. 이를 밝힐 수 있는 자료는 각사등록(各司謄錄)이다.

각사등록은 조선시대 각 관아에서 해당 지방의 정치, 사상, 사회, 경제 등을 직접 기록한 자료이다. 여기에는 각 지방에서 관측된 기후 및 기상 자료들이 담겨있다. 때문에 각사등록은 조선 팔도의 기상, 기후 패턴을 파악하는 매우 중요한 자료이다(한국기상아카데미, 2014).

각사등록에 있는 기후 및 기상 자료 중 대구와 관련된 것은 다음과 같다.

1863년 5월 16일~9월 28일 사이에 대구를 포함한 관할 지역의 기후 상황이 19번 경상감영에 보고되었다. 1872년에는 3월 25일~9월 15일 사이, 기후 상황을 23번 보고하였다. 1890년에는 8월 11일~9월 24일 사이, 4번의 기후 상황을, 1897년에는 3월 24일~4월 24일 사이, 7번의 기후 상황을, 그리고 1898년에는 4월 9일~9월 14일 사이에 33번의 기후 상황을 보고하였다. 각사등록에 남아 있는 마지막 시기는 1902년 5월 6일~9월 4일 사이로, 이때는 19번의 기후 보고를 하였다. 이들을 종합해 보면 1863년에서 1902년 사이, 각사등록에 대구와 관련된 기후 관련 보고는 총 102번이다.

보고 내용 중에는 우리나라의 대표적인 소우지역인 대구의 기후 특성을 나타내는 표현들이 자주 등장한다. 대표적인 표현은 '부슬 부슬 가랑비가 내리다'이다. 전체 보고 내용의 46% 정도에 이 표현이 등장한다. 더불어 기우제에 대한 보고도 자주 나타난다. 특히 1902년에는 지역에 따라 기우제를 14차례나 행하였다는 내용이 있다. 대구의 달성 진산(達成 鎭山)에서 기도회를 가졌다는 보고도 있다.

보고서에 등장하는 또 다른 특징적 표현은 '개천, 도랑이 넘치도록 비가 내렸다'이다. 여기에는 범람의 정도를 알 수 있는 표현도 있다. 이를 '칠곡, 경산, 신령 등 3개 읍에서는 개천, 도랑이 "약하게" 넘치도록 비가 내렸다(1863년 4월 7일)'라는 기록에서 알 수 있다. 이뿐만 아니라 홍수로 인명이나 재산 피해가 있었을 때도 '개천, 도랑이 넘칠 정도가 비가 내렸다. 그리고 … 피해가 있었다'라는 기록을 한다. 물론 이것은 대구만이 아닌 다른 지역의 내용에도 반드시 나타난다. 이 표현은 102번의 보고 중 23회나 등장하고, 매년 이와 관련된 기록이 있다. 이처럼 범람의 정도를 '개천, 도랑이 넘칠 정도'로 표현한 것은 홍수와 관련하여 가장 친숙하고 익숙한 지형지물이 개천 도랑이라는 뜻이다.

1863년에서 1902년 사이 39년 동안 각사등록에 강과 개천, 도랑의 범람에 의한 피해가 구체적으로 나타나는 것은 총 102번의 기후 보고 중 6번에 불과하다. 이들은 1890년의 한번을 제외하고는 모두 1898년과 1902년에 집중되어 있다. 이들 기록을 토대로 대구에서 범람의 빈도와 피해 정도를 추론하면 다음과 같다.

표 1에서 보듯이 각사등록에 나타나는 대구와 관련된 6번의 홍수 피해 중 신천과 관련있을 것으로 추정되는 기록, 즉 범람의 주체에 강이 포함된 것은 4번이다. 첫번째는 1890년 7월 20일~22일 사이로서, 각사등록에는 '강과 개천의 범람으로 안동과 대구의 포구가 침수되었다'라는 내용이 있다. 조선 시대 하천 주변 포구와 관련된 김재완(1999)의 연구에 의하면 대구 인근의 포구들은 금호강과 낙동강을 따라 분포하였다. 이로 볼 때, 1890년 7월 20일의 홍수는 신천과 관련성이 적다고 할 수 있다. 두 번째 기록은 1898년 7월 3일~8일 사이로서, 각사등록에는 강과 개천 도랑의 범람으로 막대한 인명과 재산 피해가 있었다고 되어 있다. 그러나 이들 피해는 대구만이 아니라 상주, 의흥 등 다른

군까지 포함된 것이다. 따라서 대구의 피해가 포함되었다하여 그것이 신천에 의한 피해라고 보기는 어렵다. 세 번째는 1902년 6월 20~22일 사이의 기록이다. 여기에도 강과 개천의 범람으로 제방이 무너져 많은 피해가 있었다는 기록이 있다. 그러나 이것 역시 대구를 포함한 11개 읍의 기록을 종합한 것이어서 신천이 범람하여 피해가 발생했다고 단정할 수 없다. 이들 기록과 달리 네 번째인 1898년 8월 1일~2일의 각사등록에 '관찰사 관하 근교에 있는 동남대천의 약 10리 제방의 중간이 무너져.... 전답이 떠내려가고 민가와 인명에 막대한 피해가 있다고 합니다.'라는 기록이 있다. 여기에는 동남대천이라는 특정 하천이 명시되어 있다. 1898년 8월 1일~2일은 이공제가 파괴되어 군수 이범선이 신속하게 제방을 보수하였다는 을축년 홍수 때이다. 동남대천은 하천의 위치, 제방의 길이, 홍수 발생일 등을 고려할 때 신천일 가능성이 높다. 이렇게 보면 1863년에서 1902년 사이 102번의 보고 중 신천 제방 붕괴와 관련되었을 것으로 보이는 구체적인 피해 상황은 한 번에 불과하다.

반면 개천, 도랑에 의한 피해는 앞의 내용을 포함하여 6번의 홍수 피해 중 5번이나 된다. 표 1에서 볼 수 있듯이 '개천, 도랑이 넘치도록 비가 내려, 또는 개천이 범람하여'라는 표현과 함께 범람의 피해 정도를 보고하였다. 특히 1902년 6월 24일~28일은 42mm가 내렸는데도 '개천, 도랑이 넘치도록 비가 내려 침수되고, 민가가 떠내려간 곳이 간혹 있다'라는 기록으로 볼 때, 개천과 도랑은 규모가 작은 관계로 강보다 범람이 잦았고, 피해의 빈도도 강보다 잦았다는 것을 알 수 있다. 이외에도 이틀에 걸쳐 136mm가 내린 1902년 6월 16일~17일의 홍수 피해도 개천 도랑의 범람에 의한 결과가 기록되어 있다. 강우량으로 볼 때 이들 보다 큰 강의 피해도 있지만 개천 도랑에 의한 피해가 더 컸기 때문에 그와 같이 기록한 것이 아닌가 여겨진다.

표 1. 각사등록에 나타나는 홍수와 관련된 대구 지역의 피해 상황

강우년월일	강우량[36]	강우량	
1890.7.20~22	98mm	안동, 대구 등 두 읍은 '강과 개천'이 넘치도록 비가 내려 연변 포구가 침수되었다고 합니다.	강, 개천
1898.7.3~8	102mm	상주, 대구, 의흥 등 3개 군에서는 '개천 도랑'이 넘치도록 비가 내렸다고 합니다. 이 비로 '강변 근처'에서는 민가가 떠내려가고 익사자가 발생하고 둑이 무너져 전답이 침수되고 농경지가 유실되어 각 군에 막대한 피해를 입혔다고 합니다.	개천 도랑, 강
1898.8.1~2	70mm	부(府)의 근교에 있는 동남대천(東南大川)의 10리(里) 제방의 중간이 무너져 물이 두 갈래로 범람하여 사방의 평야가 침수되어 전답이 떠내려가고 민가와 인명에 막대한 손실이 있다고 합니다.	강
1902.6.16~17	136mm	대구, 거창, 합천, 단성, 사천 등 7개 읍에는 '개천 도랑'이 넘치도록 비가 내려 곳곳에 사태가 일어나 떠내려가고 무너졌다고 합니다.	개천 도랑
1902.6.20~22	116mm	대구, 선산, 칠곡, 초계, 합천, 개령, 의령, 고령, 현풍 등 11개 읍에는 '강과 개천'이 범람하여 제방이 무너지고 사태가 나고 민가가 떠내려가는 등 막대한 피해가 있었다고 합니다.	강, 개천
1902.6.24~28	42mm	대구 등 23개 읍에서는 '개천 도랑'이 넘치도록 비가 내려 침수되고 민가가 떠내려간 곳이 간혹 있다고 합니다.	개천 도랑

이상의 각사등록 분석으로 볼 때, 조선 시대 대구의 홍수와 오늘날 홍수에는 다음과 같은 차이가 있다. 현재 대구는 도시화로 과거 도심 주변을 흐르던 이천천, 남산천, 달서천과 같은 소하천과 도랑(構)들의 대부분은 복개되어 도

36 측우기 규격은 높이 1척 5촌(30cm), 직경 7촌(14cm)이다. 측우기 자료는 주척(周尺, 20cm)으로 물의 깊이 눈금을 잰 것으로 상당히 정확하다고 볼 수 있다. 측우기 단위는 척(尺), 촌(寸), 분(分)이며, 각각 200mm, 20mm, 2mm로 보면 된다. 경상도 지역 측우기 자료는 대구, 진주, 고성 등 3개 지역에서 관측된 자료만 존재한다. 따라서 대구 지역의 측우 자료는 상당히 정확하다고 여겨진다(한국기상기후아카데미, 2014).

로로 이용되고 있다. 뿐만 아니라 읍성과 향교 주변으로 흘렀던 대구천과 상동천은 존재 자체가 사라졌다. 때문에 이들에 의한 홍수 피해는 없다. 반면 조선시대는 대구의 중심지였던 읍성 주변으로 대구천과 상동천, 이들의 분류 하천들이 흘렀고, 이들 주변에는 주거지가 밀집해 있었다. 따라서 현재의 대구와 달리 조선 시대에는 대구천과 상동천에 의한 범람이 보다 빈번하였을 것이고, 이로 인한 피해도 심각하였을 것으로 추정된다.

이 같은 추정은 대구천과 그 분류하천들이 여전히 흘렀던 1920년대 신문 기사에서도 알 수 있다. 1927년 1월 14일자 동아일보에는 '년래로 현안이든 대구치수공사 하절기 전에 완성계획'이라는 기사로 아래와 같은 내용을 실었다.

> 매년 하절을 당하야 왼만한 비만 내려어도 우리사람 중심지인 신정(대신동)을 필두로 남산정(남산동), 봉산정(봉산동), 덕산정(덕산동), 명치정(계산동) 일대에 홍수가 엄습하야 주민의 불소(작은)한 재산을 유실케 하며 심하야는 인명 손상까지 잇서…

1927년 당시 남산정, 봉산정, 덕산정, 명치정으로 흘렀던 하천은 대구천이다. 당시 대구천은 2부 3장에서 보았듯이 조선 시대보다 하천 규모가 축소되었다. 그럼에도 대구천에 의한 범람과 그로 인한 재산과 인명피해가 있었다. 그렇다면 조선시대, 특히 이공제 건설 전 대구천 범람은 1920년대보다 빈번했고, 컸을 것이며, 피해도 더 심하였을 것이다.

2. 신천과 대구천 위치와 읍성과 향교 침수의 관계

가. 읍성과 향교의 위치

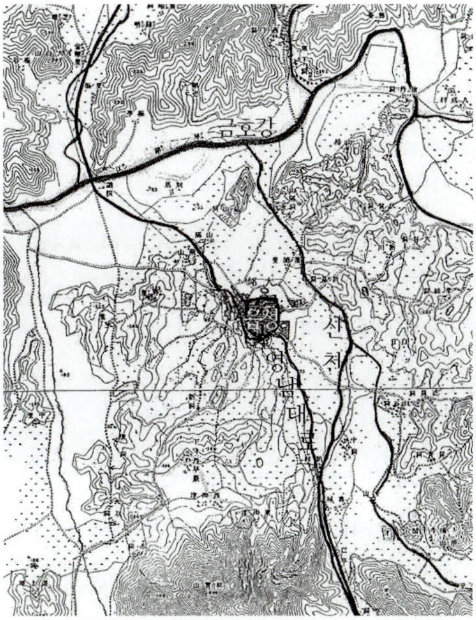

그림 90. 1895년~1904년 사이 대구 지형도

그림 90의 대구 지형도(1/50,000)는 명치 28년(1895년)의 지형도 도식을 기준으로 하여 명치 44년(1916년) 제작한 것이다. 그런데 지도에는 1905년 1월 1일에 개통된 대구역과 경부선 철도가 없다. 또한 철거 전 대구 읍성 모습이 뚜렷하며 읍성 주변 주거지 분포는 그림 92의 1903년 대구 시가지 지도(1/8,000)와 거의 유사하다. 이 같은 특성으로 볼 때 이 지도는 1895년과 1904년 사이에 제작된 것으로 보인다. 가장 오래된 근대 대구 지도인 이것을 통해 당시 읍성, 향교, 그리고 주요 주거지의 분포 특성을 살펴보면 다음과 같다.

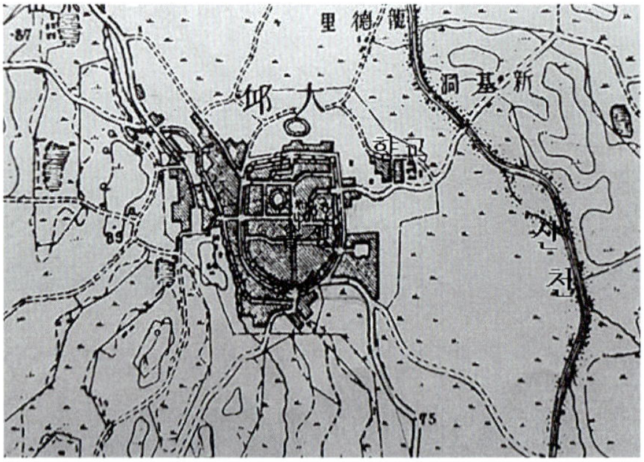

그림 91. 그림 90에서 확대한 읍성 주변 지도

그림 90, 91, 92를 보면 당시 대구민들의 주요 거주지는 읍성과 그 인근 지역이었다. 주요 시설도 읍성 안과 밖에 있었다. 그림 91의 읍성 북동쪽 250m 부근에 있는 주거지는 오늘날 대구역 동쪽 태평 아파트 부근에 있었던 향교로 추정된다.

1900년대 초 대구의 핵심 지역을 1903년 대구 시가도(그림 92)를 통해 구체적으로 살펴보면 다음과 같다.

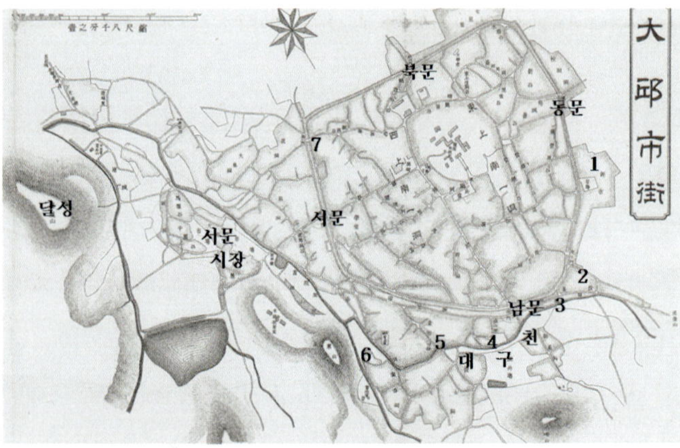

그림 92. 1903년 대구 읍성과 주거지 분포(1: 대구백화점, 2: 중앙파출소, 3: 반달스퀘어, 4: 동아백화점, 5: 현대백화점, 6: 계산오거리, 7: 서소문)

1903년 대구에서 인구가 가장 밀집했던 곳은 읍성의 중심 문인 남문에서 읍성 북서쪽에 있는 서소문 사이였다. 성문을 중심으로 두 지역의 인구 분포를 보면 남문 쪽은 현재의 반달스퀘어(구삼성생명빌딩), 동아백화점, 현대백화점, 계산 오거리 부근으로 흘렀던 대구천을 경계로 남쪽과 북쪽에 주거지가 밀집하였다. 서문 주변 역시 대구천을 중심으로 동쪽과 서쪽에 주거지가 분포하였다. 특히 대구천과 서문 사이에 주거지가 밀집하였다. 이는 조선 3대 시장중 하나로 알려진 서문시장이 이 지역에 있었기 때문으로 여겨진다.

반면 읍성의 동쪽은 주거지가 국지적으로 분포한다. 주 분포 지역은 현재의 구대구백화점 주변이다. 이곳의 주거지는 서문시장의 보조적 성격으로 발달한 동문시장(손필헌, 2007)과 관련이 있을 것으로 보인다. 읍성 북쪽은 주거지 분포가 가장 미약하였다.

나. 신천과 대구천 위치가 읍성과 향교 침수에 미친 영향

자연환경 변화는 인문환경과 비교가 되지 않을 정도로 오랜 시간 소요된다. 이를 전제로 1910년대 신천 좌안 충적평야의 하계망도를 토대로 조선 후기 읍성과 향교 그리고 주요 주거지와 신천 및 대구천의 위치적 관계를 살펴보면 다음과 같다.

그림 93은 1910년대 상동교에서 칠성시장 사이 충적평야 상의 하계망에 그림 90과 92에 나타난 조선 말기 대구의 주요 주거지와 읍성, 향교를 표시한 것이다. 그림 93에서 볼 수 있듯이 읍성 및 향교와 거리상으로 가까우면서도 신천의 공격사면부에 해당되어 홍수 시 범람의 가능성이 있는 곳은 두 곳이다. 한 곳은 수성교 인근의 신천이고, 다른 한 곳은 칠성시장 부근의 신천이다. 이들 두 지역에서 신천과 읍성, 향교, 그리고 주요 주거지의 위치적 관계를 보면 다음과 같다.

인구가 가장 밀집한 지역 중 한 곳인 읍성의 서문 주변과 수성교 부근 신천은 직선거리로 2.3km 정도 떨어져 있다. 신천과 이들 사이에는 자연제방이 발달해 있다. 또 다른 인구 밀집 지역인 읍성의 남문 지역은 신천과 1.5km 정도 떨어져 있으며, 이들 사이에도 자연제방이 남에서 북으로 넓고 길게 발달해 있다. 그리고 동문 밖 주거지와 신천과는 1.2km 정도 떨어져 있고, 이곳과 신천 사이에도 자연제방이 있다. 따라서 신천의 범람으로 읍성과 향교, 그리고 주요 주거지들이 침수되려면 범람수는 자연제방을 넘고, 충적평야 상을 1.2~2.3km 흘러야 한다.

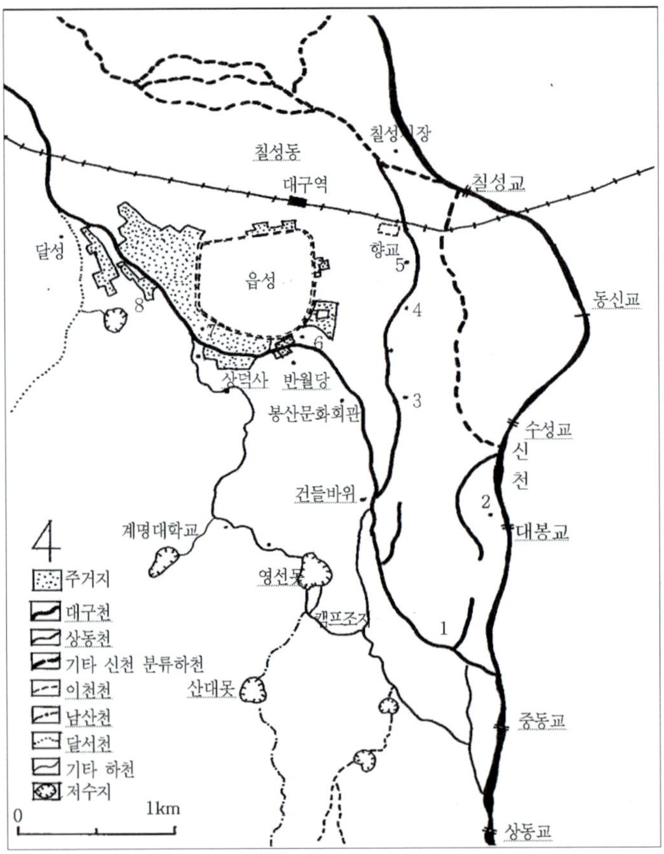

그림 93. 1910년대 신천 좌안충적평야 하계망(1: 호식이두마리치킨, 2: 대백프라자, 3: 경대사대부설중고등, 4: 국채보상공원, 5: 대구시청, 6: 중앙파출소, 7: 계산성당, 8: 서문시장)

북문 주변과 향교와 신천의 관계를 보면, 이곳과 관련있는 신천 범람지역은 칠성교 부근의 공격사면이다. 이곳은 북문과 1.1km, 향교와 600m 정도 떨어져 있다. 뿐만 아니라 그림 78과 79(114, 116쪽)에서 보았듯이 칠성시장 남쪽에는 자연제방이 분포하지 않는다. 이 같은 거리와 지형적 조건만으로 보면, 칠성시장 부근 신천의 범람은 읍성의 북문 지역과 향교에 영향을 미칠 것처럼 보인다.

그러나 황상일 · 윤순옥(1998)의 연구에 의하면 해발 고도 37m 정도 되는 경부선 철도를 경계로 그 남쪽의 동인동, 태평로 일대는 40~42m이고, 북쪽의 칠성동 북쪽 범람원 고도는 33~34m이다. 따라서 칠성동과 북문 주변의 비고차는 최소 6~7m이다. 이런 고도 차이로 인해 칠성시장 부근의 신천이 범람한다하여도 그 곳보다 상류이자, 6m 정도의 비고를 갖는 읍성 쪽으로 범람수가 거슬러 올라가기는 어렵다. 따라서 칠성시장 부근의 신천 범람에 의한 읍성과 향교의 침수 가능성은 극히 낮다.

읍성, 향교, 그리고 주요 주거지와 대구천의 관계를 살펴보면 다음과 같다.

그림 93을 보면 신천 좌안 충적평야 상에는 많은 하천들이 있었다. 이들 하천 중 중요한 하천은, 3장에서 보았듯이, 대구천과 상동천이다. 대구천은 중동교 하류부에서 분류하여 현 캠프헨리 서쪽을 지나 건들바위 쪽으로 흘렀다. 건들바위에서 대구천은 봉산 문화회관 부근을 지나 반월당 쪽으로 흘러갔다. 대구 읍성이 위치한 반월당 부근으로 들어온 대구천은 읍성 동남쪽 성벽의 경계부에 위치한 중앙파출소(그림 92의 2)와 남문 앞에 위치한 구삼성생명빌딩(그림 92의 3)을 지나, 동아백화점(그림 92의 4)과 현대백화점(그림 92의 5) 쪽으로 흘렀다. 이런 흐름 특성으로 중앙파출소와 반달스퀘어(구삼성생명빌딩) 부근에서의 대구천은 대구 읍성의 남문 및 남동쪽 성벽과 40m 이내의 거리에서 흘렀다. 한편, 대구천은 건들바위 부근에서 분류하였는데, 이 하천은 경북대사범대부설중 · 고등, 국채보상공원을 지나 문묘(향교) 쪽으로 북류하였다. 특히 대구천 분류하천은 문묘 동쪽 가장자리에 인접하여 흘렀다.

상동천은 3장에서 보았듯이 상동교 하류의 상동보 부근에서 신천에서 분류하여 북서류하다 현 봉덕 2동 주민센터 부근에서 이천천을 합류하고, 캠프조지 부근에서는 남산천을 합류하여 영선못으로 유입하였다. 이곳에서 흘러나온 상동천은 북서류하여 계산성당(그림 93의 7)부근에서 대구천으로 유입하였다. 따라서 계산성당 부근에서부터 대구천은 상동천에서 유입한 물로 상당한 규모의 유량을 가진 하천으로 흘렀을 것이다. 상동천을 합류한 대구천은 대구부에서 인구가 가장 많았던 지역 중 한 곳인 서문 밖의 서문시장으로 흘렀다.

3. 자연제방과 읍성과 향교 침수의 관계

신천 자연제방의 존재를 확인할 수 있는 가장 오래되고, 신뢰로운 직접적인 자료는 1918년 1/10,000 지형도(116쪽 그림 79)이다. 그리고 1937년 1/10,000 지형도(115쪽 그림 78)와 1943년 대구 부사에 수록된 대구시 토지 이용도이다. 이와 더불어 간접적으로 자연제방 존재를 추론할 수 있는 자료는 청동기 유적지 분포도(106쪽 그림 71 참조)이다. 이것은 신천과 관련된 자연제방의 존재를 추론할 수 있는 가장 오래된 자료이다.

청동기 유적지 분포도로 볼 때, 당시 자연제방은 대구중, 대봉네거리, 경대사대부설 중고등, 시청과 대구역 쪽으로 발달하였다. 이것이 1918년, 1937년 지형도에서는 현 신천에 인접하여 나타난다. 이는 4장의 신천 본류 유로 이동에서 보았듯이 신천 유로가 동쪽으로 이동하면서 자연제방도 같이 이동하였다는 것을 의미한다. 이처럼 자연제방은 신천과 더불어 발달하였다. 이서가 제방을 축조한 1778년에도 신천에는 자연제방이 있었고, 당시의 자연제방은 현재와 거의 같았다. 이는 1530년 신증동국여지승람에 신천의 위치가 현재의 위치에서 흘렀던 것에서 알 수 있다.

모래를 중심으로 한 사질토로 구성된 자연제방은 토양 특성으로 주변보다 고도가 높고, 토지이용은 과수, 밭, 주거지 등으로 이용된다. 따라서 그림 94의 1943년 대구시 토지이용도에서 사력지(모래와 자갈)와 과수, 뽕밭, 또는 밭으로 이용되는 곳은 자연제방적 성격이 강하다.

그림에서 보면 신천 좌안의 자연제방은 크게 두 구역으로 나누어진다. 하나는 상동교 부근에서 신천교까지이고, 다른 하나는 칠성교에서 성북교까지이다. 이보다 하류 구간의 신천 좌안에는 자연제방이 나타나지 않는다. 전자 구간의 자연제방 길이는 4km 정도이고, 후자는 2km 정도이다.

자연제방의 분포 특성을 보면 신천교 상류부의 자연제방은 상동교 부근의 효성타운 아파트 동쪽 대봉로 부근에서 나타나기 시작하여 봉덕교회, 봉덕 시장 서쪽 지역을 지나 캠프헨리 쪽으로 이어진다. 이 부근은 당시 신천 좌안에 남아있던 자연제방 중 가장 넓은 곳이다. 이곳에서부터 자연제방 폭은 다시 좁아져 청운 맨션, 경대병원 쪽으로 발달하다가 신천교 부근에서 제방은 끝난다.

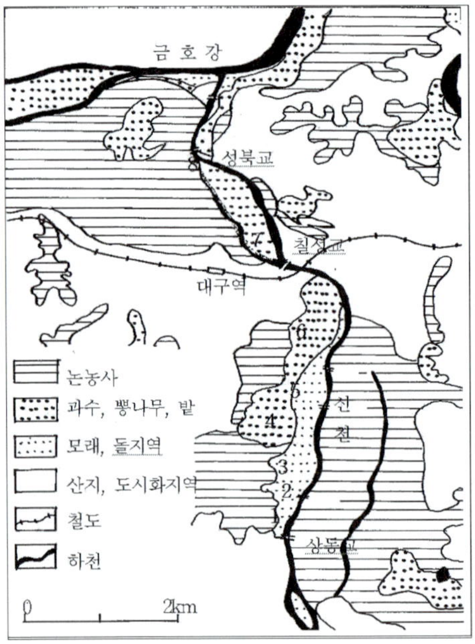

그림 94. 1943년 대구시 토지 이용도(1: 효성맨션, 2: 봉덕교회, 3: 봉덕시장, 4: 캠프헨리, 5: 청운맨션, 6: 경대병원, 7: 경명여중고, 8: 침산중)

신천교에서 칠성교 부근까지 약 600m에는 자연제방이 나타나지 않는다. 자연제방이 다시 시작되는 곳은 칠성교 옆 칠성청과시장 부근으로 여기에서 서쪽으로 폭을 넓혀 경명여고를 지나 침산 중학교에서 성북교로 들어가면서 자연제방은 끝난다. 이 부근에서 가장 넓은 쪽은 오페라 하우스 부근으로 500m 정도이다.

이상에서 보듯이 1943년경에도 구 읍성 및 구 향교와 신천 사이에 자연제방이 넓고, 길게 발달해 있었다.

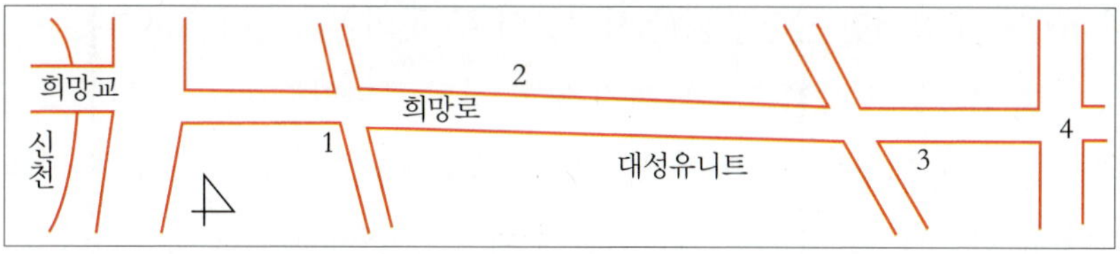

그림 95. 희망교에서 봉명네가리 사이 측량지점(1: 호식이두마리치킨, 2: 남구부동산, 3: 칠풍식육식당, 4: 봉명네거리)

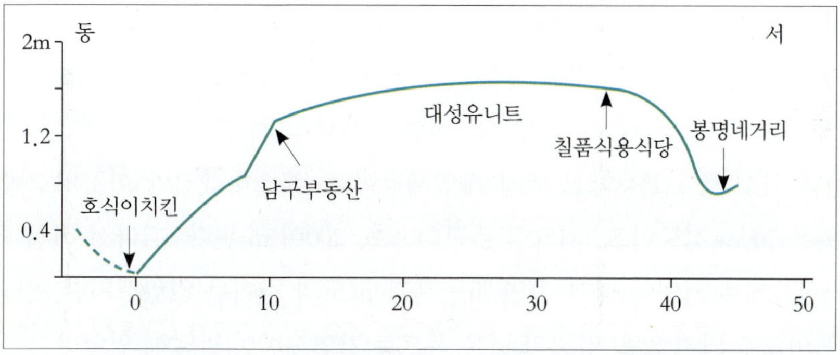

그림 96. 호식이두마리치킨에서 봉명네거리 자연제방 횡단면도

그림 96은 희망교에서 봉명네거리 사이 자연제방 횡단면도이다. 희망교에서 봉명네거리 사이는 그림 94에서 보았듯이 1943년 당시 신천 좌안에서 자연제방의 폭이 가장 넓은 곳이다. 이곳은 대구 분지 내의 대부분 지역이 도시화로 자연제방의 흔적을 찾기 힘든 데 비해, 여기는 현재도 지형 고도 변화를 통해 자연제방의 흔적을 뚜렷하게 볼 수 있다. 이 지역의 자연제방 횡단형 특징을 보면 다음과 같다.

희망교에서 서쪽으로 가면 처음 나타나는 네거리에 호식이두마리치킨(그림 95의 1)이 있다. 이곳의 고도는 희망교에서 봉명네거리 사이에서 가장 낮다. 이는 그림 93(148쪽)에서 볼 수 있듯이 이 지역으로 과거 대구천의 분류하천이 흘렀고, 이곳 동쪽의 희망교 부근은 교량 건설로 지형이 돋우어졌기 때문이다. 이런 조건들로 이곳은 주변보다 고도가 낮다. 여기서 서쪽으로 가면 지형 고도는 점차 높아진다. 지형 경사 변화가 가장 두드러진 곳은 호식이두마리치킨과 100여 m 떨어진 남구부동산 사이로서 두 곳의 비고는 1.3m이다. 여기서부터 지형 고도는 시각적으로 느끼지 못할 정도로 완만하게 증가한다. 고도가 가장 높은 곳은 남구부동산에서 서쪽으로 약 170m 떨어진 대성 유니드아파트 지역이다. 이곳과 호식이두마리치킨간의 비고는 1.7m 정도이다.[37] 여기서부터 80m까지 고도 변화는 거의 없다가 칠풍식육식당 부근에서부터 고도가 낮아지기 시작한다. 자연제방 고도는 봉명네거리 부근에서 최저가 된다. 이곳과 자연제방 최고점간의 비고는 약 1m 정도이다.

호식이두마리 치킨에서 봉명네거리 사이의 자연제방 폭은 400여 m이며, 제방의 높은 쪽 폭만 300m에 이른다. 청동기 시대의 지석묘가 위치했던 경북대 사범대 부설 중 · 고등학교 역시 자연제방이다. 후술하겠지만 이곳의 자연제방 폭은 700m 정도이고, 최고점 부근의 폭도 200여 m 된다. 따라서 신천 좌안 충적평야에는 지역에 따라 자연제방 폭과 고도의 차이는 있었겠지만, 인공제방과 비교가 되지 않을 정도의 넓은 폭으로 자연제방이 발달해 있었다.

이상의 자연제방의 분포와 지형 특징, 그리고 신천 좌안 충적평야의 하천들의 분포 특성으로 볼 때, 신천 좌안 충적평야에는 동쪽에서부터 신천, 대구천 및 신천의 또 다른 분류 하천, 자연제방, 향교와 읍성 순으로 지형지물이 배열되어 있었다. 이 같은 분포와 자연제방의 폭과 고도 등을 고려할 때, 홍수로 신천의 물이 범람한다하여도 일차적으로 범람수는 대구천 및 신천의 또 다른 분류하천으로 유입한다. 분류하천이 범람한다하여도 범람수들은 폭 수백 m, 비고 2m 전후의 자연제방을 넘어야 한다. 이런 지형 특징으로 신천의 범람수는 신천과 자연제방 사이에 갇혀 수위가 낮아진 후 대구천의 분류하천이나 신천의 분류하천들에 의해 신천으로 배수되었을 가능성이 높다.

37 도로 공사로 자연제방의 고도는 자연 상태였을 때보다 낮아졌을 것으로 추정된다.

4. 읍성과 향교의 침수 하천과 이공제 위치

가. 읍성과 향교 침수와 대구천의 관계

이공제 건설 후 1797년에 세운 이공제 비문 내용은 다음과 같다.

> '판관 이서는 무술년에 대구의 재(宰)로 부임해 향교의 성묘와 읍터가 모두 신천의 하류에 있었기 때문에 항상 큰물이 지면 침수를 우려했다. 이에 제방을 축조해 오래지 않아 공사를 마쳤다. 이로부터 제사를 지내니 성묘가 편안했다. 또 천금(千金)을 출연해 찹쌀로 내는 토지세와 춘궁기 부역을 영구히 덜게 했다(영남일보 2012. 11. 23).'

비문 내용으로 보면 이공제를 만든 목적은 읍성과 향교의 침수를 막는 것이었다. 그리고 비문에는 없지만 읍성 주변은 주거지가 밀집했기 때문에 홍수로 인한 인명 피해를 막는 것도 중요한 목적이었을 것이다. 읍성 주변의 논과 밭이 침수되는 것을 막는 것 역시 중요했을 것이다. 그러면 '이들 주요 시설과 주거지, 경지 등에 피해를 주는 하천은 어떤 것이냐'라는 문제가 남는다.

이와 관련된 첫 번째 추론은 다음과 같다.

1절에서 살펴본 각사등록 기록은 이공제가 건설되고 85년 후인 1863년에서 1902년 사이 39년 동안의 내용이다. 각사등록에는 대구에서 하천에 의한 홍수 피해가 있었다는 기록은 소수이다. 1863년에서 1902년 사이 전체 102번의 기후, 기상 보고 중 대구와 직 · 간접으로 관련있는 홍수 피해는 6번이다. 그 중에서 신천의 범람 피해를 구체적으로 제시한 것은 한 번에 불과하다.

대구는 경상도 감영이 있었기 때문에 이곳의 피해는 어느 지역보다 신속히, 그리고 구체적으로 보고되었을 것이다. 그런데 피해 상황이 구체적인 것은 한

번이고, 나머지 5번은 다른 지역과 함께 종합적인 피해 상황을 보고하였다. 이는 대구가 다른 지역에 비해 홍수 피해가 적었다는 것을 의미한다. 이와 달리 개천 도랑이 넘칠 정도로 비가 왔다는 기록은 23번이나 있고, 한해도 빠짐없이 나타난다. 대규모 피해는 아니지만 주요 시설들과 주거지 그리고 논밭에 소규모 침수를 야기할 정도의 홍수는 거의 매년 왔다는 뜻이다. 이 같은 각사등록 기록으로 볼 때 이공제 건설 이전에는 대구천과 그 분류 하천[38]과 같은 개천 도랑에 의한 범람 피해가 보다 빈번했을 것으로 추정된다.

두 번째 추론은 홍수 시 신천 수위의 증가와 그에 따른 범람의 관계에 토대한 것이다.

표 2. 10년, 50년 주기별 신천 주요 교량별 홍수위

홍수위(EL.m)		강우량
10년	50년	
39.42	42.75	동신교
43.96	46.31	수성교
58.80	60.47	중동교

표 2는 10년 주기의 홍수를 야기하는 일강수량을 146.95mm, 50년 주기의 홍수를 발생시키는 일강수량을 182.05mm로 산정하여 추정한 10년과 50년 주기의 주요 교량 홍수위이다(대구시, 1977). 그림 98은 지하철 2호선 보링 데이터를 활용하여 작성한 수성교에서 반월당 사이 충적층의 횡단면도이다. 충적층 고도는 인위성이 가미된 매립층은 제외하고 순수한 충적층의 고도만 나타내었다. 여기에 수성교 부근 신천의 10년 주기 홍수위와 그에 따른 범람 범위를 나타내었다.

38 읍성 주변의 대구천 폭은, 후술하겠지만, 9–18m 정도이다. 이 폭은 신천의 약 1/10–1/20 정도이다. 대구천에서 분류한 하천 폭은 이보다 작았을 것이다. 따라서 이들은 신천에 비교하면 개천, 도랑 수준이다.

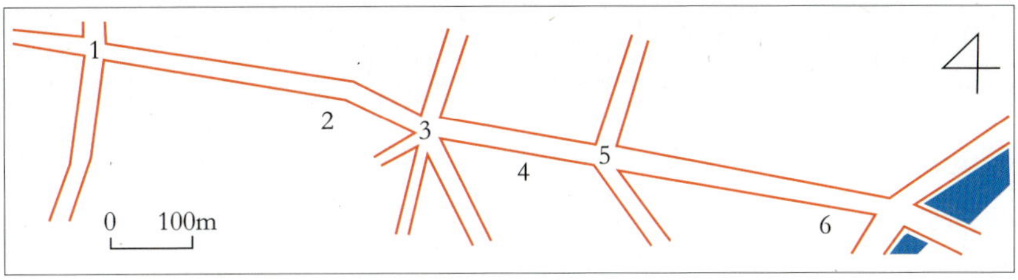

그림 97. 수성교와 반월당 사이 자연제방 횡단면도 고도 지점(1: 반월당, 2: 경북대사범대 부설초등, 3: 봉산육거리, 4: 경북대사범대부설중 · 고등, 5: 삼덕네거리, 6: 방천시장)

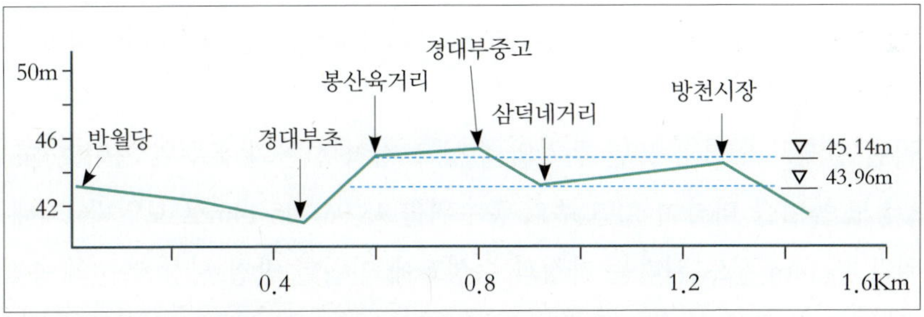

그림 98. 수성교에서 반월당 사이 자연제방의 횡단면도

그림 98의 수성교에서 반월당 사이 충적층의 고도 변화 특징을 보면 수성교 인근 방천시장 부근의 충적층의 고도는 45.2m 이다. 여기서 서쪽으로 가면 충적층 고도는 낮아지다가 다시 높아진다. 가장 높은 쪽은 현 경대사대 부설 중 · 고등 부근으로서 이 지역의 충적층 고도는 45.7m이다. 자연제방에서 고도가 가장 높은 경대사대 부설 중 · 고등(45.7m)에서 봉산육거리(45m)까지의 폭은 240m 정도이다. 여기서 서쪽으로 가면서 고도는 점차 낮아진다. 경대사대 부설 초등 주변에서는 41.4m, 반월당 부근에서는 42.7m가 되어 자연제방 최고점과는 3~4.3m의 비고차가 있다. 충적층의 이 같은 고도 변화로 볼 때 수성교에서 반월당 사이에는 약 700m 폭의 자연제방이 분포한다는 것을 알 수 있다.

표 2에서 보듯이 수성교 부근 신천의 10년 주기 홍수의 최대 수위는 43.96m 이다. 수위만으로 보면 10년에 한번 오는 대홍수에도 신천은 자연제방을 넘어

향교와 읍성을 침수할 수 없다.

그러나 표 2의 신천의 주요 교량별 홍수위와 관련된 보고서 작성 시기가 1977년이고, 이서가 제방을 만든 시기는 1778년이어서 200년 정도의 시간 차이가 있다. 따라서 1977년에 추정 홍수위를 1778년에 그대로 적용하기 힘들다. 그 이유는 첫째, 홍수를 막기 위한 신천 하상의 준설 작업이 과거보다 많이 이루어졌고, 둘째, 조선시대와 비교가 되지 않을 정도로 많은 저수지, 보, 댐 등이 건설되었다. 특히 후자로 인해 하천이 운반하는 하중들이 과거에 비해 많이 감소하였다. 이는 현재의 하상 고도가 과거보다 낮을 가능성이 높다는 것을 의미한다.

이런 전제로 10년과 50년 주기의 수성교 지역 신천의 홍수위 차이(2.35m)의 1/2 정도 높이를 더하여 10년 주기 홍수위를 43.96~45.14m로 보았다. 최대 홍수위가 45.14m 정도 된다는 가정과 수성교에 인접한 방천 시장 부근의 충적층 고도가 45.2m이지만 이 지역에서 상대적으로 고도가 낮은 부분으로 범람한다고 가정할 때, 그림 98에서 볼 수 있듯이 신천에서 약 480m 떨어진 현 삼덕네거리 부근까지는 침수된다. 그렇다하여도 자연제방의 최고 고도 부근인 경대사대 부설 중 · 고등 지역을 신천의 범람수가 넘을 수는 없다. 신천에서 범람한 물은 서쪽으로 흐르면서 지면과의 마찰력으로 유속은 급격히 떨어질 것이고, 선상지 상을 범람하면서 지표로 침투도 할 것이다. 때문에 자연제방의 최고점 부근에서 범람수 수위는 45.14m가 아니라 그 미만이 될 것이다. 이로 볼 때 10년 주기의 홍수에서 범람의 가능성을 최대로 보아도 신천은 하천 주변의 일부 지역을 침수시키겠지만 읍성과 향교는 침수시킬 수 없다.

반면 대구천은 구삼성생명 빌딩 부근에서는 읍성의 남문과 남동쪽 성벽에서 40m 이내의 거리에 있어 읍성에 거의 인접하여 흘렀다(146쪽 그림 92 참조). 뿐만 아니라 대구천의 분류는 향교의 동쪽 경계를 따라 흘렀다. 이 같은 위치적 특성에 더하여 여름철 홍수 시 대구천 유량은 신천 물의 유입으로 급격히 증가한다. 신천에 비해 하폭이 좁은 대구천으로 신천의 물뿐만 아니라 건들바위와 계산오거리 부근에서 합류하는 상동천의 물까지 유입한다. 이런 과정으로 수위가 상승한 대구천과 그 분류 하천들은 각사등록에서 기록된 개천과 도랑이 넘쳤다는 표현처럼 거의 매년 범람했을 가능성이 높다. 이들의 범람은 필연적으로 읍성과 향교에 피해를 주었을 것이다.

셋째, 신천의 홍수 피해에 대한 각사등록의 구체적인 기록은 1898년 8월 1일에서 2일 사이에 일어났던 홍수가 유일하다. 기록에는 '부의 근교에 있는 동남대천의 10리 제방의 중간이 파괴되어 물길이 두 갈래로 나뉘어 범람하여, 주변 논밭과 인명에 막대한 피해를 보았다'라고 되어 있다. 이 기록에서 제방의 중간이 파괴되어 물길이 두 갈래로 나누어 범람하였다는 의미는 범람의 주체에 대한 추론을 가능하게 한다.

당시 대구의 강우량은 70mm였다. 대구에서 10년에 한번 정도 내릴 일강우량의 약 절반 정도였다. 이조차 이틀에 걸쳐 일어났다. 그림 98에서 보았듯이 일강수량 146.95mm의 10년 주기의 큰 홍수에 신천 제방이 무너진다하여도 침수 범위는 삼덕동 정도이다. 그런데 1898년 8월 1일~2일 사이에 내린 비는 70mm에 불과하여 제방을 넘을 수 없는 양이다. 그럼에도 제방이 무너졌다고 기록되어 있다. 이것으로 볼 때 제방이 무너진 곳은 하천의 공격에 아주 약한 부분이었다는 것을 알 수 있다. 그 곳은 대구천과 상동천이 신천으로부터 분류하였던 지역일 가능성이 높다. 원래 하도였던 곳을 막았기 때문이자 두 곳은 신천의 공격사면부에 위치하기 때문이다. 또한 240여 년 전 제방 축조 기술로 볼 때, 제방의 견고성은 지금과는 비교가 되지 않을 것이다.

1907년 대구부읍지 기록에 의하면 이공제의 높이는 2척(60.6cm) 정도였다. 신천의 분류 지점은 하도를 막았기 때문에 다른 지역보다 제방 높이가 높을 수도 있다. 그렇다하여도 제방이 기존 하도 상에 있었기 때문에 홍수 시 다른 지역보다 쉽게 무너질 가능성이 높다. 그리고 제방의 중간이 붕괴되었다는 기록으로 볼 때, 그 곳은 또 다른 신천의 분류하천인 상동천보다 그 하류에 있었던 대구천일 가능성이 높다.

다음으로 제방이 터져 물이 두 줄기로 흘러 주변 지역을 침수하였다는 의미는 대구천으로 유입한 신천 물이 대구천과 그 분류들로 나누어져 흐른 것으로 해석할 수 있다. 이와 관련하여서는 두 가지로 해석할 수 있다. 하나는 대구천과 건들바위 부근의 대구천 분류로 갈라지는 것이고, 다른 하나는 대구천 본류와 호식이두마리치킨 부근에서 북으로 흐른 대구천 분류로 갈라지는 것이다(그림 93 참조). 1910년대 지적도를 보면 신천 주변 토지들은 거의 대부분 논이나 밭으로 이용되고 있다. 이서가 제방을 막은 이후 대구천 주변은 더 많은 인가가 생기고 더 많은 땅들이 농경지로 이용되었을 것이다. 이 때문에 1898년의 토지이용도는 1910년대와 유사하였을 것이다. 따라서 어느 쪽의 두 갈래이든 읍성과 향교 주변, 그리고 신천에서 이들 지역으로 오는 과정에 수많은 민가와 농경지에 피해를 주었을 것이다.

이상의 분석들을 종합하면 신천의 분류 하천인 대구천은 평수 시에는 큰 문제가 없었다. 그러나 홍수 때가 되면 신천으로부터 많은 양의 물이 유입하고, 지류인 또 다른 신천 분류하천인 상동천까지 합류하였다. 뿐만 아니라 대구천 서쪽의 서부 침식저지의 작은 계류들의 물도 홍수 시 대구천으로 유입하였다. 홍수 시 유량이 증가한 대구천 본류는 읍성 남쪽 성벽과 남문에 근접하여 흘렀고, 또 다른 주거 밀집 지역이었던 서문 시장 지역으로 흘렀다. 그리고 대구천의 분류하천은 향교에 인접하여 흘렀다. 이 같은 흐름 특성으로 볼 때, 읍성과 향교, 그리고 주요 주거지들을 침수시킨 하천은 대구천일 가능성이 높다.

나. 이공제 위치

이공제 위치와 관련된 정보가 상대적으로 구체적인 곳은 1899년 경상북도 대구군 읍지, 1907년 대구 읍지, 그리고 1937년 대구 독본이다. 이들을 통해 이공제의 위치를 추정하면 다음과 같다.

1907년 대구 읍지에는 '신천제는 부의 남쪽 10리에 있었고(新川堤;在府南十

里...), 제방은 신천 일대에 높이 이척, 길이 10여 리에 이른다(新川一帶高二尺許長十餘里...)'라고 되어 있다. 이 기록으로 보면 부의 남쪽 십 리를 제방의 시작점으로 본다면 그 곳은 신천 분류하천이 시작되는 지금의 상동교 부근이 된다. 여기서 제방 길이 10여 리 구간을 측정하면 상동교 부근에서 동신교 부근까지가 된다.

1899년 경상북도 대구군 읍지에서 이공제와 관련된 정보는 신천수(新川藪) 편에 나온다. 여기에는 '신천수(신천숲)는 부의 동쪽 오리에 있다. 이 숲은 하수남면과 동상면 양면에 걸쳐 10여리에 이른다. 영조무술년[39] 판관 이서가 대구읍을 위해서 제방을 쌓고 나무 숲을 조성했다(新川藪; 在府東五里下守南東上兩面長十餘里 英廟戊戌判官李潊爲其邑基築堤植藪)'라고 되어 있다. 하수남면은 현재 달성군 가창면 부근이고, 동상면은 읍성과 신천 사이이다.

그림 99의 하수남면에서 상동교 사이의 신천은 남부산지로 흐르기 때문에 이곳의 범람은 읍성과 향교 침수와 관계가 없다. 따라서 이 지역에 제방을 쌓고 숲을 조성할 이유가 없다. 반면 상동교 하류 250여 m 지점에 있는 상동보 부근은 신천의 충적평야가 시작되고, 신천 좌안 충적평야 상으로 흐르는 신천의 분류하천들이 시작되는 곳이다. 따라서 신천 제방과 제방상의 숲도 여기서부터 조성되었을 가능성이 높다. 제방과 제방의 숲 길이가 10여리라고 할 때 그 구간은 상동보 부근에서 동신교 정도가 된다. 이 구간은 1907년 대구 읍지에서 이공제의 범위로 본 구간과 거의 일치한다. 반면 이서와 이공제 건설 과정이 상세히 기술되어 있는 1937년 대구독본에는 이공제 길이가 3km로 되어 있다. 이것으로 보면 제방의 구간은 상동보 부근에서 수성교 사이가 된다.

39 영조 무술년은 오기(誤記)로 보인다. 이서가 제방을 막은 년도는 1778년이다. 반면 영조 2년은 무술년이 아닌 병오년(丙午年)이고, 년도도 1726년이다. 무술년은 정조 2년이고, 그 때의 년도는 1778년이다.

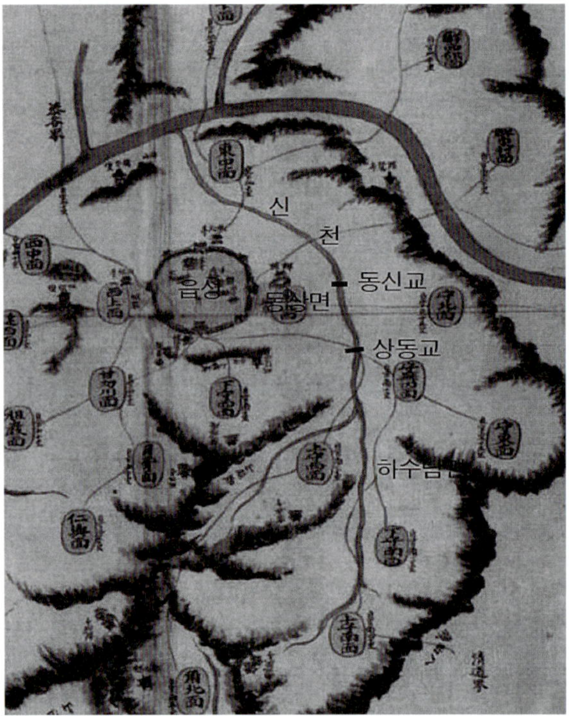

그림 99. 1899년 대구읍지도

이상의 분석들을 종합할 때, 읍성과 향교의 침수를 근원적으로 막기 위해서는 침수의 주원인인 대구천과 상동천의 흐름을 제어해야 한다. 이를 위해서는 신천 물이 상동천과 대구천으로 유입하는 것을 막아야 한다. 그리고 그림 98에서 보았듯이 신천의 10년 주기의 대홍수 시 신천에서 480m 정도 떨어진 삼덕 네거리 부근까지 침수될 가능성이 있다. 그러면 그 주변의 민가와 농경지는 막대한 피해를 입는다. 조선 시대에는 현재처럼 신천의 하상 정비가 적었을 것이기 때문에 하상에는 퇴적물이 지금보다 더 두꺼웠을 수 있다. 그럴 경우 10년보다 더 짧은 주기로 신천 범람이 일어날 가능성이 높다. 이 같은 신천의 범람 피해 가능성은 수성교뿐만 아니라 그 상 · 하류 지역에서도 마찬가지이다.

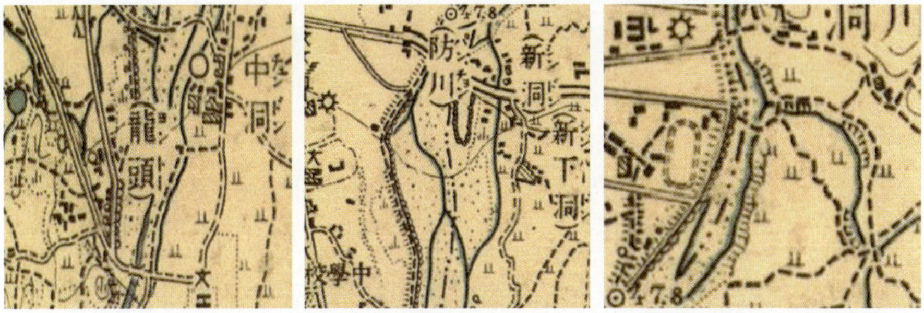

그림 100. 1918년 지도상의 신천 좌안 돌 제방 모습(좌: 상동보 부근 제방, 중: 수성교 부근 제방, 우: 동신교 부근 제방)

대구 판관 이서는 이 같은 상황을 종합적으로 판단하여 신천 물이 상동천과 대구천으로 흐르는 것을 막고, 대규모 홍수 시 신천 본류의 범람과 그로 인한 주변 지역의 인명과 재산 피해도 막으려고 했을 것이다. 이런 종합적 판단을 토대로 신천을 따라 제방을 쌓았을 것이다. 그 구간은 기록들에 따르면 3~4km 정도 된다. 제방 길이를 3km로 보고, 상동보 주변을 제방의 시작점으로 보면 수성교까지가 이공제 구간이 된다. 반면 4km로 보고 동일 조건으로 보면 이공제는 오늘날 상동보 부근에서 동신교까지이다.

읍지나 대구 독본과 같은 문자 기록과 달리 100여 년 전 신천을 나타낸 1918년 1/50,000 지형도에는 신천 제방 모습을 볼 수 있다(그림 100 참조). 당시 지도에는 신천을 따라 돌로 쌓은 제방 모습이 뚜렷하다. 이것은 시간적으로 볼 때, 1898년 을축년 대홍수시 이공제가 무너져 군수 이범선이 보수한 제방으로 추정된다. 그리고 상동교 하류에서 금호강 사이에 제방이 나타나는 곳은 신천 좌안의 상동보 부근에서 동신교 까지가 유일하다. 돌 제방이 시작되는 곳은 상동천이 신천으로부터 분류하는 상동보 부근이고, 제방이 끝나는 곳은 신천의 공격사면이 끝나는 동신교 부근이다. 이 같은 특징과 역사 기록들을 종합할 때, 이공제는 상동보 부근에서 동신교 사이에 있었던 것으로 보이며, 그 길이는 4km(10리) 정도였을 것으로 보인다.

5. 대구 판관 이서 치적의 재해석

1601년 경상감영이 안동에서 대구로 옮겨오면서 대구는 명실상부한 경상도의 정치, 행정, 사법, 경제의 중심지가 되었다. 이로 인해 대구에는 경상도 관찰사와 대구도호부사 등 고위 관리들이 많았다. 그들 중에 선정을 베푼 사람들도 꽤 있었을 것이다. 이는 경상감영이 있었던 경상감영공원에 29개의 선정비가 있는 것에서 알 수 있다. 그럼에도 이서가 대구를 대표하는 관리로 회자된다. 이서는 다른 관리들과 어떤 차이가 있었는가?

이서의 치적을 알 수 있는 이공제 비문 내용을 보면 그는 대구 부민들과 대구 향교, 대구 읍성을 홍수의 위협으로부터 구하였고, 여러 가지 선정을 베푼 뛰어난 판관이었다. 그런데 비문에는 신천에 제방을 쌓았다는 결과만 있지 이서가 제방을 쌓기 위해 어떤 고민과 노력을 했는지를 알 수 있는 내용은 없다. 이를 알 수 있는 것이 전 절의 분석들이다. 이들로 추론해 보면 이서는 단순히 제방을 쌓은 것이 아니다. 그는 대구 부내의 하계망 특성을 정확히 이해한 후, 홍수로부터 항구적인 안전을 보장할 최적의 장소에, 최고의 제방을 쌓았다.

이서 이전에 수많은 관리들이 대구에 부임하였다. 그들도 여름이면 대구천의 범람과 그로 인한 피해를 보았을 것이다. 그럼에도 신천과 대구천의 치수에 대한 뚜렷한 기록은 없다. 이서 이전에 대구천과 관련된 기록은 성종실록이 유일하다. 그것에는 성종 12년(1481) 대구부사 최호원(崔灝元)이 "하천의 근원을 막고 백성들의 토지로 수로를 만들어 그 곳으로 물을 흐르게 했다"라는 내용이 있다. 최호원은 이 과정에 풍수설을 근거로 들었다는 이유로 사헌부의 탄핵을 받았다고 한다. 김성우(2004)는 이를 '가창으로부터 발원하여 경내를 관통하는 하천의 물길을 신천으로 돌리려는 과정에 발생한 사건이 아닌가'라고 추론하였다(김성우, 2004).

최호원이 행한 치수가 신천에서 대구천으로 유입하는 물을 막기 위한 것인지 확실하지는 않지만 김성우의 추론처럼 개연성은 있다. 이것은 신천이 대구천으로 유입하고, 그것이 여름철 홍수 피해의 원인이라는 것을 대구도호 부사들이 알고 있었을 가능성을 제시하는 것이다. 그럼에도 이서 이전에 신천 물이 대구천으로 유입하는 것을 막기 위한 구체적 기록은 없다. 제방을 쌓는 일은 많은 사람을 동원하고, 막대한 경비가 소요된다. 때문에 관련된 활동을 하였다면 분명 기록이 있을 것이다. 그런데 이와 관련된 치수 기록이 없는 것으로 볼 때, 시도가 없었을 가능성이 있다. 이것만으로도 이서의 치적이 빛난다고 할 수 있다.

이서의 치적이 보다 뛰어난 것은 단순히 신천에 제방을 쌓은 것이 아니라는 점이다. 추정하건데 이서는 신천 범람으로부터 대구부를 구하기 위해 먼저 대구부내의 하계망 특성을 정확히 조사하였을 것이다. 대구 읍성과 향교, 그리고 읍성 주변의 대구부민들이 하천의 침수 위협에서 항구적으로 벗어나기 위해서는 대구 시내로 흐르는 하천들의 연결망인 하계망 특성을 정확히 이해해야 한다. 그때 비로소 정확한 제방의 위치를 결정할 수 있다.

이서가 대구부내의 하계망 특성을 정확히 이해하였을 것으로 추정하는 것은 이서가 쌓은 제방이 대구천의 분류 지점뿐만 아니라 신천에서 상동천이 분류하는 지역까지 포함하기 때문이다. 이렇게 하지 않을 경우 신천에 제방을 쌓는다 하여도 대구천의 범람 위협으로부터 읍성과 향교를 안전하게 보호하기가 어렵다.

이는 다음과 같은 이유 때문이다. 홍수 시 상동천은 신천으로부터 많은 양의 물이 유입한다. 증가한 상동천 물은 세 곳에서 대구천으로 유입한다. 첫째, 봉덕성당 부근이다. 이곳에서는 상동천에서 분류한 하천이 북류하여 강변효성백년가약 서쪽 가장자리에서 대구천으로 유입한다. 둘째, 봉명네거리 부근이다. 이곳에서도 상동천에서 분류한 하천이 북류하여 건들바위 부근에서 대구천으로 유입한다. 이 때문에 홍수 시 상동천 분류하천에서 유입한 물들이 대구천과 그 분류하천으로 흘러들어가면서, 이들 하천들의 유량은 보다 많이,

보다 빨리 증가한다. 이로 인해 대구 읍성의 남문과 향교 지역의 침수 위협은 증가한다. 셋째, 계산성당 부근이다. 이곳은 상동천 본류가 대구천으로 유입하는 지역이다. 상동천 본류는 상동보 부근에서 신천에서 분류하여 북서류하다 봉덕 2동 행정복지센터 부근에서 이천천을 합류하고, 캠프 조지 부근에서는 남산천을 합류한다(148쪽 그림 93 참조). 홍수 시 앞산을 발원지로 하는 이들 두 하천에는 많은 양의 물이 흐르고, 이들은 상동천으로 유입한다. 이 때문에 상동천의 유량은 급격히 증가한다. 유량이 증가한 상동천 본류는 계산성당 부근에서 대구천으로 유입한다. 상동천을 합류한 대구천은 인구가 밀집한 대구 읍성 서쪽으로 흐른다. 때문에 이 지역은 여름철이면 상습적으로 침수 위협에 놓일 가능성이 높다.

이 같은 물의 흐름을 판단할 수 있는 것은 신천 좌안 충적평야의 하계망을 정확히 이해할 때이다. 그것이 될 때, 비로소 최적의 위치에, 최고의 제방을 쌓을 수 있다.

결국 이서의 뛰어남은 신천에 제방을 쌓아 대구부를 침수 위협으로 벗어나게 한 것이다. 그러나 보다 중요한 것은 홍수 위협으로부터 항구적인 안전을 도모하기 위해 대구부내의 하계망 특성을 정확히 이해하여 하천의 흐름 특성을 꿰뚫어 보면서 치수 활동을 한 점이다.

6장

이공제 건설과 신천 분류의 하계망 변화[40]

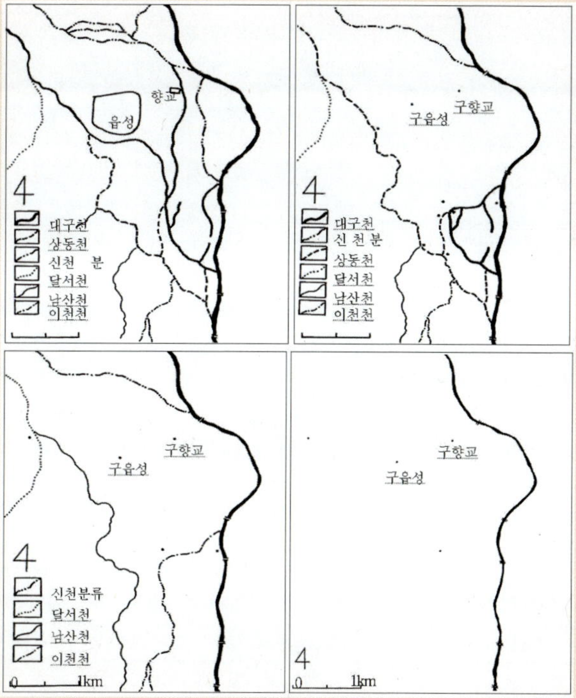

대구천 유로 변화 과정

---

40 6장은 "송언근 · 강경택, 2017a, 1910년대 신천 좌안 충적평야의 하계망 특성"과 "송언근 · 강경택, 2017b, 대구 신천 유로 변화의 지리학적 해석"을 토대로 재구성한 것임.

1. 이공제 건설에서 1926년까지 하계망 변화

대구민들의 일상 삶과 밀접한 관련을 맺었던 대구천은 홍수 때마다 범람하여 읍성과 향교를 위협하였다. 거의 매년 반복되던 이 문제를 해결하기 위해 대구 판관 이서는 대구천과 상동천이 신천에서 분류하는 지점을 포함하여 신천을 따라 4km 정도 제방(이공제)을 쌓았다. 기록에는 '이로 인해 더 이상 향교와 읍성의 침수를 걱정하지 않게 되었다'라고 되어 있다(대구부교육회, 1937; 대구시, 1977).

그런데 이공제가 건설되고 약 140년 지난 1910년대에도, 전장들에서 살펴보았듯이 대구천과 상동천, 그리고 이들의 분류하천들이 거미줄처럼 연결되어 흘렀다. 이는 이공제 건설 후에도 읍성과 향교 주변으로 대구천은 흘렀고, 신천 좌안 충적평야의 하계망에는 큰 변화가 없었다는 것을 의미한다. 이의 원인은 농업용수 공급과 관련하여 추론할 수 있다. 그것은 첫째, 1910년대 지적도상에 대구천과 상동천은 농업용수로 역할을 하는 구(構)로 표시되어 있고, 둘째, 대구천과 상동천의 물을 이용하여 농사를 지었다는 이들 하천 주변에 오랫동안 생활하신 조** 씨(72), 윤**씨(80)들의 진술들 때문이다. 이들로 볼 때 이공제 건설로 신천 물이 완전히 차단되었다기보다는 농업용수를 공급할 정도의 물은 신천에서 대구천과 상동천으로 유입한 것으로 볼 수 있다. 이뿐만 아니라 이천천, 남산천, 달서천과 주변 구릉지와 침식저지에서 흘러나온 물들이 대구천과 상동천으로 지속적으로 공급되었다. 셋째, 1910년대 대구의 핵심 지역은 대구 읍성 주변에 한정되어 있었다. 이는 도시적 토지이용을 위해 하천들을 매적할 필요가 없었다는 뜻이다. 때문에 대구천과 상동천으로 흐르는 물의 양은 줄어들었지만 유로 형태는 자연상태로 남아 있었을 가능성이 높다. 이것이 이공제 건설에도 이전의 하계망 패턴을 유지한 이유로 보인다.

이공제 건설 전과 후의 하계망에는 변화가 없었지만 각 하천들에는 여러 가지 변화가 일어났을 것이다. 가장 먼저 일어난 변화는 유량 감소와 하도 축소였을 것이다. 인구 증가와 도시화는 그 같은 변화를 가속화시켰을 것이다. 변화가 가장 먼저 나타난 곳은 인구가 밀집한 지역이었을 것이다. 이는 1929년 1/600 지적도에 그려진 대구천 폭의 지역적 차이를 통해 알 수 있다.

그림 101. 1929년 지적도 상의 구 서문시장 부근 대구천(출처: 송언근 · 김종혁, 2017d)

그림 101은 1929년에 제작된 구 서문시장 부근의 지적도이다. 이때는 1922년 대구천 주변에 있었던 서문시장이 현재의 위치로 이전한 7년 뒤이다. 지적도에 대구천 서쪽에 시장북통(市場北通), 시장정(市場町)과 같은 시장 관련 지명이 여러 곳에서 나타나는 것으로 볼 때, 구 서문시장의 핵심 지역은 대구천 서쪽이라는 것을 알 수 있다. 이곳에서 동쪽으로 200~300m 거리에 대구 읍성과 서문이 있었다. 서문과 대구천 사이는 1903년 대구 시가지도(146쪽 그림 92)에서 보았듯이 대구의 핵심지역이었다. 이로 인해 1929년 지적도에 나타난 대구천 폭은 과거 서문시장이 있었을 당시의 폭과 유사하거나 축소되었을 가능성

이 있다. 1929년 당시 이 지역으로 흘렀던 대구천 폭을 지적도에서 측정해 보면 9~12m 정도이다.

그림 102는 그림 101의 구 서문시장 북쪽 경계에서 북서쪽으로 300여 m 정도 떨어진 현 달성제일교회 부근의 지적도이다. 그림에서 왼쪽 하단 지역이 달성이다. 달성의 동쪽에 남동쪽에서 북서쪽으로 흘러가는 하천은 달서천이다. 달서천 동쪽에서 남동쪽에서 북서쪽으로 흘러가는 하천이 대구천이다.

지적도에서 볼 수 있듯이 두 하천의 크기는 다르다. 이는 유역 면적의 차이에서 비롯된다. 달서천은 두류산을 발원지로 하기 때문에 유역면적이 아주 좁다. 반면 대구천은 신천의 분류하천이기 때문에 유역면적이 달서천과 비교가 되지 않을 정도로 넓다. 이뿐만 아니라 대구천은 또 다른 신천의 분류하천인 상동천을 지류로 갖는다. 이런 특성으로 대구천의 폭은 달서천의 3배 또는 그 이상인 15~18m에 이른다.

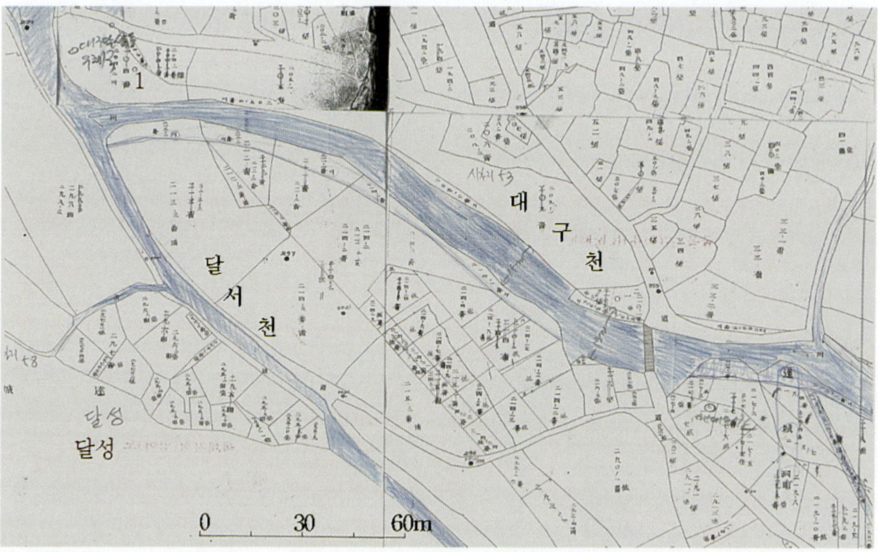

그림 102. 1929년 지적도 상의 구 서문시장 북쪽 대구천과 달서천(1: 달성동새마을 회관, 2: 달성, 출처: 송언근 · 김종혁, 2017d)

달성 제일교회 부근의 대구천은 구 서문시장 주변의 대구천과도 차이가 난다. 교회 주변의 대구천 폭은 서문시장으로 흘렀던 대구천에 비해 지역에 따라 2배 정도 더 넓다. 동일한 하천이고 거리가 200여 m 떨어진 곳임에도 하폭의 차이가 나는 것은 인구 밀집 지역(서문시장 주변)과 그렇지 않은 지역 간의 차이로 여겨진다.

그림 103은 대구의 핵심 지역이었던 읍성의 남문 밖, 즉 현 동아백화점에서 반월당 사이의 지적도이다. 지도 중간에서 동서로 발달한 큰 길은 과거 대구 읍성의 남쪽 성벽이 있었던 곳으로 현재의 약전골목, 즉 남성로(그림 103의 1)이다. 그 아래에 폭이 좁게 동서로 발달한 길은 조선시대 동래에서 한양으로 이어졌던 영남대로(그림 103의 2)이다. 그리고 지도 중간 부근에 약전골목에서 남쪽으로 곧게 발달한 길은 반달 스퀘어(삼성생명빌딩)와 동아백화점 사이에 있는 길이다.

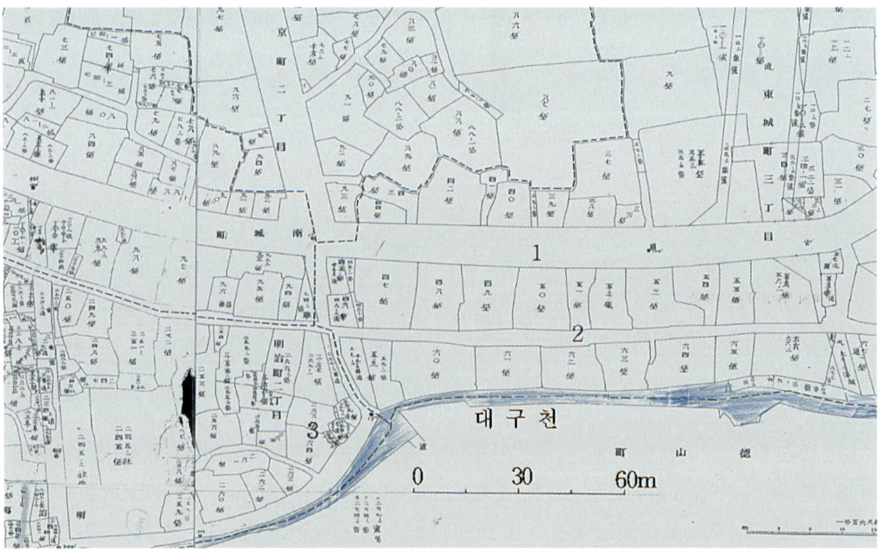

그림 103. 1929년 지적도 상의 구 읍성 남문 부근 대구천(1: 남성로, 2: 영남대로, 3: 동아백화점, 출처: 송언근 · 김종혁, 2017d)

지적도에 나타난 대구천 폭을 측정해 보면 10~12m 정도의 폭을 갖는 곳도 있지만 거의 대부분은 3~6m 정도이다. 이 같은 대구천 폭은 지적도에서 나타나지 않지만, 지도 서쪽의 계산 성당 주변에서도 볼 수 있다.

전술한 대구천 폭의 차이, 특히 계산 성당 북쪽에서 달성제일교회 사이는 동일 하천임에도 불구하고 하천 폭이 지역에 따라 적게는 3m, 많게는 18m로, 최대 6배 차이가 난다. 이 같은 차이는 도시화의 결과로 보인다. 즉 서문시장과 읍성 남문 밖은 대구에서 인구가 가장 많은 곳이고, 달성제일교회 주변은 상대적으로 인구가 적은 곳이다. 이 같은 인구 차이가 도시화의 진행 속도에 차이를 만들면서 하천 규모에 차이를 가져온 것으로 보인다. 이로 볼 때 인구 밀집 지역은 1920년대로 오면서 하천으로 기능을 상실해 가던 대구천 하상을 도시적 토지로 이용한 반면, 달성 제일교회 부근은 중심지에서 떨어져 있어 자연상태의 하천이 상대적으로 많이 남았던 것으로 보인다.

대구천의 지역적 하폭 차이를 토대로 이공제 건설 당시 읍성 주변, 특히 남문 주변에서 대구천 폭을 추정하면 다음과 같다.

이공제가 건설되고 11년 후인 1789년 대구부의 도시부(동상면, 서상면) 인구는 13,743명(손정목, 1982)이었고, 1925년 대구부(동상면, 서상면) 인구는 76,534명이었다(김일수, 2003).[41] 인구 수 차이로 볼 때 1700년대 후반 대구 읍성 주변의 토지이용은 1920년대에 비해 상대적으로 자연 상태에 가까웠을 것이다. 그러나 읍성의 주문이었던 남문과 서문시장이 있었던 서문 지역의 인구수는 1925년보다는 적었지만 다른 지역보다 많았을 것이다. 이런 전제들로 보면 1778년 읍성 주변의 대구천 폭은 최소한 1929년 구 서문시장의 대구천 폭인 9~12m보다는 넓었을 것으로 보인다. 1929년 지적도에 읍성 남문 밖 일부 구간에서 대구천 폭이 6~12m에 이르는 곳도 있기 때문이다. 이상의 결과들을 종합할 때, 140년의 시간차와 인구수를 감안하면 지역적 차이는 있었겠지만 읍

41 서상면은 읍성의 남, 서, 북쪽 지역이며, 동상면은 읍성의 남, 동, 북쪽 지역이다.

성 주변의 대구천 폭은 9~18m 정도 되었을 것으로 추정된다.

이공제 건설 당시 현 도로 3~6차선 정도였을 것으로 보이는 대구천은 이공제 건설 이후 유량 감소와 하도 축소로 하천으로서의 기능을 상실해 갔다. 이 같은 변화는 일제 강점기의 도시화 과정에서 많이 일어났다. 특히 1905년 경부선 철도 개통 이후 많은 변화가 있었다. 김일수(2003) 연구에 의하면 1912년 대구역의 발착 화물량이 4만 2,490톤에서 1919년 20만 4,749톤으로 5배 증가하였고, 대구 세관을 통한 물화가 1916년에는 겨우 약 11만원이었지만 3년 뒤인 1919년 약 1,346만원으로 무려 13배나 증가하였다. 또한 1911-1917년의 제1기 치도기간(治道期間) 동안 국도가 방사상으로 정비되면서 배후지역에 대한 중심지 도시로 기능이 강화되었다(박태화, 1985). 이 같은 변화로 볼 때 1910년대 대구 중심부는 과거에 비해 많은 변화가 있었을 것이며 그것은 필연적으로 대구천과 그 분류하천들에 영향을 주었을 것이다.

도시화 과정이 보다 계획적으로 이루어지기 시작한 것은 1920년대였다. 대구 도시 개발 계획이 이 시기에 이루어졌기 때문이다. 대구부 도시계획 개요가 제출되었던 시기가 1922년 8월이었다. 원안을 수정한 계획안이 통과된 것은 1927년 5월이었다(김일수, 2003). 1920년대의 도시 계획 수행은 필연적으로 대구 중심부로 흐르던 대구천에 큰 변화를 가져왔을 것이다.

도시화에 따른 변화에도 불구하고 1924년 대구 교통지도(그림 104)에서 볼 수 있듯이 대구천 하계망은 과거와 크게 차이가 없다. 이는 급격한 도시화로 하천 크기가 과거에 비해 많이 축소되었고, 유량도 감소하였지만 하도를 유지하고, 과거보다 적은 양이지만 물이 흘렀기 때문이다.

이런 변화로 1920년대는 대구천이 하천으로서 기능을 상실해 가던 마지막 단계였고, 대구천과 관련된 인식 변화도 이 시기에 심하게 일어났을 것으로 추정된다.

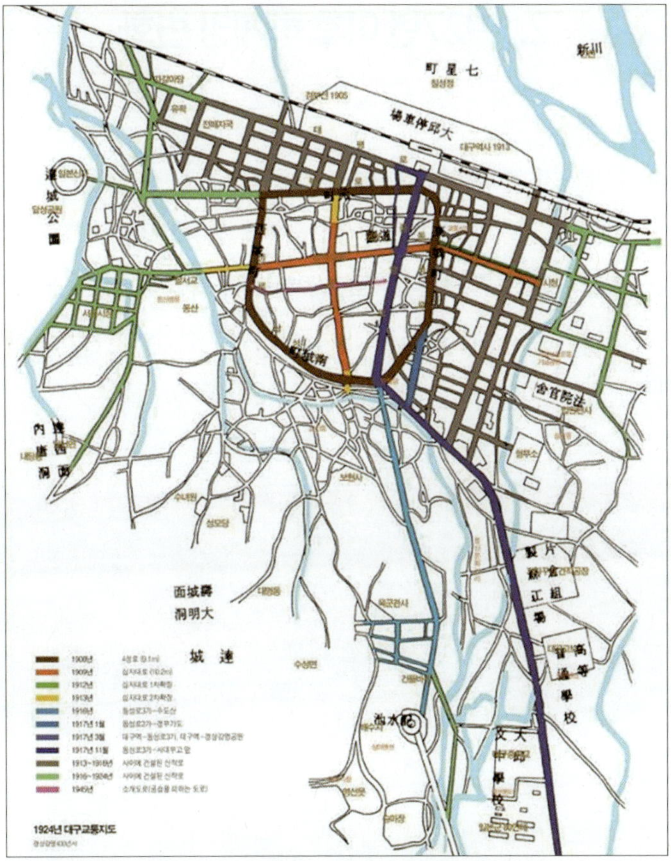

그림 104. 1924년 대구교통지도(출처; 거리문화시민연대, 2007)

2. 1927년 이후 하계망 변화

1920년대 중반까지 큰 변화가 없던 하계망에 중요한 변화가 나타난 시기는 1927년이다. 이를 그림 105의 1928년 지도에서 볼 수 있다. 그림에는 수도산 쪽의 현 영선초등학교 부근에서 일본군 80연대 북쪽을 따라 인공 유로가 표시되어 있다. 이것은 건들바위 쪽으로 흘러가던 대구천을 동쪽의 신천으로 돌리는 유로이다.

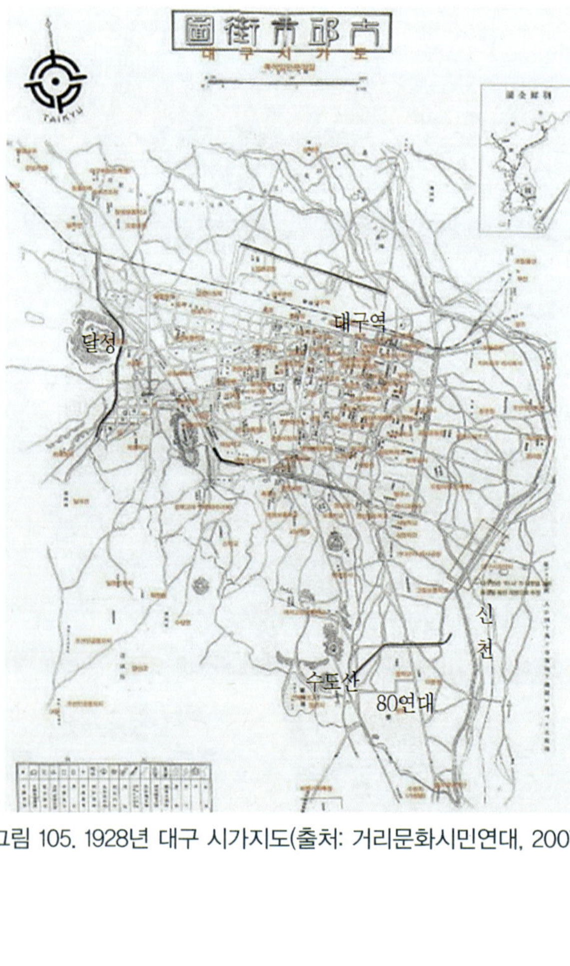

그림 105. 1928년 대구 시가지도(출처: 거리문화시민연대, 2007)

1927년에 대구천 유로를 신천으로 돌리는 인공 유로 건설은 '달서천[42] 상류의 작은 하천(小川)을 수도배수지 하에서 봉산정을 횡단하여 신천으로 떨어지게 한다'라는 1926년 8월 23일자 동아일보 기사와 1927년 1월 14일 동아일보의 '달서천 상류배수지 부근에 신천으로 흘러들어가게 하는 새로운 수로를 내어'라는 기사에서도 알 수 있다. 이들 기사 내용을 볼 때, 대구천은 1926년에 유로 변경 공사를 하여 1927년 여름에 새로운 인공 유로를 따라 흐르게 되었다는 것을 알 수 있다.

인공 유로 건설 목적은 5장에서 보았듯이 홍수 시 대구천에 의한 재산과 인명 손실 예방이다. 이는 1920년대 중반까지 대구천은 도시화에도 불구하고 하천으로서 기능을 어느 정도 갖고 있었으며, 여름철 홍수 시에는 범람할 정도로 많은 물이 흘렀다는 것을 의미한다. 이러하였던 대구천은 1927년 초 인공 유로 건설로 큰 변화가 일어났다. 건들바위 이북의 대구천으로 신천 물이 공급되지 않았기 때문이다. 이로 인해 대구천은 하천으로서 기능을 상실하고, 이것은 신천 좌안 하계망에 변화를 가져왔다.

그러나 1927년 대구천 유로 변경이 곧바로 하계망 변화로 나타난 것은 아니다. 이는 1929년 지적도(그림 103)에 구 읍성 남문 밖 대구천 폭이 3~6m 정도였던 것에서 알 수 있다. 뿐만 아니라 그림 106의 1933년 대구 지도에는 대구천과 그 분류하천들이 뚜렷하고, 1937년 지도(그림 107[43])에도 건들바위 하류에서 대구천과 그 분류하천이 국지적으로 남아 있는 것을 볼 수 있다.

이 같은 현상은 첫째, 1927년 대구천 유로 변경으로 대구 중심부의 대구천으로 신천 물의 공급은 없었지만 하도는 남아 있었고, 둘째, 이곳으로 서부침식저지의 침식곡에서 흘러나온 작은 양의 물들이 흘렀기 때문이다. 특히 여

42 동아일보에서 달서천은 본 연구의 대구천에 해당된다. 그 이유는 1장에 상세히 제시하였다.

43 그림 107에서 대구천과 상동천은 가독성과 구분을 위해 지도 유로에 실선과 점선으로 표시하였다.

름철 장마기에는 서부침식저지에서 흘러내린 많은 물들이 대구천으로 흘렀을 것으로 추정된다. 이러하였던 대구천이 사라진 것은 도시화의 영향이다. 인구 증가로 시가지가 확장되면서 도로 건설, 새로운 건축물이 만들어지면서 도시적 토지이용이 확장되었기 때문이다. 이 과정에 물이 거의 흐르지 않았던 대구천 하상은 도시적인 토지이용으로 변하였을 것이다. 그 같은 변화가 증가하면서 신천 좌안 하계망에서 대구천과 그 분류하천들이 사라지기 시작한 것으로 보인다.

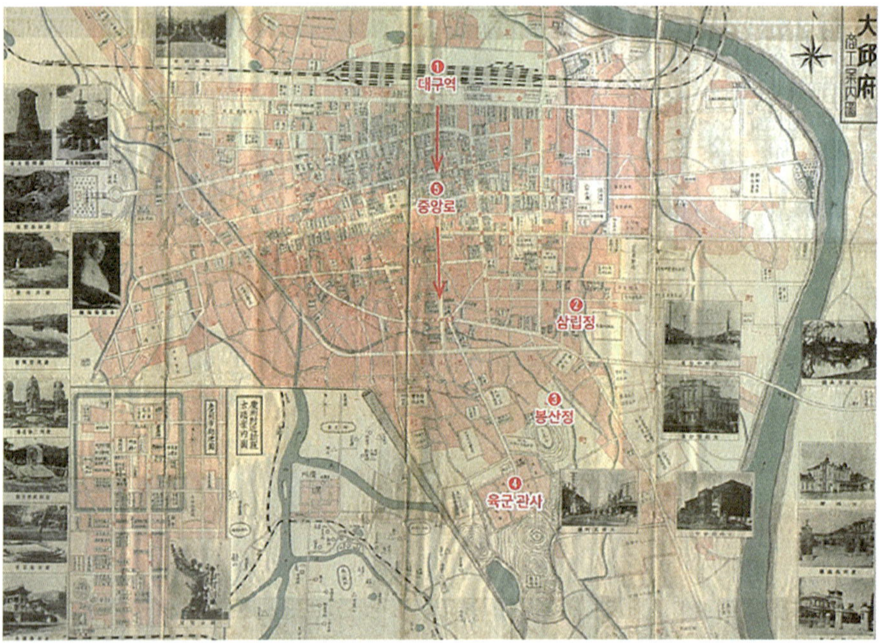

그림 106. 1933년 대구부 지도(출처: 모리사키 가즈에(森崎和江), 2018)

그러나 대구 시내에서 대구천과 그 분류 하천들이 사라진 정확한 시기는 명확하지 않다. 단지 1954년 항공사진(186쪽 그림 114 참조)에 대구천과 그 분류 하천이 보이지 않는 것으로 볼 때, 1930년대 후기에서 1950년대 초기 사이에 신천 좌안 충적평야에서 대구천이 완전히 사라진 것으로 추정된다.

대구천 유로 변화는 필연적으로 다른 하천들의 흐름에 영향을 미쳤다. 특히 많은 영향을 받은 하천은 대구천의 지류인 상동천과 그것의 지류인 이천천, 남산천이다. 대구천 유로 변화가 이들 하천에 미친 영향을 살펴보면 다음과 같다.

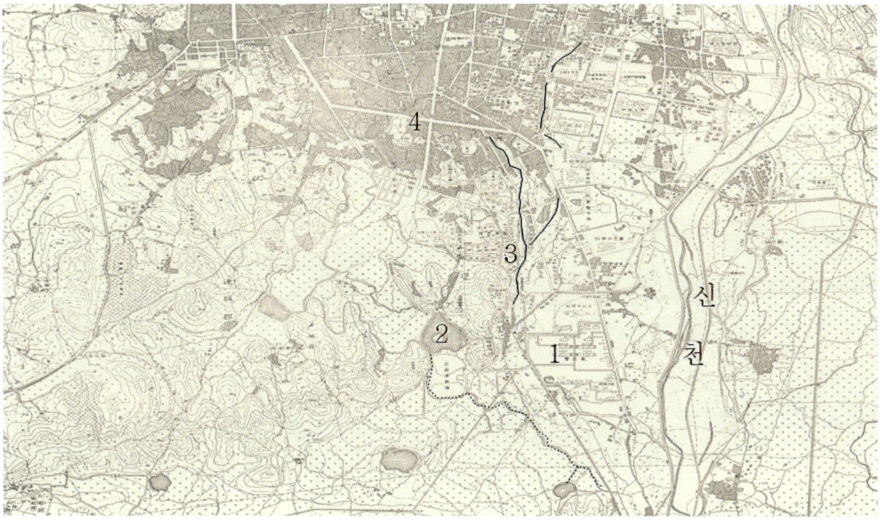

그림 107 1937년 1/10,000 대구 지형도(실선: 대구천, 점선: 상동천, 1: 일본군 80연대, 2: 영선못, 3: 건들바위, 4: 반월당)

가. 이천천의 유로 변화

대구천 유로 변경 목적은 여름철 홍수로 인한 인명과 재산 손실을 막는 것이다. 이를 위해서는 대구 중심부의 대구천으로 물이 흐르지 않게 해야 한다. 이를 위한 최적의 방법은 신천 분류 지점에서부터 대구천 유로를 없애는 것이다. 물의 공급을 원천적으로 차단하는 것이 가장 좋은 방법이기 때문이다.

그런데 여기에는 '농업용수 공급'이라는 문제가 도사린다. 이서가 제방을 막은 이후에도 신천물은 중요한 농업용수원이었다. 이런 이유로 대구천 유로를 없애면 신천으로부터 농업용수 공급이 불가능해지는 문제가 발생한다. 때문에 농업용수를 공급하면서 대구 중심부의 대구천에 물이 흐르지 않도록 하는 것이 문제해결의 핵심이다. 그림 105에 나타난 건들바위 남쪽에서 대구천 유로를 신천 쪽으로 인위적으로 변경한 것도 이런 맥락에서 이루어졌다. 이렇게 할 경우, 건들바위 남쪽의 봉덕동과 이천동의 충적평야에 농업용수를 공급하면서 시가지화된 대구 중심부의 대구천으로 물이 흐르는 것을 막을 수 있다.

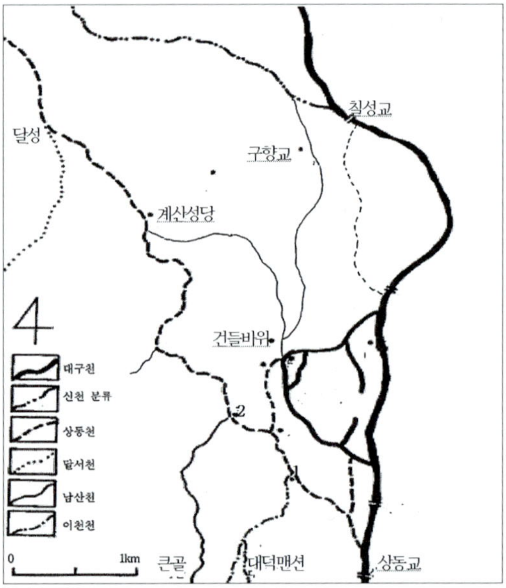

그림 108. 1927년 대구천 유로 변경 당시 신천 좌안 충적평야의 하계망
(1: 봉덕2동행정복지센터, 2: 캠프조지)

1927년 대구천 유로 변경 당시의 신천 좌안 충적평야 상 하계망을 나타낸 것이 그림 108이다. 그림에서 보듯이 수도산에서 신천으로 대구천 유로가 변경되었지만, 건들바위 이북의 대구천과 그 분류하천의 하도는 남아 있다. 이는 1933년과 1937년 지도에서 알 수 있다. 때문에 1927년 대구천 유로 변경 후

상당 기간 동안 대구천을 중심으로 한 기존 하계망이 유지되었던 것 같다. 기존과의 차이는 수도산에서 일본군 80연대 북쪽 가장자리를 따라 인공 유로가 새롭게 연결된 것이다. 이것이 이천천 유로 변화를 이끈 요인이 되었다. 그것은 다음과 같은 과정으로 이루어졌다.

신천 좌안 충적평야 하계망의 본격적인 변화는 1927년 대구천 유로 변경 이후 시간이 지나면서 대구천으로 물의 공급이 사라지고, 시가지가 확대되면서 대구 중심부에서 하천들은 사라졌을 때이다. 이 때 신천 좌안 충적평야의 하계망은 상동천과 수도산 이남의 대구천을 중심으로 새롭게 발달하였다(그림 109 참조). 당시 하계망에서 특징적인 곳은 캠프헨리주변이며, 하천은 상동천 분류와 대구천이다.

그림 109. 대구천 유로 변경 이후 하계망의 1차 변화(1: 봉덕2동행정복지센터, 2: 봉명네거리, 3: 캠프조지, 4: 봄봄부동산, 5: 이천동행정복합센터, 6;대백프라자)

봉명 네거리 부근에서 상동천에서 분류한 하천은 수도산으로 북류하여 건들바위 부근에서 대구천에 합류하였다. 그런데 대구천이 수도산에서 신천 쪽으로 유로 변경을 하면서 상동천 분류 하천도 수도산 서쪽 봄봄부동산(그림 109의 4)에서 방향을 바꾸어 이천동행정복합센터(그림 109의 5) 부근에서 변경된 대구천에 합류하였다. 이곳에서 대구천은 일본군 80연대 북쪽의 인공 수로를 따라 북서쪽으로 흘러 신천으로 흘러갔다. 이때까지 이천천의 유로 변화는 이루어지지 않았다.

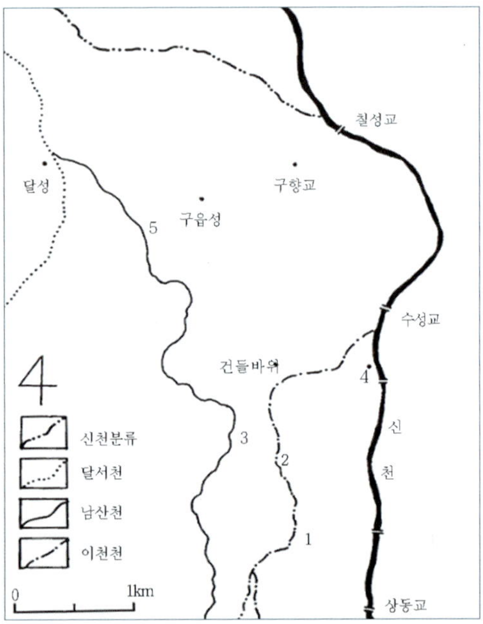

그림 110. 상동천 소멸 이후 하계망의 2차 변화(1: 봉덕2동행정복지센터, 2: 봉명네거리, 3: 캠프조지, 4: 대백프라자, 5: 계산성당)

이천천 유로가 획기적으로 변한 것은 상동천이 하천으로서 기능을 상실한 이후이다. 이때는 대구천이 사라진 이후이다. 그것을 나타낸 것이 그림 110이다. 상동천이 사라지면서 1910년대 봉덕2동 행정복지센터(그림 110의 1)까지였던 이천천 유로는 대백프라자(그림 110의 4) 북동쪽의 신천까지 연장되었다. 이로 인해 1910년대 발원지에서 봉덕 2동 행정복지센터까지 1.1km였던 이천천 길이는 유로 변경 이후에는 그것의 3배가 넘는 3.5km가 되었다.

이천천 유로 변화 특징을 구체적으로 나타낸 것이 그림 111이다. 그림에서 보듯이 이천천 유로 변화는 크게 3구간에서 일어났다. 첫째 구간은 봉덕 2동 행정복지센터에서 봄봄 부동산까지이고, 둘째 구간은 여기에서 성지교회까지이고, 셋째 구간은 성지교회에서 신천까지이다. 각 구간별 이천천의 유로 변화 특징은 다음과 같다.

첫째, 봉덕 2동 행정복지센터에서 봄봄부동산까지 유로 변화의 가장 큰 특징은 상동천의 이천천화이다. 그것은 다음과 같은 과정으로 이루어졌다.

그림 111. 상동천이 사라진 이후 이천천 유로 변화 과정(1: 봉덕초, 2: 봉덕2동행정복지센터, 3: 봄봄부동산, 4: MG 새마을 금고, 5: 성지교회)

대덕맨션 남쪽 앞산 골을 발원지로 하는 이천천은 그곳에서 봉덕 2동행정복지센터(그림 110과 111의 1)까지는 자신의 유로를 따라 흘렀다. 여기서 이천천은 하천으로서 기능을 상실하였지만 유로가 남아있던 상동천 본류 하도를 따라 북서쪽에 있는 봉명네거리(그림 109와 110의 2)까지 흘러갔다. 이곳에서는 건들바위 쪽으로 흘렀던 상동천 분류하천의 하도를 따라 북쪽에 있는 봄봄부동산(그림 109의 4, 그림 111의 3)까지 흘러갔다.

둘째, 봄봄 부동산에서 MG 새마을 금고(그림 111의 4)까지이다. 이 구간에서는 대구천 인공 유로의 이천천화가 일어났다. 상동천 분류 유로를 이용하여 봄봄 부동산까지 흘러온 이천천은 여기서부터 1927년에 완공한 대구천 유로 변경 공사를 위한 인공 유로를 따라 일본군 80연대의 북서쪽과 북쪽 경계를 따라 현재의 대봉로 38길과 지상철 3호선(명덕로)이 만나는 지점인 MG 새마을 금고(그림 111과 113의 4)까지 흘러갔다.

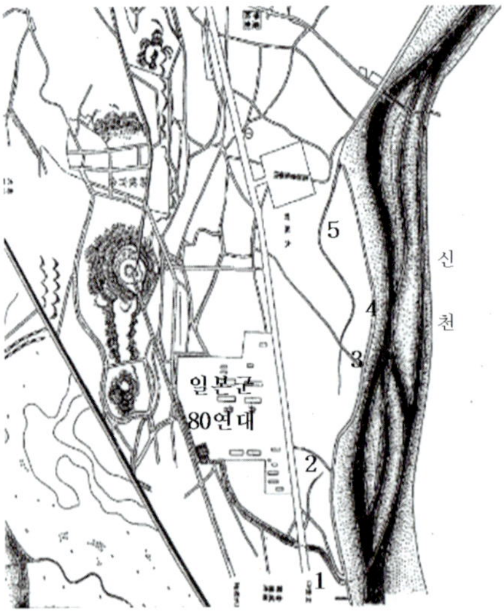

그림 112. 1917년 일본군 80연대 동쪽 대구천 분류(1: 강변효성백년가약, 2: 대구중, 3: 이천주공, 4: 강변타운, 5: 성지교회)

그림 113. 1964년 이천천 유로(1: 봉덕초, 2: 봉덕 2동 행정복지센터, 3: 봄봄부동산, 4: MG 새마을 금고, 5: 성지교회)

셋째, 성지교회에서 신천까지이다. 이 구간에서 이천천 유로 변화는 대구천 분류와 관련 깊다. 이는 성지교회에서 신천까지 구간이 과거 대구천 분류하천이기 때문이다. 이를 그림 112의 1917년 대구수도지도에서 알 수 있다.

그림 112에서 볼 수 있듯이 강변효성백년가약 부근에서 신천에서 분류한 대구천은 북서류하다 일본군 80연대 동쪽 경계를 따라 발달한 도로와 대구천이 만나는 부근에서 분류하였다. 대구천에서 분류한 하천은 북류하여 대구중 동쪽 경계를 따라 흐르다 이천 주공아파트와 강변타운 아파트를 따라 북류하였다. 대구천 분류하천은 강변타운 정문 부근에서 방향을 북서쪽으로 틀어 명덕로 66길을 따라 명덕로를 통과하여 성지 교회 서편의 명덕로 65길을 따라 북동류하여 대구백화점 옥외 주차장 북쪽에서 신천으로 흘러갔다.

전술한 대구천 분류하천 중에서 성지교회에서 신천까지는 현 이천천과 같은 방향이다. 이를 그림 113의 1964년 지도에서 알 수 있다. 그림 113에서 성지교회에서 신천 사이로 흐르는 이천천 모습은 그림 112의 1917년 지도에 나타난 성지교회 주변의 대구천 분류 하천의 흐름과 같다.

이상의 이천천 유로 변화 과정을 종합하면 이천천은 1) 대덕맨션 남쪽의 앞산 골짜기에서 봉덕 2동 행정복지센터까지는 원유로를 따라 흘렀고, 2) 여기서부터 봄봄부동산까지는 구상동천의 유로를 따라 흘렀다. 3) 이곳에서 대백프라자 서쪽의 성지 교회까지는 캠프헨리 북쪽의 인공 수로를 따라 흘렀으며, 4) 그곳에서 신천까지는 대구천의 분류 유로를 따라 흘렀다. 이 같은 유로 변경 과정을 거치면서 오늘날의 이천천 유로가 되었다. 결국 봄봄 부동산에서 신천까지는 대구천과 그 분류하천이 이천천으로 변한 결과이다.

나. 남산천의 유로 변화

대구천이 인위적 유로 변화로 하천으로서 기능을 상실했다면, 상동천은 이서 제방과 도시화로 하천 기능을 상실했다. 그리고 그것은 대구천보다 더디게 일어났다. 대구천은 대구 중심부를 흘렀는 데 반해 상동천은 인가가 적고 도시화가 이루어지지 않은 남구를 중심으로 흘렀기 때문이다.[44] 상동천이 하천으로서 기능을 상실하면서 남산천의 유로 변화가 일어났다. 그것은 다음과 같은 과정으로 이루어졌다.

그림 114. 1954년 항공사진(1: 남구보건소, 2: 지구양행, 3: 경북여상, 4: 청대정밀인쇄사, 5: 서한포레스트, 6: 상덕사, 7: 반월당, 8: 제일교회기념관, 푸른색: 남산천)

과거 남산천은 현 캠프워크 남쪽의 앞산 큰 골 부근에서 발원하여 현재의 캠프조지 쪽에서 상동천으로 유입하였다(180과 181쪽 그림 108과 109 참조). 따라

44 상동천은 대구천처럼 인위적 유로 변화가 없었고, 1937년 지도(그림 107)에는 대구천보다 유로가 뚜렷하게 남아 있다. 또한 1954년 항공사진에 일부구간이지만 상동천의 유로 흔적이 남아 있다. 이로 볼 때, 상동천은 대구천보다 좀 더 오래 하천으로서 기능을 유지한 것으로 보인다. 그러나 1957년 지도에 상동천이 나타나지 않는 것으로 볼 때, 1950년대 중반경에 사라진 것으로 추정된다.

서 상동천이 하천으로서 기능을 발휘하였을 때, 남산천 구간은 앞산 큰골 부근에서 캠프조지까지였다. 그러나 상동천이 하천으로서 기능을 상실하면서 남산천에도 변화가 생겼다. 가장 큰 변화는 남산천의 유로 연장이다. 그것은 두 과정으로 이루어졌다. 하나는 캠프조지에서 계산성당 사이로서, 여기서 남산천은 하천으로서 기능은 상실하였지만 하도가 남아 있던 상동천을 따라 유로를 연장하였다. 다른 하나는 계산성당에서 달성까지이다. 이 구간에서 남산천은 대구천 하도를 이용하여 유로를 연장하여 흘렀다. 각 구간별 남산천 유로 변화 특징은 다음과 같다.

첫째, 상동천 유로를 이용하였던 캠프조지에서 계산성당까지 남산천 유로 변화 특징이다. 이 구간의 특징을 남산천의 자연적 흐름이 남아있던 1954년 항공사진(그림 114)과 1957년 및 1963년 지형도(86쪽 그림 62 참조)[45]로 살펴보면 다음과 같다.

그림 115. 1918년 1/10,000 지형도(1: 남구보건소, 2: 지구양행, 3: 경북여상, 4: 한일빌라)

45 1964년 지도에는 영선못과 산대못이 나타나지 않는다. 1964년 지도에는 못이 있었던 곳이 공지로 남아 있다.

앞산 골에서 흘러내린 남산천은 1960년대 초반까지 현 영대네거리 남쪽에 있었던 산대못으로 흘러들어갔다(148쪽 그림 93 참조). 못의 남서쪽 가장자리에서 흘러나온 남산천은 캠프조지 부근에서부터 상동천 유로를 이용하여 영선못 쪽으로 흘러갔다. 영선못의 남서쪽 끝에서 저수지로 흘러들어간 남산천은 저수지의 북서쪽 가장자리에서 흘러나왔다. 여기서 150m 정도 북서류하다 현 남구보건소(그림 114와 115의 1) 부근에서 방향을 서쪽으로 돌려 현 중앙대로를 건너 한일빌라트(그림 115의 4) 쪽으로 서류하였다. 이곳에서 남산천 유로는 북서쪽으로 바꾸어 대구음악창작소 부근을 지나 경북여상 앞으로 흘렀다. 이 지역에서 남산천은 명덕 119안전센터 부근에서 삼각로타리 부근의 저수지(새못)에서 흘러나온 물을 합류하였다. 그리고 방향을 북쪽으로 바꾸어 자동차 부속골목 서편의 중앙대로 61길 방향으로 흘렀다. 북류하던 남산천은 청대정밀인쇄사(그림 114의 4) 부근에서 북서쪽으로 유로를 돌려 명륜로 12길, 재마루 1길을 따라 북서류하다가 서현빌딩에서 달구벌대로를 건너 북류하면서 동산아파트 앞을 지나 계산성당 맞은편의 제일교회 100주년 기념관 앞으로 흘렀다.

전술한 캠프조지에서 계산성당 사이의 남산천은 지역적으로, 시기적으로 국지적인 유로 변화가 있었다. 첫번째는 영선못에서 경북여상 사이의 유로 변화이다. 이 구간에서 남산천 흐름은 영선못이 있었던 1918년 지도에서 1963년 지도까지와 영선못이 매적된 이후 지도에서 다르게 나타난다. 영선못이 있었던 1963년까지 남산천은 그림 114와 115에서 보듯이 남구보건소에서 서쪽으로 흘렀다. 그러나 영선못이 매적된 후 보건소(그림 114와 115의 1)에서 서쪽으로 흐르던 남산천은 북서쪽으로 인위적으로 유로가 변경되었다. 즉 보건소 동쪽의 침식저지 서쪽 가장자리를 따라 보건소에서 북서쪽으로 180m 정도 떨어진 지구양행(그림 114와 115의 2)까지 유로를 인위적으로 변경하였고, 여기서 다시 유로를 서쪽으로 직각에 가깝게 돌려 경북여상(그림 114와 115의 3) 쪽으로 직선화하였다. 현재 이 지역의 남산천은 복개되었다.

그림 116. 복개된 남산천 인공유로(좌(그림 115의 1–2): 남구보건소(1),
우: 그림 115의 2–3: 지구양행(2), 경상여상(3))

두번째는 자동차 부속골목의 청대정밀인쇄사에서 서현빌딩 사이에서의 유로 변화이다. 이 지역에서 1918년 1/10,000 지형도(그림 117)에서 남산천은 그림 114의 1954년 항공사진에서의 남산천 흐름과 다르다. 즉 1918년 남산천은 청대정밀인쇄사(그림 117의 1)에서 북동쪽으로 유로를 돌려 흐르다 현재(2022년) 공사 중인 반월당 서한 포레스트 아파트(그림 117의 2) 쪽으로 북류하였다. 여기서 서쪽으로 방향을 바꾸어 상덕사(그림 117의 3) 부근으로 흘렀고, 그곳에서 남서쪽으로 방향으로 돌려 재마루 1길의 경동상사(그림 117의 4) 부근으로 흘렀다. 이곳에서 다시 유로를 북서쪽으로 돌려 서현빌딩을 지나 동산 방향으로 북류하여 계산성당에서 대구천에 합류하였다, 이 같은 흐름은 1918년 지도뿐만 아니라 1917년 수도지도, 1937년 1/10,000 지형도에서도 볼 수 있다. 이러하였던 남산천 흐름이 1954년 항공사진(그림 114)에는 다르게 나타난다. 1917년, 1918년, 1937년 지도에 있던 서한 포레스트 아파트에서 상덕사 방향으로 흐르던 유로는 없어지고, 청대정밀인쇄사에서 북서쪽의 서현 빌딩까지 직선화된 유로가 나타난다. 유로 형태로 볼 때, 인위적으로 직선화된 것으로 보인다. 이 같은 특징으로 1937년에서 1954년 사이에 청대정밀인쇄사에서 서현 빌딩 사이에 남산천의 유로 변화가 있었던 것으로 보인다.

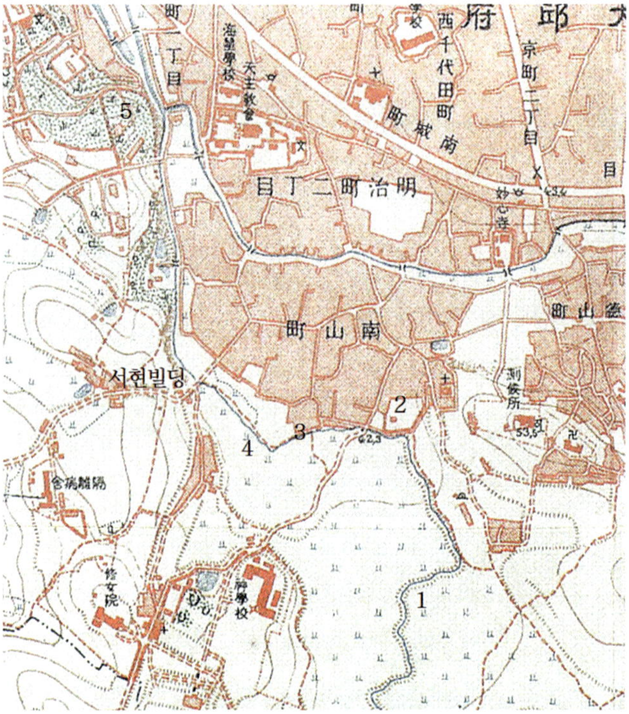

그림 117. 1918년 1/10,000 지형도에서 남산천(1: 청대정밀인쇄사, 2: 서한포레스트, 3: 상덕사, 4: 경동상사, 5: 제일교회기념관)

그림 118.서한포레스트 아파트 부근으로 흘렀던 구 남산천 유로 흔적으로 추정되는 골목(명륜로 11길)

그림 119. 오토바이 골목의 복개된 남산천

둘째 계산성당에서 달성 사이의 남산천 유로 변화이다. 이 구간에서 남산천은 대구천을 따라 흐르면서 유로를 연장하였다. 즉 제일교회 100주년기념관(그림 114의 8, 117의 5) 앞에서 북북서로 방향을 돌려, 현 국채보상로 102길과 오토바이 골목(그림 119)으로 알려진 국채보상로 101길로 흘러갔다. 여기서 달성로 21길을 따라 북서류하다가 달성의 북쪽 가장 자리 부근에서 현 달성공원로를 따라 흐르는 달서천에 합류하였다.

이상에서 살펴보았듯이 남산천은 상동천과 대구천이 사라진 후에는 발원지에서 달성까지 남산천 자체로 흘러 달서천에 합류한다. 이런 변화로 과거에는 상동천의 1차 지류이자 대구천의 2차 지류였던 남산천이 오늘날에는 달서천의 지류가 되었다.

결론적으로 1927년 대구천 유로 변경 공사를 시작으로 신천 좌안 충적평야의 하계망 변화는 보다 본격적으로 이루어졌다. 이와 관련된 가장 큰 변화는 앞에서 살펴보았듯이 대구천과 상동천, 그리고 그 지류인 이천천과 남산천이다.

도시화에 따른 시가지의 지속적 확장은 대구 시내로 흘렀던 대구천, 상동천 및 이들의 분류하천들을 제거하는 방향으로 이루어졌다. 반면 이들 하천이 사라지면서 남산천, 이천천은 유로를 연장하여 신천 좌안 충적평야의 중심 하천으로 변하였다. 이 같은 과정을 통해 대구천을 중심으로 발달했던 기존의 신천 좌안 충적평야 하계망은 사라지고, 달서천, 남산천, 이천천을 중심으로 하는 새로운 하계망이 발달하였다.

3. 새로운 하계망 발달

1927년 대구천 유로 변경과 도시화로 대구 시내를 가득 메우듯 흘렀던 대구천과 그 분류하천들이 사라지고, 그림 120[46]에서 보듯이 달서천, 남산천, 이천천을 중심으로 한 새로운 하계망이 발달했다.

그림 120. 1957년 1/25,000 대구 지도(1: 캠프헨리, 2: 산대못, 3: 영선못, 4: 경북여자상업고등, 5: 계산성당, 6: 오토바이골목)

46 1957년 지도에서 남산천은 계산성당(5)과 오토바이골목입구(6) 사이는 복개되었지만, 그 외 구간은 모두 지표에 노출되어 흘렀다. 그리고 1957년에 달서천은 전 구간이 지표상에 노출되어 흘렀다.

새로운 하계망을 구성하는 달서천, 남산천, 이천천의 흐름 특성은 다음과 같다.

달서천은 대구천의 지류였을 때는 발원지인 두류산에서 대구천과 합류하는 달성까지였다. 반면 대구천이 소멸된 후, 달서천은 과거 대구천 유로를 따라 달성에서 금호강까지 유로를 연장하였다. 현재 달서천은 발원지인 두류산에서 금호강까지이다.

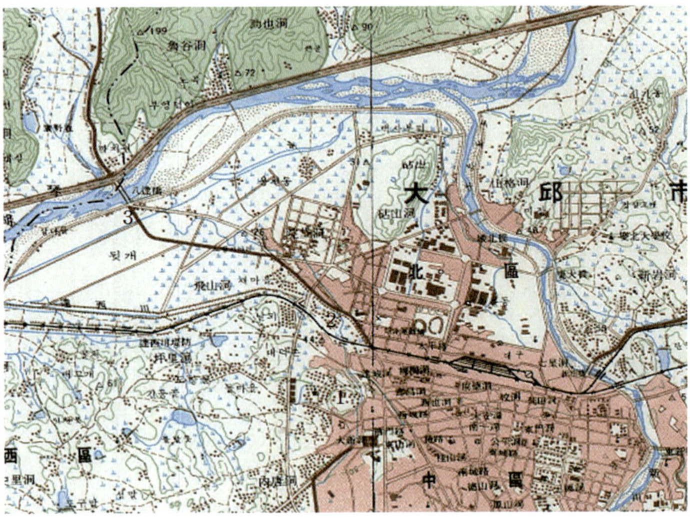

그림 121. 1970년 1/50,000 대구지도(1: 달성, 2;경일중, 3: 팔달교)

달서천의 흐름은 1970년대 초반을 기준으로 그 이전과 이후가 다르다. 그림 121의 1970년 달서천의 흐름을 보면, 당시 달서천은 발원지인 두류산에서 북류하여 서문시장을 지나 달성까지는 달서천의 원유로를 따라 흘렀다. 여기서부터 달서천은 구 대구천의 유로를 따라 흘렀다. 그 경로는 경일 중학교, 원대시장, 팔달 시장, 서대구 고속터미널을 거쳐 팔달교까지였다. 따라서 1970년 달서천은 달성에서 팔달교까지 과거의 대구천을 따라 유로를 연장하여 흘렀다.

그런데 그림 122의 1973년 지도에는 경일중에서 팔달시장을 거쳐 팔달교로 흐르던 달서천 유로가 나타나지 않는다. 당시 지도에서 달서천은 경일중학교 부근에서 유로를 서쪽으로 거의 90° 가깝게 돌려 경부선을 따라 서쪽으로 흘러, 현재의 북부하수종말처리장 부근에서 금호강으로 유입한다. 이로 볼 때, 1973년에 와서 달서천은 발원지인 두류산에서 경일 중학교까지 기존 유로를 따라 흐르다가 경일 중학교에서 유로를 변경하여 새로운 방향으로 흐르게 되었다는 것을 알 수 있다.

이상의 유로 변화 과정으로 볼 때, 달서천은 대구천이 사라지면서 1차 유로 변경을 하고, 1970년에서 1973년 사이에 2차 유로 변경을 하였다는 것을 알 수 있다.

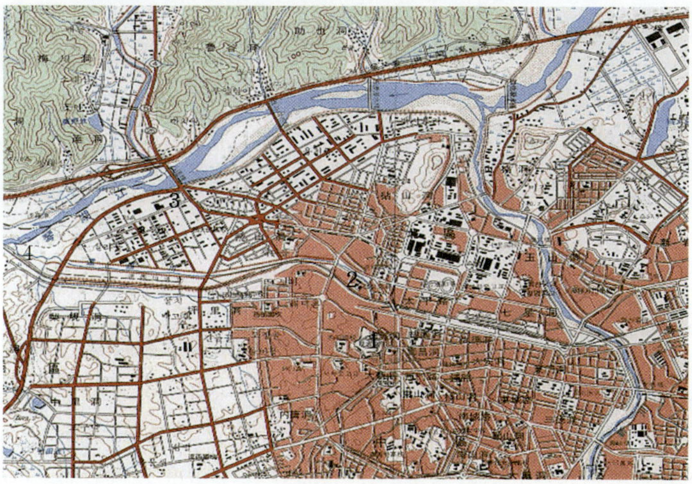

그림 122. 1973년 /50,000 대구지도(1: 달성, 2: 경일중, 3: 팔달교, 4: 북부하수종말처리장)

새로운 하계망의 주요 하천이자 달서천의 지류가 된 남산천은, 전절에서 살펴보았듯이 캠프워크 남쪽의 앞산에서 발원하여 영선 시장 쪽으로 흐른다. 이보다 하류에서는 상동천과 대구천 유로를 이용하여 달성까지 흘러 달서천으로 유입한다. 또 다른 주요 하천인 이천천 역시 대구천과 상동천이 소멸된 이후 이들 하도를 이용하여 유로를 연장하면서 신천으로 흘러간다.

이상에서 살펴본 세 하천의 흐름 특성과 그림 123의 복개하천을 토대로 새로운 하계망의 특징을 살펴보면 다음과 같다.

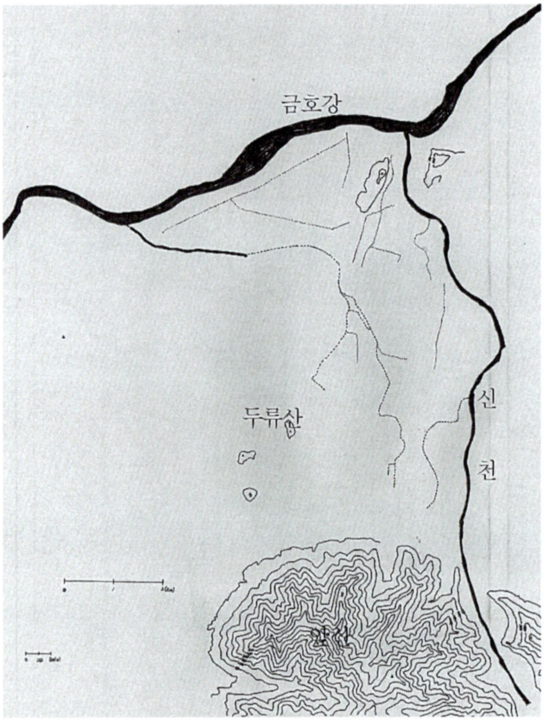

그림 123. 신천 좌안의 복개 하천도(짙은 실선: 복개되지 않은 구간)

첫째, 신천과의 관계 변화이다. 과거에는 신천의 분류하천인 대구천과 상동천이 하계망을 지배하였다. 따라서 과거 하계망은 신천과 밀접한 관련을 맺었다. 반면 새로운 하계망은 두류산(달서천)과 앞산(남산천과 이천천)이라는 독립된 발원지를 갖는 하천들로 이루어져 신천과는 무관하다. 둘째, 과거 하계망은 대구천을 중심으로 나무 가지처럼 연결되어 수지상(樹枝狀)의 하계망 특성을 보였다. 이는 선상지 충적평야의 특성상 망류하도로 흘렀기 때문이다. 반면 새로운 하계망을 구성하는 달서천, 남산천, 이천천은 선상지 발달과 관련 없는 하천이다. 때문에 이들이 만든 하계망은 단순하다. 셋째, 대구천이 만든 하계망은 신천 좌안 충적평야 전체에 나타났다. 반면 새로운 하계망(그림 120)은 일부 지역에 국지적이고, 독립적인 형태로 나타난다. 넷째, 대구천에 의한 수지상의 하계망이 사라지면서 대구 중심부에서 하천들이 사라졌다. 다섯째, 그림 123의 복개 하천도[47]에서 볼 수 있듯이 대구천의 잔재가 일부 남아 있다. 특히 경부선 북쪽에는 과거 하계망을 구성하였던 하천들의 일부가 복개된 상태로 흐르고 있다. 여섯째, 새로운 하계망을 대표하는 하천은 남산천을 지류로 갖는 달서천이다.[48]

이상의 특징들로 볼 때, 새로운 하계망이 달서천, 남산천, 이천천에 의해 발달했지만 이들 세 하천 유로의 상당 부분은 과거 대구천과 상동천 유로를 승계한 것이다. 이런 측면에서 보면 새로운 하계망은 과거 하계망의 유산이라고 할 수 있다.

한편 일제 강점기 도시화와 관련 깊은 새로운 하계망의 발달은 역설적으로 도시화의 영향을 강하게 받는다. 하천 복개가 그것이다. 그림 123에서 보듯이 도시화가 진행되면서 이천천, 남산천, 달서천[49]을 비롯한 대부분 하천들은 복개되었다. 그 자리는 도로로 이용된다. 이로 인해 현재는 신천 좌안 충적평야 상에서 일부 구간을 제외하고는 더 이상 하천을 볼 수 없다. 적어도 지표상에서 하계망은 사라졌다.

47 신천 우안에 있는 복개하천을 조사에서 뺀 것은 본 연구의 대상이 대구천이기 때문에, 신천 우안에 있는 범어천이나 신천의 소규모 지류들은 조사에서 제외하였다. 복개 하천 조사 시 우수관의 직경이 1.5m 이상인 것은 조사 대상에 모두 포함하였다.

48 유역분지의 면적, 하천의 길이로 보면 남산천이 새로운 하계망의 중심 하천이 되는 것이 타당하다. 그럼에도 달서천이 중심 하천이 된 것은 달성 하류에서 금호강으로 유입하는 하천을 달서천이라 부르기 때문이다. 이로 인해 남산천은 달서천으로 유입하는 하천이 되면서 달서천의 지류가 되었다.

49 달서천은 복개와 비복개 구간으로 나누어진다. 발원지인 두류산 부근에서 달성과 경일 중학교를 거쳐 평리교까지는 복개되어 보이지 않는다. 반면 평리교에서 금호강까지는 복개되지 않은 채 흘러간다.

4부_ 신천 유로 변화와 대구의 공간적 발달

신천 좌안 충적평야에는 경상감영, 대구읍성, 향교, 서문시장과 영남대로가 있었다. 때문에 이 지역은 일찍부터 대구의 핵심이었다. 이는 오늘날 대구는 신천 좌안 충적평야를 중심으로 발달하였다는 것을 의미한다.

4부에서는 오늘날 대구 시가지의 토대가 형성된 대구 읍성 축성에서 오늘에 이르기까지 대구 시가지의 시 · 공간적 발달의 특성을 신천 본류 및 분류와의 관계에서 살펴본다.

7장

신천 유로 변화와 대구 읍성 입지의 관계[50]

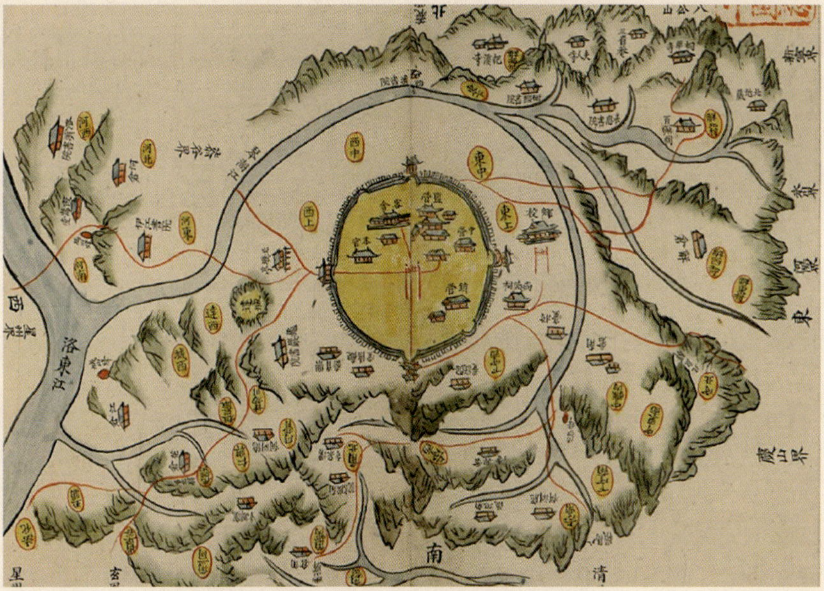

『영남읍지』(1871)의 경상감영과 신천

50 7장은 "송언근, 2020, 신천 유로 변화와 대구 읍성 입지의 관계"를 재구성한 것임.

1. 읍성 축성의 역사적 배경

태조 원년(1392), 상주에 경상감영이 설치되었다. 상주는 경상도의 북서쪽 가장자리에 있다. 태종 7년(1407년)과 중종 14년(1519)에는 낙동강을 경계로 경상도를 우도와 좌도로 나누고, 우도는 상주 목사가, 좌도는 경주 부윤이 감사를 겸하였다.

경주는 경상도의 남동쪽에 있다. 상주와 경주 위치에서 알 수 있듯이 조선에서 가장 큰 경상도를 관할하는 감영이 접근성과 무관하게 위치한다. 이 같은 문제에서 벗어난 것은 조선이 건국된 201년 후인 선조 26년(1593), 성주에 경상감영이 설치되면서부터이다. 이는 성주[51]에 경상감영을 설치한 이유가 그곳이 경상도의 중앙이기 때문이라는 것에서 알 수 있다. 선조 29년(1596)에 성주에 있던 경상감영은 대구의 달성으로 옮겨지면서 비로소 대구가 경상도의 중심으로 등장한다. 선조 30년(1599), 정유재란으로 대구부가 유린되자 대구에 있던 감영이 잠시 안동으로 이동하였다. 그러나 안동이 감영의 위치로 적합하지 않다는 이유로 선조 34년(1601) 다시 대구로 경상감영을 이전하였다. 이때부터 구한말까지 경상감영은 대구에 있었다(경상북도, 1999; 예명해, 1991b; 향토사교육연구회, 2002).

경상감영이 대구에 설치되면서 나타난 파급 효과는 상상을 초월하였다. 군량, 무기, 포목 따위의 군수품들이 대구로 쇄도하는가 하면, 군사, 행정 부문의 최고위급 지방관과 군 지휘관들이 상주하거나 내왕하면서 대구는 경제적으로 풍요로운 도시로 탈바꿈하였다(김성우, 2004). 그리고 감영이 설치되면서 대구에는 경상도 전체를 관리하기 위한 행정조직, 대구도호부 자체를 관리하는 행정 조직, 그리고 대구 진관의 군사, 행정을 위한 조직 등, 3차원적 행정

51 경상감영이 설치된 성주목 팔거현은 오늘날의 북구 칠곡 지역에 해당된다(향토사교육연구회, 2002).

체계가 수립되어 있었다. 이와 관련된 대표적인 건물이 감영, 본관, 진영이다(예명해, 1991b). 이들과 관련된 부속 건물들도 많았다. 이 때문에 이들이 있는 대구읍성은 대구의 정치, 경제, 행정, 사법, 군사 등 거의 모든 면에서 대구의 중심지 역할을 하였다. 그런데 이 같은 의미의 대구읍성은 영조 12년(1736)에 축성되었다. 이는 1601년 경상감영이 대구에 온 135년 뒤이다.

어떤 사건이 특정 시기에 나타나는 것에는 충분한 이유가 있다. 대구읍성이 영조 12년(1736)에 축성된 것도 어떤 이유 때문일 것이다.

임진왜란 직전의 읍성 축조는 성의 규모를 넓게 하여 많은 백성을 수용하는 데 맞추어졌다. 이로 인해 조총으로 무장한 일본군에 대항하는 데 많은 문제점을 노출하였다. 성이 그다지 높지 않아 일본군이 쉽게 넘을 수 있었고, 방어 시설이 제대로 갖추어지지 않아 수성에 어려움이 많았다. 이 때문에 임진왜란 중에는 조총의 위력이 발휘되기 어려운 산성 중심의 방어 전략을 중시하였다. 임란부터 18세기 초반까지 이어지든 산성 중심의 방어 전략에 변화가 생기기 시작한 것은 숙종 대이다. 그것은 사회경제적 변화와 관련이 깊다. 이를 한성의 인구 변화와 관련하여 살펴보면 다음과 같다.

병자호란 이후 한때 감소하던 한성의 인구는 17세기 중반 이후 급격히 증가하여 18세기에는 30만 이상이 되었다. 소비 인구의 증가로 상업이 발달하였다. 이 같은 변화로 이전 같이 전쟁이 일어날 경우 기반 시설들을 버리고 강화도나 남한산성으로 들어가는 데 제약이 생겼다. 이런 변화로 도성과 북한산성을 중심으로 한 방어가 강화되었다(노영구, 1999).

사회경제적 변화와 더불어 산성 중심의 방어 전략에 대한 또 다른 문제제기는 적로초정(賊路初程)이다. 이는 초기 침입로를 지키는 데 산성과 읍성 중 어느 편이 더 효율적인가의 문제이다. 이 같은 논쟁의 실제 사례는 숙종 대 후반 동래부의 금정산성과 동래읍성의 수축을 두고 벌였던 논쟁이다. 이 와중에 영조 4년(1728)에 발생한 이인좌의 난은 평지 읍성의 중요성을 더욱 부각시켰다. 동래부는 산성의 수축을 포기하고, 영조 7년(1731)에 읍성을 수축하였다(윤용

출, 1989).

이인좌의 난은 정권에서 멀어진 소론과 남인의 과격파가 연합하여 무력으로 정권 탈취를 기도한 사건이다. 이 때 경상도에는 정희량 등이 중심이 되어 거창, 안의 등지에서 거병하여 이들을 진압하고자 중앙 관군이 경상도로 급파되었다. 이 같은 희대의 사건을 경험하면서 비로소 내전에 대비한 관방시설의 필요성을 절감하였다(김성우, 2004). 이와 관련하여 수축된 대표적인 읍성이 동래읍성(1731년), 전주읍성(1733년), 그리고 대구읍성(1736년)이다(이현명, 2009).

반란은 진압되었지만 영남에서는 난의 배후세력인 재지남인(在地南人)에 대한 통제력 강화와 민심을 안정시킬 필요가 있었다. 이것이 대구읍성 축성의 계기가 되었다. 이는 전주읍성 축성개초(築城改草)에 "무신란 중에 대구부가 성곽이 없었던 까닭에 가산에 들어가 지키자는 들뜬 의논이 있기까지 하였으나 관찰사가 듣지 않아 붕괴되는 근심을 면할 수 있었습니다"라는 내용(이현명, 2009, 9)과 대구읍성 축성을 반대한 의견을 전주와 동래읍성을 사례로 영조가 받아들이지 않은 것(조형래 · 서치상, 2005)에서 알 수 있다. 이 같은 정치적 문제에 대구에는 경상감영은 있지만 읍성은 없는 문제까지 더하여졌다. 결국 이인좌의 난에 따른 정치적 필요성, 사회경제적 변화에 따른 읍성 방어력 증대의 필요성, 그리고 영남의 대읍이고, 영남대로 상에 있는 대구에 읍성이 없어 적이 쳐들어오면 무인지경의 북상로가 된다는 전략적 우려가 꾸준히 제기되었다. 이런 이유들이 어우러지면서 이인좌의 난을 진압하는 데 앞장선 영조의 측근으로서 경상도관찰사 겸 대구도호부사였던 민응수가 대구읍성 축조의 필요성을 건의하고, 영조 12년(1736)에 읍성을 축조하였다.

2. 읍성 입지 요인

가. 평지 읍성으로서 입지 요인

대구읍성은 임란 이후 영남에 처음으로 축성된 평지성이다. 이 때문에 새로운 방어개념으로 만들어진 대구읍성은 입지에서 구조에 이르기까지 기존 읍성과 다른 특징을 가졌다. 우선 읍성 중심의 방어 개념이 강조되면서 성의 높이가 높아졌다. 성벽 높이가 10척 전후의 종전 읍성보다 2배 이상인 24척(또는 22척)으로 높아졌다. 여첩도 크게 늘어나 955개나 되었다. 기습 공격을 위한 암문도 2곳이나 있었다. 그리고 많은 사람들을 상주시키기 위해 규모도 훨씬 커졌다. 둘레가 12,744척으로 달성보다 훨씬 커지고, 전주나 동래 읍성과 비슷하였다(서정남, 1981; 예명해, 1991a; 이호열, 1999). 읍성의 구조뿐만 아니라 읍성 입지도 읍성 중심의 방어 전략이라는 시대적 흐름을 고려하여 결정하였을 것이다. 이 같은 맥락에서 대구읍성의 입지 요인을 살펴보면 다음과 같다.

첫째, 산성에서 평지성 중심의 방어전략 전환으로 축성된 대구 읍성은 필연적으로 주요 교통로와 밀접한 관련을 맺는다. 특히 대구는 동래에서 한양으로 이어지는 영남대로의 핵심 지역이기 때문에 전략적 측면에서도 읍성 입지와 교통로는 관련이 깊다. 이는 임진왜란 당시, 대구의 전략적 가치에 대한 기록들에서 잘 알 수 있다. 선조 26년 9월 유성룡은 '왜적이 자못 원통해 하는 것은 명의 유총병군(劉總兵軍)이 대구, 청도 지역에 주둔하여 좌우고면(左右顧眄)하면서 한쪽으로는 경주 및 중로내침(中路來侵)의 적을 처단하고, 한쪽은 좌도를 통해 전라도를 진입하는 길을 막는데 있다'라고 하였다(예명해, 1991a). 사실 1593년 5월부터 10월까지 1만 여 명의 명나라 대군이 대구에 입성하여 가산산성을 지휘본부로 하여 방어망을 구축하였다. 정유재란 때도 명나라 군사들은 대구에 지휘본부를 두었다(김성우, 2004). 교통에 의한 대구의 전략적 중요성은 임란 이후인 현종 때 경상감사 이상진이 대구읍성 축조를 청하는 상소에서도 잘 나타난다. 그는 '동래에서 대구에 이르기까지 읍성이 하나도 없어 만약 적의 무리가 육지에 내려선다면 그 형세는 마치 무인지경을 들어선 것 같은 것이니 이것이 임진 · 정유 왜란 때 혹독하게 병화를 입은 까닭입니다'라고 대구의 전략적 중요성을 강조하였다(예명해, 1991a). 이로 볼 때, 적의 핵심 침입로인 영남대로는 읍성 입지의 핵심 요인이다.

둘째, 읍성 중심의 방어 전략을 위해서는 많은 사람들이 거주할 만큼 읍성의 규모가 커야 한다. 유성룡과 달리 일찍부터 읍성의 중요성을 강조한 유형원은 '읍성을 넓고 견고하게 쌓되 몇몇 고을을 합쳐 큰 읍성으로 방어거점을 삼아야 한다. 외따로 떨어진 산성은 포위당하면 몇 달 견디지 못하기 때문에 평지 읍성에 규모와 양식을 제대로 갖추고 백성을 충분히 수용하면 함락되지 않을 것이다'라고 하였다(조형래 · 서치상, 2005, 84). 그의 주장은 후대에 읍성 중심의 방어 전략으로 실현된다.

대구는 영남의 대읍이고, 경상감영이 있는 지역이다. 따라서 감영을 보호하고, 많은 주민들을 수용하기 위해서는 읍성의 규모는 상당해야 한다. 이 같은 읍성이 들어갈 넓은 공간은 읍성 입지의 주요 요인이 된다.

셋째, 읍성 중심의 방어 전략을 위해서는 기존 읍성보다 강력한 방어 능력을 가져야 한다. 적들이 쉽게 오르지 못할 정도로 성벽을 높이고, 공격과 방어를 위한 여첩을 보다 촘촘한 간격으로 만들고, 암문 등도 만들어야 한다. 이 같은 인공적 방어 시설에 더하여 자연적인 방어 기능을 할 수 있는 해자가 있으면 방어는 극대화된다. 이는 "대구는 사통오달의 땅으로서 비록 평지이긴 하나 대관방(大關防)을 만들 필요가 있습니다. 진실로 성벽을 굳게 쌓고 둘레에 해자를 깊이 팔 것 같으면 평지라 해서 어찌 지키지 못하겠습니까"라고 하면서 대구읍성 축조의 필요성을 언급한 경상감사 이상진의 상소에서도 알 수 있다(예명해, 1991a).

전술한 관점에서 보면 평지성으로 새롭게 축성할 대구읍성은 여러 방어 시설과 더불어 해자와 같은 시설도 만들어야 한다. 따라서 만약 해자를 인공적으로 만들지 않아도 된다면, 다시 말해 해자 역할을 할 수 있는 하천이 성 주변을 둘러싸고 있는 곳이라면 그 지역은 대구읍성 입지로서 최적의 조건을 가진 곳이 된다.

넷째, 대구읍성이 이인좌의 난으로 어수선한 영남 지역을 안정화시키고, 혹시 있을지 모를 또 다른 문제를 사전에 예방하기 위해 축성한다면 많은 사람들이 거주하는 곳에 입지해야 한다. 읍성을 통해 강화된 왕권을 보여줄 뿐만 아니라, 지역 관리가 용이해야 하기 때문이다. 이런 맥락에서 보면 많은 사람들이 거주하는 지역, 특히 대구의 중심지 입지는 대구읍성의 입지에서 중요한 요인이다.

다섯째, 주요 교통로상에 입지하는 평지성은 그 특성상 주로 평야 지역에 입지한다. 평야 중 충적평야는 하천의 범람으로 발달한다. 이는 많은 사람이 거주하는 읍성은 범람으로부터 안전한 곳에 입지할 필요성이 있다는 것을 의미한다. 따라서 하천 범람으로부터 안전은 대구읍성 입지의 중요 요인이 된다.

나. 읍성 규모로 본 입지 요인

영조 12년(1736)에 축성된 대구읍성은 130여 년이 지난 고종 7년(1870)에 성벽 대수리를 하였다. 이 때 성벽은 종전보다 높아졌고, 동서남북의 네 문의 문루를 중수하고, 성벽 위에 네 개의 누각을 세웠다(예명해, 1991a, 175). 성벽을 수축한 36년 후인 1906년, 성벽이 붕괴될 위험에 있고, 성벽으로 성의 내외가 분리되어 통행의 지장을 주어 도시발전을 저해한다는 이유를 내세운 일본거류민단의 주장을 받아들인 대구 군수 박중양은 정부의 승인도 없이 성벽을 철거하였다. 성벽의 철거는 1906년부터 아름아름 시작하여 1907년 4월에 완료되었다(대구광역시 중구, 1998). 철거한 성벽을 따라 시내 일주도로가 건설되었다. 이 때 만들어진 도로가 현재의 동성로, 서성로, 북성로, 남성로이다.

읍성을 둘러쌓던 성벽의 두께는 8.7m~8.8m 정도였다(이호열, 1999; 芮明海, 1996). 성벽 자리에 만든 동성로를 비롯한 네 개의 도로 중, 왕복 4차선인 서성로를 제외하면 모두 2차선이다. 따라서 차도와 보도를 포함하면 현재의 동성로, 남성로, 북성로의 폭은 성벽 두께와 비슷하거나 조금 더 넓다. 따라서 이들 도로를 성벽의 폭으로 보고, 축성 당시 읍성의 규모를 추정하면 다음과 같다.

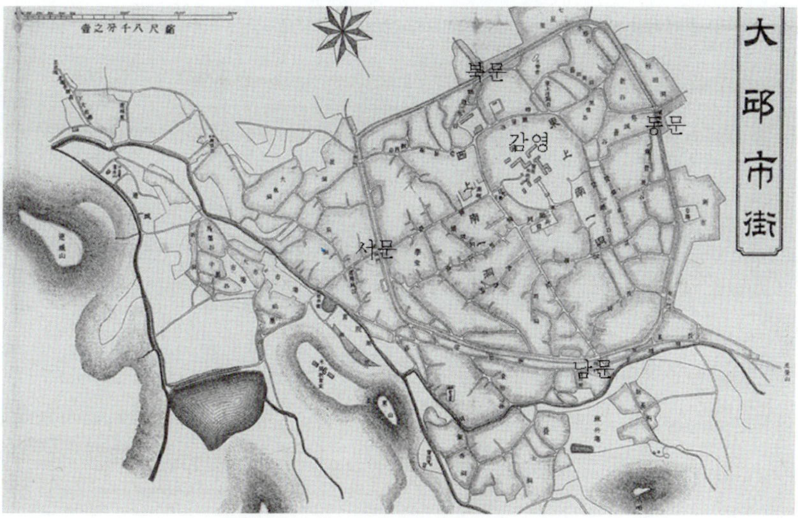

그림 124. 1903년 대구읍성 주변 시가도

읍성의 서쪽 성벽이 있었던 서성로와 동쪽 성벽이 있었던 동성로 사이의 폭은 최대 770m 정도이다. 읍성의 남쪽 성벽이 있었던 남성로에서 북쪽 성벽이 있었던 북성로 사이 최대 폭은 약 830m이다. 그러나 이 폭을 읍성 규모를 측정할 기준으로 활용하는 것은 문제가 있다. 대구읍성은 북쪽의 성벽이 북동쪽에서 남서쪽으로 기울어져 있고, 남쪽은 반원형의 형태를 띠고 있어 단순히 동서와 남북의 길이만으로는 정확한 규모를 측정하기 어렵기 때문이다(그림

124 참조). 따라서 읍성 전체를 포함하는 방안(方眼)을 설정하고, 이들의 동서와 남북 폭을 읍성 규모를 판단하는 기준으로 삼는 것이 바람직하다. 이 같은 방법으로 대구읍성의 규모를 측정하면 읍성의 동서는 860m, 남북은 900m 정도이다.

전술한 읍성 규모와 더불어 읍성 동쪽의 신천을 감안하면 읍성 규모로 본 입지의 요인은 '첫째, 동서로 860m 이상, 남북으로 900m 이상의 넓은 공간이 확보되어야 하고, 둘째, 신천으로부터 상당히 떨어져야 하며, 셋째, 그 속에 지형적 장애가 없어야 한다.' 등이 된다.

3. 읍성 입지 요인과 지형의 관계

반월당과 대구역 사이에 대구읍성이 있었다는 것은 이 지역이 교통적, 전술적, 사회경제적, 그리고 공간적 측면에서 다른 지역보다 읍성 입지로서 장점이 많았다는 뜻이다. 본 장에서는 대구읍성 위치 분석을 통해 전 장에서 추출한 대구읍성의 입지 요인과 지형의 관계를 살펴보도록 한다.

가. 교통적 입지 요인과 지형의 관계

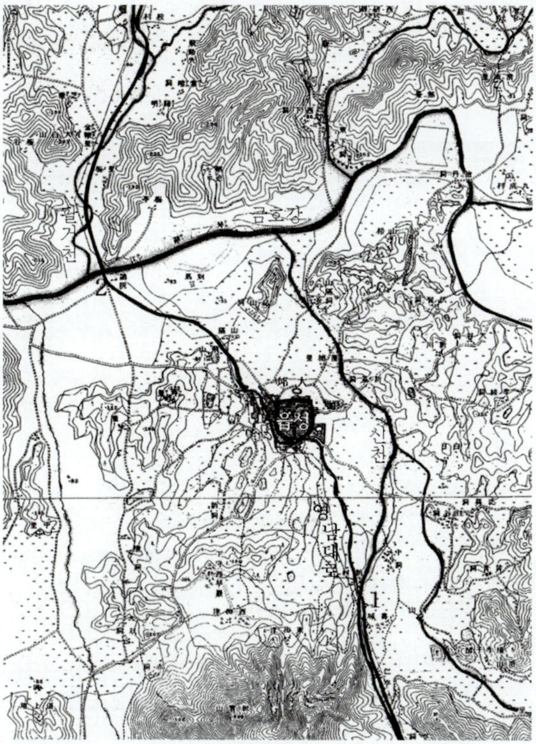

그림 125. 영남대로와 대구읍성(1: 상동교, 2: 팔달교)

조선시대 대구에서 가장 중요한 도로였던 영남대로는 동래에서 밀양, 청도를 거쳐 팔조령을 넘어 대구 분지로 들어온다. 이곳에서 영남대로는 그림 125에서 보듯이 대구의 남부산지에 발달한 신천 하곡을 따라 대구 분지 중앙부로 이어진다. 분지 중앙부의 남쪽 경계부인 상동교가 있는 파동 부근에서 영남대로는 신천을 건너 신천 좌안 충적평야로 들어온다. 여기서부터 영남대로는 신천 좌안 충적평야의 서쪽 경계 부근을 따라 북서쪽으로 이어져 대구읍성의 남문과 서문, 달성을 지난다. 이곳에서 영남대로는 북서쪽으로 이어져 팔달교 부근에서 금호강을 건너 칠곡을 통과하여 한양 쪽으로 연결된다. 이런 위치로 영남대로는 신천 좌안 충적평야의 모든 구간을 통과한다. 따라서 영남대로만 보면 반월당에서 대구역 사이에 읍성이 입지해야 할 특별한 이유는 없다. 그럼에도 이 지역에 읍성이 입지한 것은 교통과 관련된 또 다른 이점이 있기 때문이다. 이를 대구와 그 동 · 서 지역의 교통적 관계에서 찾아보면 다음과 같다.

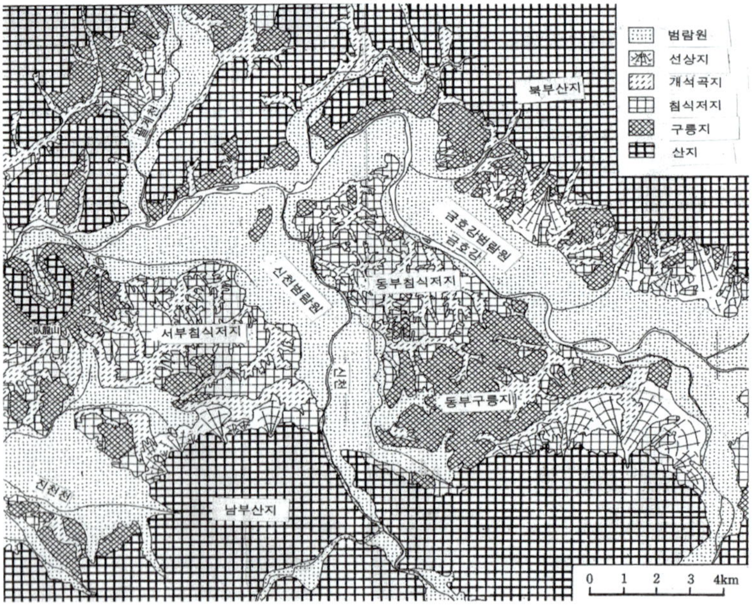

그림 126. 대구 분지 중앙부의 지형 분류도

우리나라의 대표적인 분지인 대구 분지는 대구를 중심으로 서쪽에 성주, 북쪽에 칠곡, 동쪽에 경산과 영천을 포함하는 넓은 규모이다(대구시사편찬위원회, 1995). 경산과 영천을 비롯한 다른 지역들이 대구와 같은 분지 속에 있다는 것은 이들 지역 간에 지형적 장애가 적다는 뜻이자 대구와의 교류가 용이하다는 뜻이다. 이를 분지 중앙의 지형 특징에서 쉽게 알 수 있다.

대구 분지의 지형은 그림 126에서 보듯이 남북은 높은 산으로 둘러싸여 있지만 동서는 침식저지와 구릉지, 그리고 충적평야로 되어있다. 이 때문에 대구의 동서에 있는 지역들은 침식저지와 구릉지를 넘으면 대구와 쉽게 연결된다. 지역 간 연결에서 특히 중요한 지형은 분지 중앙의 대부분을 차지하는 침식저지이다. 충적평야와 10~30m의 비고를 가진 기복이 적고, 경사가 완만한 지형인 침식저지에는 넓고 긴 개석곡(開析谷)이 발달해 있다. 이런 지형 특징으로 대구 주민들은 일찍부터 충적평야의 동서에 발달해 있는 침식저지의 개석곡을 통해 대구의 동쪽과 서쪽에 있는 지역들과 교류하였다. 이를 1918년 1/50,000 대구 지형도(그림 127)를 중심으로 살펴보면 다음과 같다.

대구에서 동쪽의 영천으로 가는 길은 칠성교를 지나 공고네거리, 파티마병원을 지나 아양교로 이어지는 아양로이다. 이곳은 동부 침식저지에서 개석곡이 가장 넓고, 길다. 이 길은 대구읍성의 북동쪽으로 연결된다. 대구 동쪽의 경산으로 가는 길은 만촌 네거리에서 담티 고개를 넘어 가는 길로서, 이곳은 동부 침식저지와 동부 구릉지의 경계이다. 두 지형의 경계부를 따라 넓고, 긴 개석곡이 발달하였고, 이곳을 따라 대구와 경산 간의 교통로가 발달해 있다. 이 길은 읍성의 남쪽으로 이어진다. 대구에서 서쪽의 성주로 가는 길은 대신동, 내당동, 감삼동으로 이어지는 서부 침식저지에서 가장 넓고 긴, 북동에서 남서로 이어지는 개석곡을 따라 발달하였다. 대구 남서쪽의 고령으로 가는 길은 대신동에서 내당동 호동빌라 2차까지는 성주로 가는 길을 이용한다. 호동빌라 2차 부근에서 고령으로 가는 길은 성주 방향 도로에서 분리되어 남쪽의 현 성당로를 따라 남쪽으로 이어지다 두류산 부근에서 방향을 남서쪽으로 바꾼다. 이곳에서 두류산 남쪽에 발달한 북동에서 남서 방향의 개석곡을 따라 남서쪽으로 이어지면서 학산과 앞산 사이를 통과하여 고령으로 나아간다.

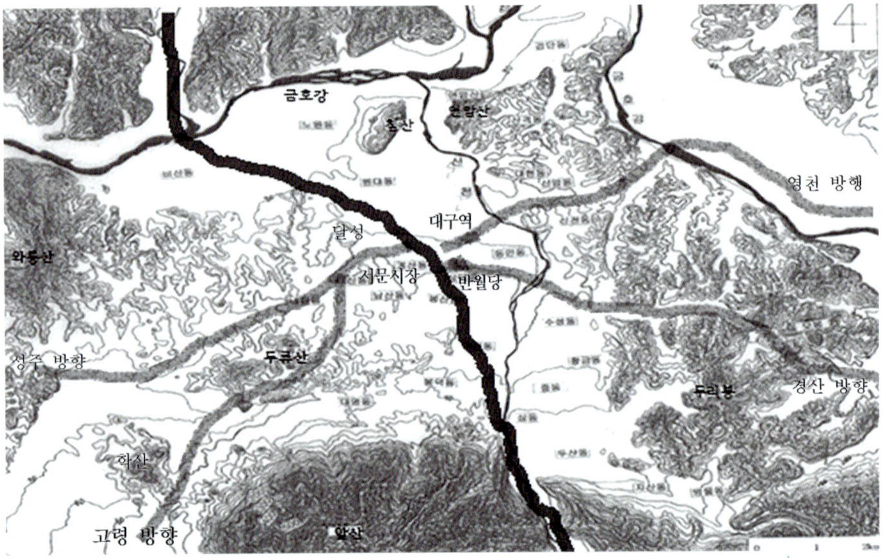

그림 127. 영남대로(짙은 검은 실선)와 영천, 경산, 고령, 성주로 가는 길(옅은 검은 실선)

이상에서 살펴본 대구부와 동서 지역을 연결하는 도로와 지형의 관계에서 가장 중요한 장소는 성주와 고령으로 가는 도로가 시작되는 현 서문시장 북쪽의 큰장 네거리 부근이다. 이곳은 서부 침식저지에서 가장 넓고 긴 북동에서 남서로 이어지는 개석곡이 시작되는 지역이자 서부침식저지와 신천 좌안 충적평야가 만나는 경계 지역이다. 이런 지형적 관계로 영남대로도 이곳에서 동쪽으로 400m 정도 떨어진 곳에 있다. 이로 인해 성주와 고령으로 가는 도로가 시작되는 곳이자 영남대로가 인접해 있는 이 지역은 일찍부터 유동 인구가 많았을 것이다. 이것이 조선 3대 시장으로 불리던 서문 시장이 이 지역에 입지한 요인으로 추정된다. 이런 교통적 장점으로 신천 동쪽의 동부 침식저지의 개석곡을 따라 발달한 경산과 영천으로 가는 도로들도 신천을 건너 이 지역으로 연결된 것으로 보인다. 이들 네 개의 도로가 만나는 곳은 대구 분지의 중앙부, 즉 반월당에서 대구역 사이이다. 따라서 이 지역은 대구부에서 남북과 동서의 도로가 만나는 교통의 최대 결절지이자 인구가 밀집하고 경제가 발달한 곳이었다.

전술한 특징들로 볼 때, 반월당과 대구역 사이는 이인좌의 난 이후 '지역 안정과 왕권강화'라는 중심지 입지 요인과 '영남대로'라는 적의 주요 침입로를 방어하는 새로운 전략에 따른 평지읍성의 입지 요인, 두 가지 모두를 충족하는 지역이라 할 수 있다.

나. 공간 규모적 입지 요인과 지형의 관계

1) 충적평야 규모와 읍성 입지의 관계

대구 분지 중앙부의 지형은 크게 여섯 가지로 나눌 수 있다(그림 126 참조). 분지의 남북을 둘러싸고 있는 산지, 분지 중앙부의 충적평야, 충적평야 좌우에 발달한 침식저지와 구릉지, 이들을 침식하여 발달한 개석곡, 그리고 비슬산을 중심으로 한 남부산지와 팔공산을 중심으로 한 북부산지의 전면에 발달한 산록 선상지이다. 이들 중 평지성인 대구읍성 입지와 관련 깊은 곳은 신천 좌안의 충적평야이다.

대구의 핵심 지역인 신천 좌안 충적평야를 각 구간별[52]로 나누어, 충적평야

52 충적평야의 규모는 신천 하도의 유형과 관련 있다. 충적평야의 규모에 영향을 미치는 신천의 유형은 크게 세 구간으로 나눌 수 있다. 첫째, 상동교에서 수성교 사이로, 이 구간에서 신천은 직류에 가까운 형태로 흐른다. 둘째, 수성교에서 칠성교 사이로서, 이 구간에서 신천의 곡류가 가장 심하다. 셋째, 칠성교에서 금호강 합류지점까지로, 이 구간에서 신천은 다시 직류에 가까운 형태로 흐른다. 신천 좌안 충적평야의 구간도 이와 관련하여 설정하였다. 충적평야의 구간은 신천 구간의 기준이 되는 교량과 유사한 위치의 주요 지점들을 기준으로 나누었다. 그리고 칠성교와 금호강 사이는 침산과 와룡산을 이은 선을 중심으로 남쪽의 신천의 영향을 크게 받는 지역과 북쪽의 금호강의 영향을 크게 받는 지역으로 나눈다.

의 폭[53]을 대구읍성의 종 · 횡축 길이와 비교하여 지역별 읍성의 입지 가능성을 살펴보면 다음과 같다.

첫째, 효성타운과 반월당 사이의 입지 가능성이다. 신천 좌안의 충적평야가 시작되는 곳은 효성타운 부근으로, 이곳의 충적평야 폭은 40m 정도이다. 여기서 북쪽으로 가면서 그림 128에서 볼 수 있듯이 충적평야 폭은 넓어진다.

주요 지점별 충적평야 폭을 보면, 충적평야가 본격적으로 넓어지는 봉명 네거리 부근의 충적평야 폭은 640m 정도이고, 이곳에서 북쪽으로 930m 떨어진 건들바위의 충적평야 폭은 770m이다. 여기서 북쪽으로 800m쯤 떨어진 봉산문화회관 부근의 충적평야 폭은 약 1km에 이른다.

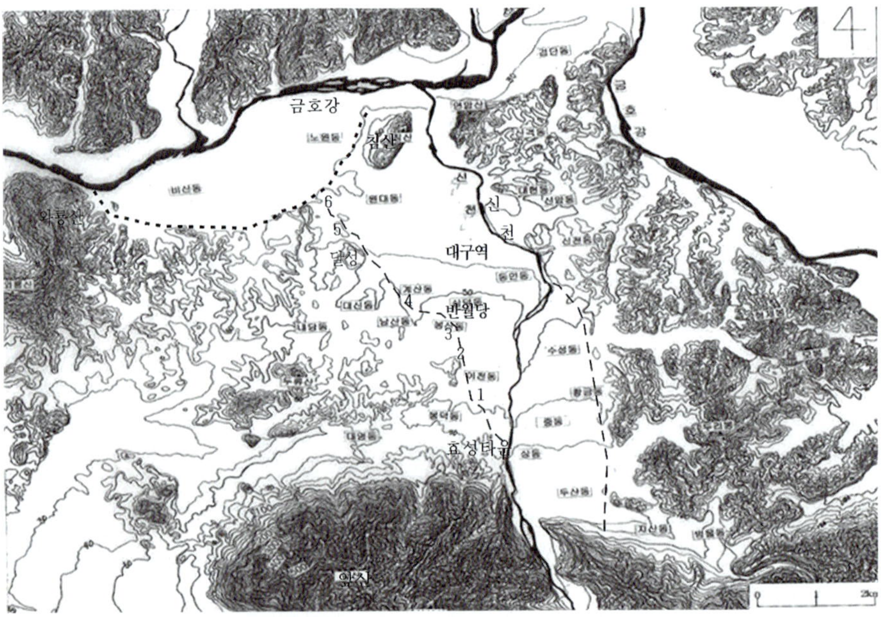

그림 128. 분지내의 충적평야 범위(점선: 금호강 충적평야 경계, 파선: 신천 충적평야 경계, 1: 봉명네거리, 2: 건들바위, 3: 봉산문화회관, 4: 계산오거리, 5: 경일중, 6: 원대네거리)

53 신천 좌안 충적평야의 폭은 과거 신천의 제방이었던 신천대로의 서쪽 끝에서 충적평야의 서쪽 경계인 서부 침식저지의 말단까지 거리이다.

대구읍성의 동서 폭은 860m, 남북 폭은 900m이다. 따라서 읍성이 입지하려면 충적평야의 종횡의 폭은 이보다 넓어야 한다. 여기에 더하여 신천의 범람 위험에서 벗어나기 위해 신천과의 거리도 상당해야 한다. 이 같은 기준에서 보면 효성타운과 반월당 사이는 읍성 입지로 부적합하다. 이 지역에서 충적평야가 가장 넓은 건들바위에서 봉산문화회관조차도 읍성 입지가 어렵다.

둘째, 반월당과 대구역 사이에서 입지 가능성이다. 이 구간은 신천 좌안에서 충적평야가 본격적으로 넓어지는 곳이자 충적평야 폭이 가장 넓은 곳이다. 주요 지점별 충적평야의 폭은 다음과 같다.

그림 128에서 보듯이 봉산문화회관에서 1km에 이르든 충적평야 폭은 반월당 서쪽의 계산오거리에서 약 2km로 확대된다. 충적평야의 폭은 계산 오거리에서 달성으로 가면서 더욱 넓어져, 달성과 신천 사이의 충적평야 폭은 무려 2.9km에 이른다. 전체적으로 보면 이 구간의 핵심 지역인 계산오거리에서 달성과 신천 사이의 충적평야는 동서 폭이 2~2.9km, 남북 폭은 1.2km 이른다. 이뿐만 아니라 읍성이 충적평야의 서쪽에 입지한다면 신천과 최소 1.4~1.6km 정도의 거리를 확보한다. 따라서 반월당과 대구역 사이는 읍성 입지로 충분한 조건을 갖추었다.

셋째, 대구역과 침산 사이의 입지 가능성이다. 이 지역의 충적평야 서쪽 경계는 달성에서 원대네거리로 이어지는 지역이고, 북쪽 경계는 침산이다. 이 구간의 충적평야는 반월당에서 대구역 구간보다 서쪽으로 치우쳐 있지만, 신천 역시 서쪽으로 치우쳐, 충적평야의 동서 폭은 반월당과 대구역 사이보다 좁다.

주요 지점별 충적평야의 넓이를 보면, 동서 폭은 경일 중학교에서 2.3km, 원대네거리에서 2.5km에 이르고, 남북 폭은 1.7km에 이른다. 따라서 세 번째 구간도 충적평야의 규모로 보면 읍성 입지로 충분한 조건을 갖추었다고 할 수 있다.

넷째, 침산과 와룡산 사이의 입지 가능성이다. 이 구간의 남쪽 경계인 침산과 와룡산을 연결한 반원형의 경계선의 형태(그림 128의 점선)를 고려하면 이곳에서 금호강 사이는 금호강의 유로 변화와 범람으로 발달한 충적평야로 추정된다. 충적평야의 동서 폭은 4.6km 남북은 1.4km 전후이다. 따라서 이 구간도 충적평야의 동서와 남북 폭으로 볼 때, 읍성 입지의 조건을 충족한다고 할 수 있다.

2) 충적평야의 하계망과 읍성 입지의 관계

그림 129는 1918년 1/50,000 지형도를 기본도로 하여 1910년대 제작된 1/1,200 지적도, 1917년 1/12,000 대구 수도지도, 1918년 1/10,000 대구 지형도를 참고로 재구성한 1910년대 신천 좌안 충적평야의 하계망도이다.

1910년대 지도에서 볼 수 있듯이 신천 좌안 충적평야의 하계망을 구성하는 핵심은 대구천이다. 이 하천은 중동교와 희망교 사이의 신천에서 분류하여 캠프헨리 앞을 지나 북서쪽으로 흐르면서 건들바위, 반월당, 달성, 경일 중학교를 지나 팔달교 부근에서 금호강으로 유입한다.

대구천이 흐르는 주요 지점들은 서부 침식저지의 동쪽 말단 부근이다. 이는 대구천이 신천 좌안 충족평야의 서쪽 가장자리 부근으로 흘렀다는 것을 의미한다.

한편, 대구천은 건들바위(그림 129의 1)에서 유로가 갈라진다. 대구천에서 분류한 하천은 건들바위 동쪽에서 북쪽으로 흘러 경대사대부설중 · 고등학교, 국채보상공원, 그리고 대구역 동쪽으로 북류하여 금호강으로 흘러들어갔다. 이 같은 흐름들로 자연계 하천 특징이 남아있던 1910년대 신천 좌안 충적평야의 하계망은 아주 복잡하였다.

전술한 신천 좌안 충적평야 상의 하계망을 토대로 각 구간별 읍성 입지의 가능성을 살펴보면 다음과 같다.

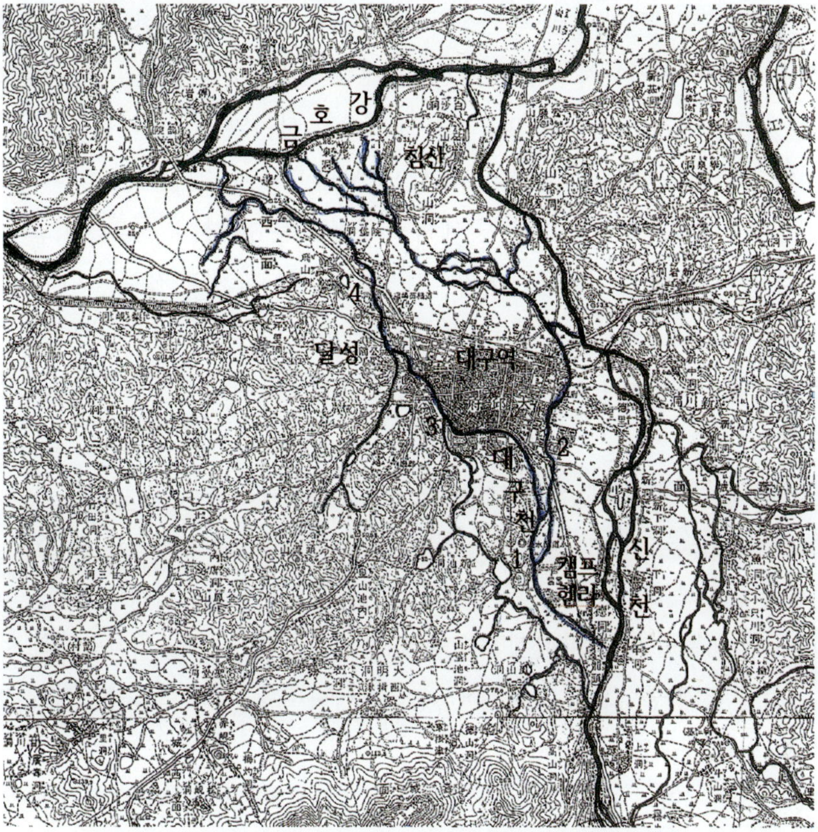

그림 129. 1910년대 신천 하계망(1: 건들바위, 2: 경대사대부설중고등, 3: 계산오거리, 4: 경일중)

첫째, 효성타운과 반월당 사이는 신천 좌안에서 충적평야의 규모가 가장 작다. 이 구간에서 충적평야가 가장 넓은 건들바위에서 반월당 부근의 봉산문화회관 사이에는 대구천과 그 분류하천이 인접하여 나란히 남에서 북으로 흘러, 충적평야의 폭을 더욱 축소시킨다. 이런 문제들, 즉 좁은 충적평야와 대구천과 그 분류하천의 좁은 간격으로 이 구간에서 읍성이 입지할 가능성은 아주 낮다.

둘째, 반월당과 대구역 사이에서 읍성 입지의 가능성이다. 이 구간에서 대구천 본류는 충적평야의 서쪽 가장자리를 따라 흐르고, 대구천의 분류하천은 충적평야 동쪽에 치우쳐 흐른다. 이 때문에 그림 129에서 보듯이 반월당과 대구역 사이는 신천 좌안에서 대구천과 분류하천 사이의 간격이 가장 넓다. 두 하천의 거리를 통해 읍성 입지의 가능성을 보면 다음과 같다.

반월당 서쪽의 계산오거리 부근에서 대구천과 분류하천의 거리는 1.3km 정도이다. 여기서 달성 쪽으로 가면서 대구천과 분류하천의 거리는 더욱 넓어져, 달성에서 대구천과 분류하천의 거리는 2km에 이른다. 따라서 반월당과 대구역 사이는 대구천과 분류하천의 흐름에도 불구하고 읍성이 입지할 공간이 충분하다.

셋째, 대구역과 침산 사이에서 읍성의 입지 가능성이다. 이 구간에서는 대구역에서 하류로 갈수록 대구천과 분류하천의 거리가 좁아진다. 특히 좁은 곳은 경일 중학교 부근이다. 이곳에서 대구천과 분류하천의 거리는 800여 m에 불과하다. 이뿐만 아니라 하계망도 복잡하다. 대구천 본류는 충적평야의 서쪽에 위치한 경일 중학교에서 팔달교 쪽으로 하나의 유로로 흐르지만 대구천의 분류 하천은 대구역 하류에서 여러 갈래로 재분류하여 흐른다.

복잡한 하계망과 더불어 경부선 철도를 기준으로 남북간의 고도차도 읍성 입지에 부정적 영향을 미친다. 즉 해발 고도 37m 정도인 철도를 경계로 남쪽의 태평로 일대의 고도는 40~42m이고, 철도 북쪽의 칠성동 지역의 범람원 고도는 33~34m이다(황상일 · 윤순옥, 1998). 따라서 철도 남쪽의 태평로와 북쪽의 칠성동 간에는 7m 전후의 고도차가 있다. 이런 차이로 이곳에 입지할 경우 읍성은 남북간의 고도차를 고려하여 축성해야 하는 문제가 생긴다. 이 뿐만 아니라 그림 130의 자연제방 분포로 볼 때, 대구역 하류 지역은 여름철이면 신천의 범람으로 인한 상습 수해 지역이 될 가능성이 높다. 이는 다음과 같은 이유 때문이다.

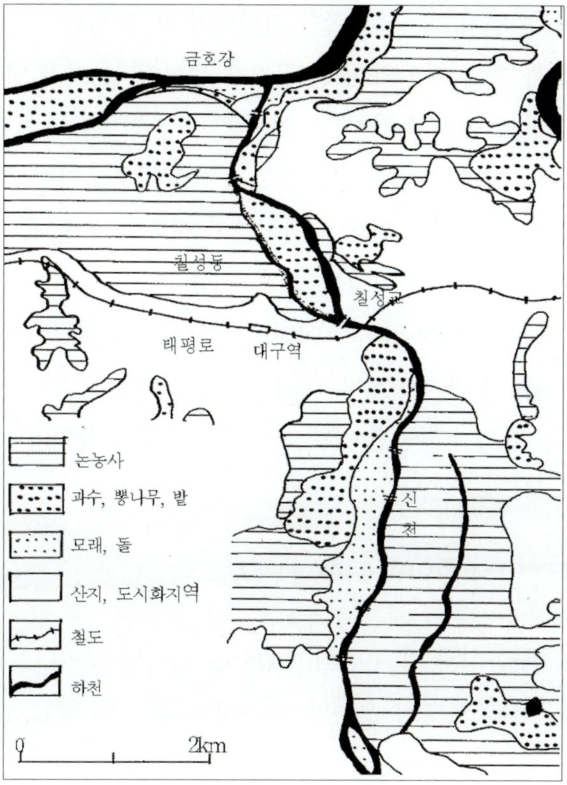

그림 130. 1943년 대구시 토지이용도

그림 130에서 과수, 뽕나무, 밭, 그리고 모래와 돌로 구성된 지역은 자연제방에 해당된다. 이곳은 이름에서 알 수 있듯이 하천의 범람을 일차적으로 저지하는 자연적으로 발달한 제방이다. 그런데 경부선 철도가 신천을 가로지르는 약 600m 구간에는 자연제방이 나타나지 않는다. 반면 이보다 상 · 하류 지역에는 자연제방이 연속적으로 발달해 있다. 이 같은 자연제방의 분포 특징으로 여름철 호우 시, 신천은 이 구간에서 쉽게 범람하고, 이로 인해 대구역 하류 지역은 상습 침수지역이 될 가능성이 높다.

이상의 지형 특징으로 볼 때, 대구역과 침산 사이는 충적평야 규모로는 읍성의 입지 조건을 갖추었지만 하계망과 지역별 고도차와 자연제방의 분포 특징으로 볼 때 읍성 입지로는 부적합한 지역이라 할 수 있다.

넷째, 와룡산과 침산 사이의 읍성 입지 가능성이다. 이곳 역시 그림 129에서 보듯이 하계망이 아주 복잡하다. 이 구간의 충적평야에는 대구천 본류와 그 분류하천들이 실타래 풀리듯이 갈라져 마치 망류하도처럼 흐른다. 이 같은 문제와 더불어 이 지역은 금호강에 인접하여 여름철 홍수 시 범람의 위험이 상존한다. 이런 조건으로 이 지역도 충적평야의 규모로는 읍성 입지가 가능하지만 하계망으로 보면 읍성 입지가 어려운 지역이라 할 수 있다.

이상의 충적평야 폭과 하계망의 특징을 종합적으로 고려하면 신천 좌안 충적평야에서 읍성 입지가 가능한 곳은 반월당과 대구역 사이이다.

다. 방어 전략적 입지 요인과 지형의 관계

그림 131은 대구읍성과 그 주변의 하천들을 나타낸 것이다. 그림에서 볼 수 있듯이 대구천은 대구읍성의 주문인 남문(영남제일관)이 있는 남쪽 성곽에 인접하여 흘렀다. 읍성과 대구천의 거리가 특히 가까운 곳은 읍성 남동쪽 성벽 부근으로, 이곳에서 읍성과 대구천의 거리는 40m에 불과하였다. 하천의 흐름 방향과 읍성의 형태로 인해 서쪽으로 갈수록 대구천과 성벽의 거리는 멀어지지만 읍성의 남쪽과 남서쪽에서는 대구천이 읍성을 감싸듯이 흘렀다.

대구천이 읍성 남쪽에 인접하여 흐른 관계로 여름철 홍수 시, 읍성은 늘 침수의 위협에 놓였다. 적어도 영조 2년(1778), 대구 판관 이서가 신천에 제방을 쌓아 대구천으로 유입하는 물을 제어했을 때까지는 그러하였다. 그럼에도 불구하고 읍성의 남쪽이 대구천에 인접하여 입지한 것은 두 가지 이유 때문으로 추정된다. 하나는 읍성 북쪽의 지형 특성 때문이다. 대구읍성의 북쪽 성벽이 있었던 북성로와 대구역 사이의 거리는 200여 m이다. 황상일 · 윤순옥(1998)의 연구에서 보았듯이 북성로 지역과 대구역 북쪽은 7m 정도의 고도차가 있어 남북간에 지형 경사가 급하다. 또한 앞에서 살펴보았듯이 대구선이 지나는 신천 지역에는 자연제방이 없다. 이로 인해 대구역 북쪽 지역은 습지 지역이 많고, 여름철이면 상습 수해 지역이 된다. 이 때문에 읍성을 북성로보다 북쪽으로 이동하여 축성하면 많은 문제를 야기한다.

다른 하나의 이유는 범람의 위협은 있지만 읍성을 방어하는 해자로서 대구천 활용이다.

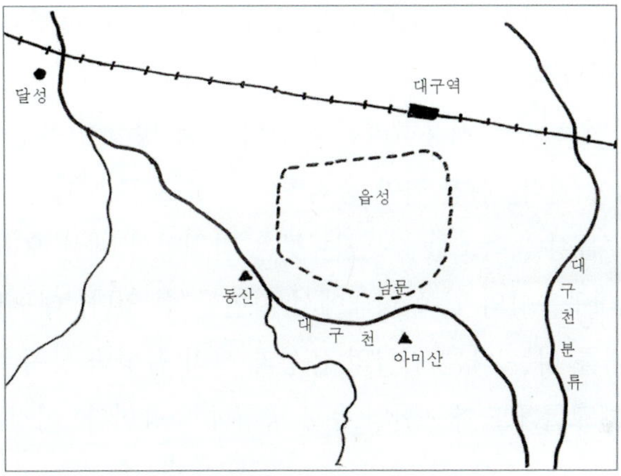

그림 131. 대구읍성과 대구천의 관계

송언근 · 김종혁(2017)의 연구에 의하면 반월당에서 달성 사이의 대구천 폭은 9~18m 정도였던 것으로 추정된다. 이를 현 도로에 비유하면 3~6차선 정도 된다. 이는 과거 읍성 주변으로 흘렀던 대구천이 꽤 큰 하천이었다는 것을 의미한다. 깊이도 해자로서 기능이 충분할 정도였다. 이는 대구천이 흘렀던 현 오토바이 골목에서 50여년 거주한 「태우포장상사」 사장과의 면담에서 알 수 있다. 그는 '하천은 지표에서 3~4m 정도의 깊이였고, 수심은 1m 정도 되었다고 한다. 1959년 사라 태풍 때 수심이 3m 가까이 증가하여 주변 지역이 범람 위기에 처하기도 했다(강경택, 2007)'라고 하였다. 읍성 서문 쪽으로 흘렀던 대구천의 깊이가 3~4m 정도였다면, 읍성 남문 쪽의 대구천 깊이도 그와 유사하였을 것으로 추정된다.

조선시대 해자의 설치가 어느 정도 규식화된 것으로 추정되지만 문헌기록과 조사 사례가 많지 않아 상세하게 알 수는 없다. 그러나 포전(逋典)에 의하면 해자의 규모는 상부 폭 2장(560~625cm), 깊이 1장(280~310cm), 하부 폭 1장 정도인 것으로 추정된다(심정애, 2011). 이로 볼 때 대구천의 폭과 깊이는 조선 시대 해자의 일반적 규모와 유사하다고 할 수 있다.

대구천이 인공적 해자처럼 성벽에 인접하여 흐르지는 않지만 하천의 폭과 깊이, 그리고 자연 하천임을 감안하면 읍성을 보호하는 일종의 해자 역할을 하였을 가능성이 있다.

하천을 자연적 해자로 사용하려면 하천의 흐름 방향이 읍성을 둘러싸듯이 흐르는 곳이어야 한다. 신천 좌안 충적평야 상을 흐르는 대구천 유로에서 그 같은 방식으로 읍성을 축조할 수 있는 곳은 반월당과 계산 오거리 사이가 유일하다. 이는 대구읍성의 남쪽 형태에서 확인할 수 있다. 대구읍성은 장방형에 가까운 형태를 띠는 다른 지역의 읍성과 달리 읍성의 남쪽은 반원형에 가깝고, 형태는 공교롭게도 대구천의 유로 방향에 조응한다. 이것은 의도적으로 대구천에 인접하여 읍성을 축조하였을 가능성을 제시하는 것이다.

전술한 추론에 읍성과 대구천, 그리고 주변 지형의 관계를 토대로 가상의 전투 상황을 적용하면 해자로서 대구천의 기능은 보다 뚜렷해진다. 대구천이 읍성의 남쪽을 방어하는 해자로서의 역할을 하려면 무엇보다도 전쟁 시, 읍성과 적의 진지 사이에 대구천이 흘러야 한다. 그림 131을 보면 읍성 주변에서 적들이 진지를 구축할 만한 곳은 읍성 남문의 대안에 있는 아미산을 중심으로 한 침식저지와 읍성 남서쪽에 있는 '동산'이라 불리는 침식저지이다. 이들 침식저지 지역은 읍성과 300~400m 정도의 거리에 있고, 읍성이 있는 충적평야보다 10~20m 정도 높다. 이 같은 지형적 장점으로 이곳은 진지를 구축하기에 적절하다. 대구천은 읍성과 이들 가상의 진지 사이에 9~18m의 넓이와 3~4m 정도의 깊이로 흘렀다. 이 때문에 대구읍성을 공격하려면 꽤 깊고, 넓은 대구천을 건너야 한다. 이 같은 특징들로 볼 때, 대구천은 적들의 침입을 막는 1차저지선으로서의 해자의 역할을 할 수 있었던 것으로 추정된다.

결론적으로 충적평야의 폭, 하계망의 특성, 읍성 방어의 자연적 해자로서 대구천의 역할, 그리고 교통적 특성을 종합할 때, 반월당에서 대구역 사이는 대구 읍성 입지의 '최적지'라고 할 수 있다. 이는 반월당에서 대구역 사이에 대구 도호부의 부치(府治)가 있었고, 1591년 일본군의 침략에 대비하여 토성[54]으로 축성한 대구읍성이 있었으며, 1601년 경상감영이 안동에서 이곳으로 이전한 것에서도 잘 알 수 있다. 이 같은 역사적 전통으로 볼 때, 반월당에서 대구역 사이의 충적평야는 오래 전부터 대구의 중심지였다는 것을 알 수 있다.

54 토성으로 먼저 축성되었던 대구읍성은 선조 23년(1590)에 선산, 군위, 인동 등 3개 읍민을 징발하여 대구 부민과 협력하여 이듬해인 1591년에 완성하였다. 이때는 대구뿐만 아니라 영천, 청도, 삼가, 성주, 부산, 동래, 진주, 안동, 상주 등 경상도 일원에 걸쳐 왜의 침략에 대비하여 읍성을 축성하였다. 이 때 축성된 대구읍성은 1592년 4월 21일 대구를 제일 먼저 침략한 소서행장의 일본군에 의해 파괴되었다(이호열, 1999, 178). 토성의 위치와 규모는 정확한 기록이 없어 알 수가 없다. 단지 1776년 축성한 대구읍성의 축성비에 '부치(府治)의 북쪽에 토성유지(土城遺址)가 있으나 언제 창축되었는지 알 수 없다'라는 기록과 대구읍지 남문루 상량문에 '按古跡而益拓遭'라는 기록(예명해, 1991a)으로 미루어 위치와 규모를 추정한다. 위치는 송언근(2017), 송언근 · 강경택(2017a, 2017b)의 일련의 연구에서 밝힌 대구읍성 주변의 지형적 특성을 토대로 추론하면 1591년에 축성된 토성의 위치는 1736년에 축성된 대구읍성 위치와 유사하였을 가능성이 있다. 규모는 기록으로 볼 때, 초기 토성이 후기 석성보다 적었을 것으로 추정된다.

4. 읍성 입지와 신천 유로 변화의 관계

자연계에서 하천은 끊임없이 유로 변화를 한다. 그 과정에 하곡이 넓어지고, 충적평야가 발달한다. 신천 좌 · 우안 충적평야들도 신천 유로 변화로 발달하였다. 신천의 유로 변화로 좌 · 우안의 서부 및 동부 침식저지와 구릉지들의 간격이 넓어졌고, 그 속에서 신천의 범람으로 오늘날과 같은 충적평야가 발달했다. 신천 좌안 충적평야가 우안보다 넓고 길다는 것은 신천의 유로 변화가 이 지역에서 보다 활발하게 이루어졌다는 것을 의미한다.

하천은 과거 자신의 유로를 유지한 채 이동하는 경우가 많다. 특히 기반암을 하각하면서 흐르는 감입하천이 그러하다.[55] 이런 특징으로 유로 변화 추적은 과거 하천이 흘렀던 곳의 위치와 형태를 통해 이루어진다.

이 같은 맥락에서 그림 132를 보면 교대역월드메르디앙 아파트에서 달성 사이의 하식애를 연결하면 그 방향은 현재의 대봉교에서 경명여중 사이의 신천 유로 방향과 유사하다. 이를 좀 더 구체적으로 보면 교대역월드메르디앙아파트에서 계산오거리 사이의 하식애들 방향은 대봉교에서 칠성교 사이의 현 신천의 유로 방향과 유사하고, 계산오거리에서 경일중학교 사이의 하식애 방향은 칠성교에서 경명여중 사이의 신천 유로 방향과 유사하다. 이는 과거 교대역월드메르디앙 아파트에서 달성 사이의 하식애들을 따라 흘렀던 신천이 유로 형태를 유지한 채 북동쪽으로 이동했다는 것을 의미한다.[56]

이 같은 신천 유로의 이동 결과로 만들어진 것이 이 지역의 충적평야이다. 이 때문에 각 구역별 충적평야의 특성은 신천 유로 이동과 밀접한 관련이 있다. 대구읍성이 입지한 반월당에서 대구역 사이의 충적평야 폭이 가장 넓은

55 상동교 하류의 하상에서도 곳곳에 기반암이 노출된 곳들이 있다.

56 신천 유로 변화 과정은 2부 4장에 자세히 기술되어 있다.

것은 수성교에서 칠성교 사이에서 신천 유로가 동쪽으로 크게 곡류하기 때문이다. 이것은 그림 132에서 보듯이 교대역월드메르디앙아파트에서 계산오거리 사이에서 동쪽으로 크게 만곡하면서 흘렀던 과거 신천이 유로 패턴을 유지하면서 북동쪽으로 이동하여 지금의 신천 유로를 만들었기 때문이다. 성주와 고령으로 가는 교통로인 서부 침식저지의 개석곡과 충적평야가 만나는 곳이 달성 부근인 것은 신천이 달성 쪽으로 치우쳐 흘렀기 때문이다.

그림 132. 신천 좌안의 하식애(검은 실선)와 신천의 위치 관계(1: 교대역월드메르디앙아파트)

한편 신천 유로 변화는 두 가지 유형으로 나타난다. 하나는 신천 좌안 충적평야를 만든 신천 본류의 유로 변화이고, 다른 하나는 신천에서 분류한 하천들의 유로 변화이다. 후자와 관련된 대표적인 하천은 대구천이다.

대구천은 읍성이 축성되기 이전에도 전장들에서 살펴본 곳처럼 신천 좌안 충적평야의 서쪽 가장자리를 따라 흘렀을 것이다. 하천의 자연적 유로 변화는 수백, 수천 년이라는 긴 시간이 요구되기 때문이다. 이 같은 맥락에서 보면 대구읍성이 축성된 1736년과 이공제가 건설된 1778년의 40여 년 시간 간격은 하천 유로의 자연적 변화 시간으로 보면 지극히 짧다.

충적평야의 서쪽 가장자리를 따라 흐른 대구천의 흐름은 첫째, 충적평야의 공간 활용을 극대화시켜 반월당에서 대구역 사이에 읍성 입지를 가능하게 하였다. 둘째, 읍성 입지의 핵심 요인인 영남대로는 서부침식저지의 말단을 따라 남에서 북서쪽으로 흘러 금호강으로 유입하는 대구천을 따라 발달하였다. 따라서 영남대로도 서부 침식저지 말단을 따라 이어졌다. 이 같은 영남대로의 위치로 인해 읍성 입지를 위한 충적평야의 공간 활용을 극대화할 수 있었다. 셋째, 봉산문화회관에서 계산 오거리 사이의 대구천은 서쪽으로 휘어져 흐르다가 계산 오거리에서 북서쪽으로 흐른다. 이런 흐름 특징으로, 이 지역에서 읍성은 대구천을 따라 반원형의 형태로 만들고, 대구천을 자연 해자로 활용하여 방어력을 향상 할 수 있었다. 이렇게 보면 신천 분류인 대구천의 흐름이 대구읍성 입지에 중요한 영향을 미쳤다는 것을 알 수 있다.

이상에서 분석한 신천 유로 변화와 대구읍성 입지의 관계를 요약하면 다음과 같다.

평지성인 대구읍성은 '방어 전략의 전환, 이인좌의 난에 따른 왕권 강화와 지역 사회 안정'이라는 목적으로 축성되었다. 축성 배경을 토대로 대구읍성의 입지 조건을 추출하면 다음과 같다. 첫째, 지역의 안정과 왕권을 보여 줄 수 있는 중심지여야 한다. 둘째, 영남에서 가장 중요한 간선도로인 영남대로 상에 위치해야 하고, 주변 지역과 교통이 편리한 곳이어야 한다. 셋째, 많은 주민들을 수용할 수 있는 넓은 규모의 읍성이 입지할 장소여야 한다. 넷째, 해자 역할을 할 수 있는 하천이 있는 곳이 좋다. 위의 네 가지 조건을 전제로, 다섯째, 읍성 규모로 볼 때, 읍성이 입지할 공간은 동서 860m, 남북 900m 정도가 되어야 하고, 신천으로부터 상당한 거리가 확보되는 곳이어야 한다. 이들 다섯 가지 조건을 충족할 수 있는 곳은 신천 좌안 충적평야 중, 반월당에서 대구역 사이이다. 이는 다음과 같은 이유 때문이다.

첫째, 반월당에서 대구역 사이의 충적평야는 신천 좌안 충적평야 중 동서 폭이 가장 넓다. 둘째, 반월당에서 대구역 사이는 충적평야 폭이 유사한 대구역 하류 지역보다 하계망이 상대적으로 단순하다. 셋째, 반월당 지역은 동래와 한양을 연결하는 영남대로가 지날 뿐만 아니라 대구부와 동서남북 지역을 연결하는 도로가 만나는 결절지이다. 넷째, 셋째의 특성으로 반월당에서 대구역 사이는 일찍부터 인구가 많고, 대구의 중심지 역할을 하였다. 다섯째, 반월당에서 계산오거리 사이의 대구천은 읍성 남쪽에 인접하여 흘러 자연적인 해자 역할을 할 수 있다. 이로 인해 이 지역은 읍성 방어라는 전략적 요건을 충족한다.

결론적으로 반월당에서 대구역 사이의 충적평야는 읍성 입지의 최적지이고, 그것은 신천 본류의 유로 변화와 분류의 흐름 특성 결과이다.

8장

신천 유로 변화와 대구 시가지 발달의 관계[57]

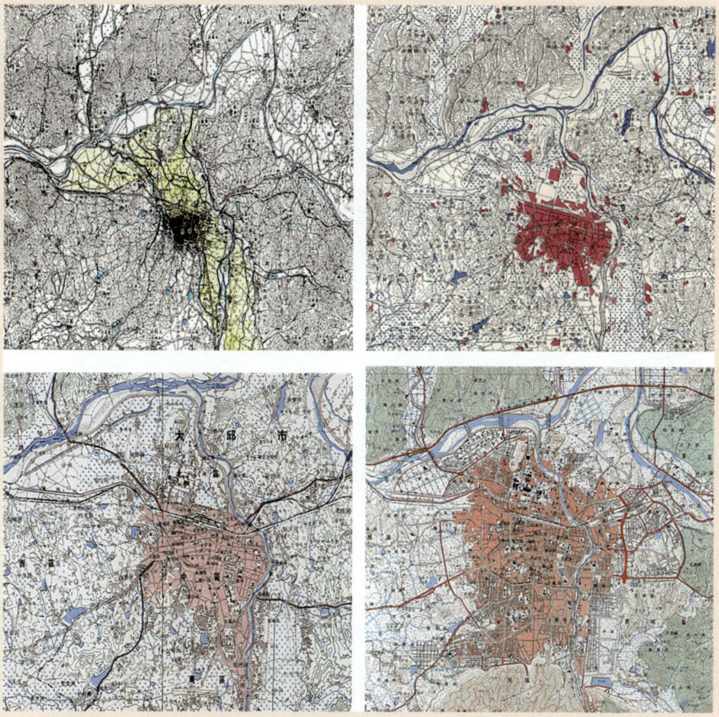

1918년(좌상), 1957년(우상), 1963년(좌하), 1976년(우하) 대구지도

57 8장은 "송언근, 2021, 대구 시가지 발달의 시 · 공간적 특징과 지형의 관계"를 재구성한 것임.

1. 시가지의 시·공간적 특성

선조 34년(1601), 대구에 경상감영이 설치되면서 대구는 경상도의 정치, 행정, 군사의 중심지가 되었다. 그런데 대구를 방어할 읍성은 오랫동안 없었다. 이는 산성 중심의 방어개념과 두 차례의 호란을 겪으면서 남방에 대한 방어 소홀이 원인이었다(조형래 · 서치상, 1985). 이 문제는 18세기 이후 대두된 평지성의 중요성과 이인좌의 난이 겹치면서 영조 12년(1736)에 오늘날의 대구역과 반월당 사이에 읍성이 축성되면서 해결되었다. 이때부터 읍성 지역은 대구의 중심지가 되었다. 그것이 280여 년이 지난 지금까지 이어진다. 이는 대구 읍성이 대구 시가지[58]의 출발이자 토대이고, 오늘날 대구 시가지는 대구 읍성에서 주변 지역으로 확장하였다는 것을 의미한다.

시가지 확장을 이끄는 요인에는 정치, 경제, 사회, 문화와 더불어 지형이 있다. 지형은 농업, 도로, 식수, 주거 등 시가지 발달의 공간적 토대를 제공한다. 따라서 어떤 지형이냐에 따라 시가지 확장은 제어되기도 하고, 유인되기도 한다. 이는 지형이 도시 계획과 발달에 더 없이 중요한 요인이라는 뜻이다.

본 장에서는 전장에서 살펴본 대구 읍성 입지에 이어, 그것에서 출발한 대구 시가지 확장의 시 · 공간적 특징을 지형 맥락에서 살펴본다. 특히 유로 변화가 모식적으로 일어나고, 읍성이 위치하였던 신천 좌안 충적평야를 중심으로 이를 살펴본다.

58 도시에서 주거, 상업, 공업 등을 기능하는 건축물들이 집적되어 늘어선 곳을 '시가지'라 한다. 때문에 시가지는 건물이 즐비하게 이어진 도시적 양상을 보이고, 인구가 밀집한 지역이다. 현대로 오면서 시가지에는 고층 건물이 많은 들어섰을 뿐만 아니라 크고, 작은 건축물들이 밀집하고, 집적하여 그렇지 않는 지역과 구분된다. 이런 지역적 특성으로 지도에서는 고층 건물을 비롯한 건축물들과 인구가 밀집하여 시가지적 성격이 두드러진 범위를 정하여 이들을 종합하여 하나의 색상(검은색 또는 붉은색 등)으로 나타낸다. 반면 그렇지 않는 지역은 개별 집들을 점으로 나타낸다. 본 연구에서도 지도에 붉은색 또는 검은색으로 나타낸 지역을 시가지로 한정하고, 이들을 분석 대상으로 하였다.

가. 읍성 시대의 시가지: 1904년 이전

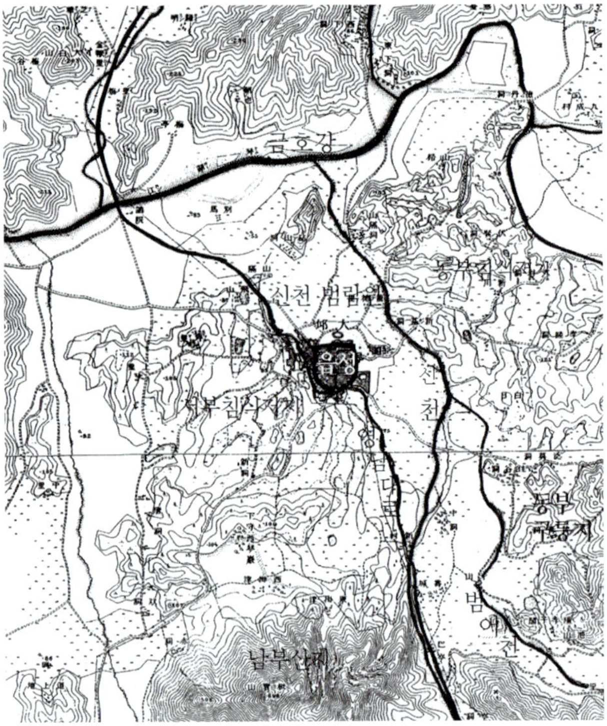

그림 133. 1895년에서 1904년 사이 제작된 대구 지도

대구의 중심지였던 읍성은 그림 133에서 보듯이 신천 좌안 충적평야의 서쪽 가장 자리에 있었다. 읍성이 이곳에 입지한 이유는 7장에서 보았듯이 '이인좌의 난으로 인한 왕권 강화, 유사시 많은 백성들을 수용할 넓은 공간, 자연적 해자 역할이 가능한 대구천과 그것을 연하여 발달한 영남대로, 그리고 임란 이후 중요성이 부각된 평지성 축조'라는 입지 조건에 이 지역이 부합하였기 때문이다.

전술한 조건으로 읍성이 입지하면서 읍성 남쪽과 서쪽은 서부 침식저지에 인접하였다. 이로 인해 읍성의 남쪽과 서쪽 충적평야는 좁은 데 반해, 그 반대

쪽인 북쪽과 동쪽의 충적평야는 넓었다. 이 차이는 대구 시가지의 시 · 공간적 발달에 중요한 변수로 작용하였다.

1895년과 1904년 사이에 제작된 지도인 그림 133과 1903년 대구 시가도인 그림 134로 볼 때, 일본인들이 본격적으로 대구에 들어온 경부선 건설 이전에 대구 시가지의 핵심은 읍성과 그 주변 지역이었다.

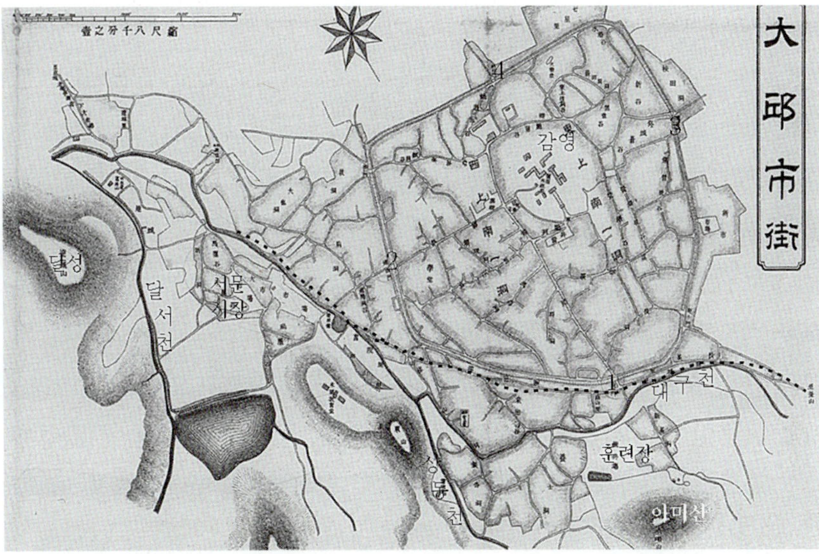

그림 134. 1903년 대구 시가지도(1: 남문, 2: 서문, 3: 동문, 4: 북문, 점선: 영남대로)

경상도의 정치, 행정, 군사의 중심지인 읍성에는 이들과 관련된 건물들이 많았다. 이는 규장각 한국학 연구소에 소장된 각도관찰사와 외사국이 주고받은 보고서와 훈령을 모은 '각관찰도거래안(各觀察道去來案)'에 1907년에 작성한 경상북도관찰부 '공해도(관청도면)'를 통해 알 수 있다. 여기에는 과거 경상감영의 핵심이었던 선화당을 중심으로 관찰부의 40개 건물들과 관풍루, 내삼문, 징청각, 연초당 등이 그려져 있다(영남일보 2013. 7. 4). 이로 볼 때 감영을 중심으로 한 읍성 내의 북쪽은 관청 건물들이 밀집한 지역이었다는 것을 알 수 있다. 반면 감영 남쪽은 거주 지역으로 많은 가옥들이 밀집하였다(예명해, 1991b).

읍성 안쪽과 더불어 대구부의 또 다른 핵심 지역은 읍성 주변이다. 그림 133과 134에서 보듯이 읍성 외부의 핵심 지역은 읍성에 연한 남서쪽과 서쪽의 충적평야이다. 읍성 외부는 공간적 제약이 없을 뿐만 아니라 읍성의 동서남북 문들과 연결되어 어디에서든 시가지가 발달할 수 있다. 그럼에도 당시 시가지의 핵심은 읍성의 서쪽과 남서쪽이었다. 이는 다음과 같은 공간적 요인 때문이다.

먼저 서문 밖이 대구부의 핵심 지역으로 발달한 요인은 다음과 같은 세 가지로 추정된다.

첫째, 달성과의 관계이다. 기원전 2세기~기원 후 4세기 사이에 축조된 것으로 추정하는 달성은 삼국 시대, 통일신라시대, 고려 시대 초기까지 지리적이나 자연환경적으로 적합한 행정시설이나 군사시설로 이용되었다. 고려 정종(1035~1046) 때 봉군제로 달성 서씨들에게 사전(賜田)으로 내려져 그들의 세거지가 되었던 달성은 조선 세종 2년, 일본에 대한 방어의 이유로 국가로부터 양도를 요구받아 다시 군사 시설로 활용되었다. 선조 29년(1596)에 달성에 경상감영이 설치되었다가 정유재란 때 왜군에 의해 소실되었다(옥희정, 2007). 이 같은 역사적 사실로 볼 때, 달성은 경상감영이 대구로 이전하기 전까지 대구의 군사, 행정의 중심지였다. 이는 달성 주변에는 일찍부터 많은 사람이 살았다는 것을 의미한다. 달성으로 인해 이미 발달한 지역 인근에 대구 읍성이 축성되었다. 이로 인해 달성에 인접한 읍성 서쪽 지역은 더욱 발달하였다.

둘째, 영남대로와의 관계이다. 세종 때 달성의 군사 시설화와 더불어 본격적으로 개발된 동래–밀양–대구–선산–상주–문경–충주–한양으로 이어지는 영남대로는 동래와 한양을 연결하는 영남의 핵심 도로이다. 한양으로 영남 각 지역의 물자가 올라가는 통로였던 영남대로에는 인적 · 물적 자원의 이동뿐만 아니라 문화와 정보가 이동하였다(최영준, 2004). 이 같은 의미의 영남대로는 읍성 이전 대구의 행정, 군사의 중심지인 달성과 새로운 중심지인 대구 읍성 사이에 있었다. 이로 인해 읍성 서쪽은 물자와 정보, 사람들이 몰려들면서 더욱 번성할 수 있었다.

그림 135. 달성 모습

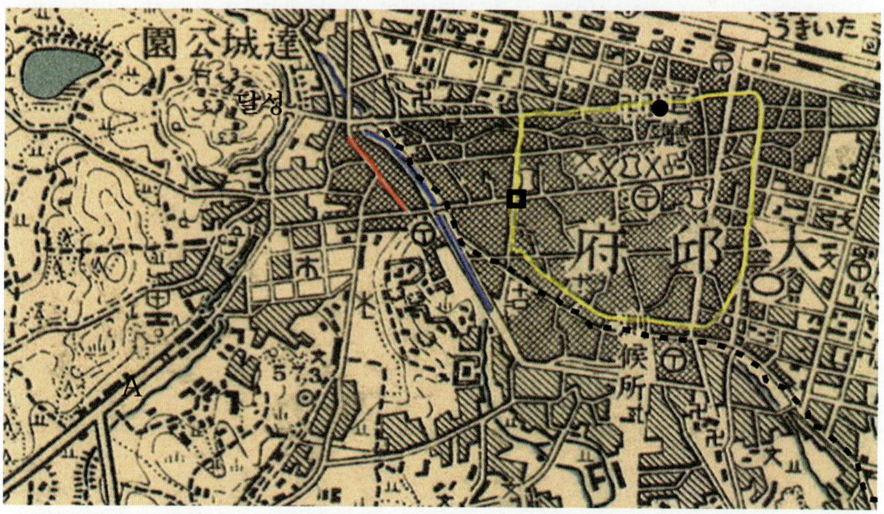

그림 136. 읍성(노란색), 서문(검은 내모), 북문(검은 원),시장북로(붉은색), 대구천(푸른색), 성주 · 고령 길(A), 영남대로(점선)(1918년, 1/50,000 지형도)

그림 137. 달성, 시장 북로(1), 대구천을 복개한 오토바이 골목(2)

셋째, 서문시장과의 관계이다. 원래 서문시장은 읍성의 북문 쪽에 있었다. 시장이 활성화되면서 보다 넓고, 다른 지역에서 접근이 용이한 서문 밖으로 이전하였다(대구시사편찬위원회, 1995). 현재의 시장 북로 주변으로 이전하면서 서문시장은 영남대로에 인접하게 되었을 뿐만 아니라 대구부 서쪽의 성주와 고령으로 가는 길에도 인접하게 되었다(그림 136 참조). 이것은 서문 시장 주변의 기존 취락들에 상업적 시설을 집중시켜 중심지적 기능을 더욱 강화하는 요인이 되었다. 이로 인해 읍성의 서문 지역은 더욱 발달하였다.

읍성 남서쪽이 대구부의 또 다른 핵심 지역인 이유는 남문과의 관계 때문이다. 읍성에는 동서남북으로 4개의 문이 있었다. 이들 중 가장 중요한 문은 '영남제일관'이라 불리는 남문이었다. 남문은 가장 웅장할 뿐만 아니라 신임 관찰사가 부임할 때 성을 한 바퀴 돌아 들어올 정도로 상징성을 갖는 문이었다(향토지리연구회, 2003). 이와 더불어 영남대로는 남문과 불과 20여 m 떨어져 성안과의 접근성이 가장 좋다.[59] 때문에 남문은 영남대로와 성내 · 외를 연결하

59 읍성의 남문 앞에 위치한 현 염매시장 안에 과거 영남대로의 일부가 남아 있다(그림 138 참조).

는 교통의 핵심 결절지 역할을 하였다.

그림 138. 남문 앞인 염매시장에 남아 있는 영남대로 잔재

남문의 위치적, 상징적 의미에서 보면 남문 밖에 거주지가 밀집해야 한다. 그러나 그림 134에서 보듯이 남문 밖은 군사훈련장으로 사용되고, 서부 침식저지에 인접해 있었다. 이로 인해 남문에 가까우면서 충적평야 폭이 상대적으로 넓은 읍성의 남서쪽에 거주지가 밀집한 것으로 추정된다.

이상의 요인들로 일본인들이 대구로 본격적으로 들어오기 시작한 1904년 이전, 대구의 중심 지역은 읍성과 그것의 서쪽과 남서쪽이었다.

나. 경부선철도 건설과 읍성 파괴 시대의 시가지; 1904~1909

기원전의 달성에서부터 1907년 대구 읍성 파괴 전까지 대구의 정치, 군사, 행정, 사법의 중심은 성이었다. 때문에 성과의 접근성은 시가지 발달에 중요한 요인이었다. 이 같은 의미의 성이 일본인들에 의해 변질되거나 파괴되었다.

고대부터 임진왜란 때까지 대구의 핵심 군사시설이었던 달성은 일본 수비대장 야마다와 일본거류민단이 1905년 공원으로 조성하면서 성으로서의 기능은 완전히 사라졌다(옥희정, 2007). 대구 읍성은 1907년에 일본인과 대표적 친일 관료인 박중양에 의해 파괴되었다. 두 사건은 성을 중심으로 발달하던 대구의 공간 구조가 근본적으로 변하는 계기가 되었다.

달성을 공원화하고, 대구 읍성을 파괴한 일본인들이 대구에 처음 들어온 것은 1893년이다. '히지쓰키와 무로'라는 두 명의 일본인이 남문 안에서 의료와 잡화상점을 운영한 것이 대구에 일인들이 거주한 시작이다. 1894년 청일전쟁 이후 약간의 헌병만 남기고 대부분의 일본군들이 철수하면서 민간인들도 군대를 따라 이동하였다. 또한 청일전쟁이후 배일사상이 만연하고, 친러파로 불리는 관찰사 이윤용의 일본인들에 대한 견제 등으로 인해 대구에 일본인들의 활동은 주춤하였다(김일수, 2003). 이 같은 환경이 러일전쟁에 앞서 1903년 가을에 경부선 공사 속성 명령이 하달되면서 바뀌었다.[60] 건설사무소도 기존의 영등포와 초량 이외 대구와 조치원에 설치되었다. 이때부터 대구에 일본인들이 증가하기 시작했다. 1904년 4월 말 700~800명에서 6월 말에는 1,000명 이상 늘었고, 가장 많았을 때는 3,300명에 이르렀다. 철도부설 공사가 끝난 1905년 5월 일시적으로 800명으로 감소하였다가 그 후로는 순조롭게 점증하는 과정을 밟았다(손정목, 1996).

일본인의 급증으로 1904년 8월 일본거류민회가 설립되었다. 당시 일본인들은 읍성 북쪽의 저습지대와 동문 밖의 넓은 평야에 정착하였다(김일수, 2003; 김주아 · 김영, 2011; 손정목, 1996).

일인들이 읍성의 북쪽과 동쪽에 입지한 이유는 크게 세 가지이다. 첫째, 성

60 공사의 진행은 우리나라 관민의 저항과 반대, 용지매수 분쟁, 결빙과 홍수 및 화폐의 차이 등으로 많은 난관에 부딪쳐, 1902년 말까지 북부에서는 51.5㎞, 남부에서는 53.1㎞만 완성될 수 있었다. 그러나 러일전쟁이 임박하자 일제는 군사상의 필요에 따라 공사를 서둘러 강행하였다(https: //encykorea.aks.ac.kr/).

의 남문과 서문 쪽은 오래전부터 조선인들의 핵심 거주지였고, 둘째, 성내는 이미 세력있는 조선인들이 조밀하게 거주하고 있어 외래인의 성내 입지를 강하게 거부하였고, 재력도 되지 않았다(손정목, 1996). 셋째, 경부선 철도와 대구역의 위치이다. 특히 셋째가 중요하다.

경부선 건설과 관련해 널리 알려진 이야기는 다음과 같다.

> 경부선은 경산 고모역에서 그대로 남문 밖으로 직행하지 않고 한국인 원주민 거주지를 피해 고의적으로 대구의 동쪽을 크게 돌아 일본인 거주지인 북문 밖에 철도와 역사를 건설하였다. 이러한 노선 선정과 역사의 결정 과정에서도 일본인들은 남문 밖에 정거장이 세워진다는 낭설을 유포시켜 그곳의 지가를 급등시켰다. 그리고는 비밀리에 북문 주위의 토지를 염가로 구입하였다. 그 후에도 철도용지라는 명목으로 역 부근에 유보되었던 땅도 대부분 일본인 소유로 귀속하였다(최석주, 1996; 손정목, 1996).

만약 전해지는 이야기처럼 대구역이 읍성의 남문 밖에 위치하였다면 경부선 후보지는 지형 특성으로 볼 때 두 지역이 될 가능성이 높다. 하나는 고모역에서 방향을 서쪽으로 틀어 북서쪽으로 발달한 침식곡을 따라 현 만촌 네거리 부근에서 읍성의 남쪽으로 연결하는 것이다(그림 139의 점선). 다른 하나는 경산에서 고모역 쪽으로 가지 않고, 현 경산 이마트 부근에서 방향을 북서쪽으로 바꾸어 고산(사월동과 시지동) 선상지를 지나 현 달구벌대로와 같은 방향인 동부 침식저지와 동부 구릉지 경계부의 침식곡을 따라 읍성 남쪽으로 가는 것이다(그림 139의 파선). 둘 중 어느 노선을 선택하여도 경부선은 만촌네거리에서 오늘날 달구벌대로와 유사한 방향으로 읍성 남문 밖으로 연결된다. 읍성 남문에서는 서쪽의 서부 침식저지 쪽으로 가기 보다는 충적평야가 있는 읍성의 남서쪽과 서쪽을 따라 서문 시장 부근을 통과하여 달성 앞을 지나 북동쪽으로 방향을 틀어 날뫼산을 끼고 현재와 같은 방향으로 철도 노선이 건설되었

그림 139. 원: 대구읍성, 1: 날뫼산, 2: 만촌네거리, 실선: 경부선, 파선: 가상의 경부선 1, 점선: 가상의 경부선 2

을 것이다.[61]

이 같은 방향으로 경부선 철도와 대구역이 건설되었다면 대구 시가지 확장 방향은 달랐을 것이다. 경부선 철도와 대구역을 위한 부지는 읍성 남문 밖의 충적평야와 남쪽의 아미산 기슭이 될 가능성이 높기 때문이다. 만약 그렇게 되었다면 시가지는 읍성 남쪽 충적평야를 중심으로 아미산 남쪽의 침식저지 쪽으로 확장하였을 것이다. 뿐만 아니라 이미 많은 사람들이 살던 읍성의 남

61 읍성 남문 앞에 대구역을 건설하기 위해서는 두 노선 모두, 터널을 뚫어야 한다. 고모역에서 북서쪽의 침식곡을 따라 가기 위해서 형제봉(192.5m)에 터널을 뚫어야 한다. 또 다른 노선인 경산에서 욱수천 선상지를 북서쪽으로 횡단하기 위해서는 월드컵 삼거리에서부터 침식저지 상에 철도를 건설해야 하고, 대륜고등학교 부근의 담티 고개에서는 터널을 뚫어야 한다. 이 같은 문제뿐만 아니라 이미 주거지가 밀집한 읍성의 남문에서 서문 사이를 통과하는 문제도 발생한다. 이 경우 1917년에 개설된 대구에서 영천 사이의 대구선 부설에서 보듯이 대구에서 동쪽의 포항, 경주로 나아가는 철도를 건설하는 데 남문 쪽의 경부선은 위치적으로 장점보다 단점이 많다. 때문에 손정목(1996), 최석주(1996) 등 여러 연구자들이 고모역에서 동쪽으로 크게 돌아서 현재의 대구역 쪽으로 경부선 철도를 놓은 것은 일본인들을 위한 의도적 위치 선정이라는 주장은 지형적으로 좀 더 엄밀한 분석이 요구된다.

서쪽과 남동쪽도 중요한 발전 축이 되었을 것이다.

그러나 의도적인지 아니면 지리적 특성을 고려한 설계인지 몰라도 실제의 경부선은 고모역에 동부 침식저지의 동쪽 끝을 따라 동부 침식저지 지역인 효목동과 신암동을 지나 북문 밖을 통과하여 북서쪽으로 나아갔다. 대구역도 북문 밖에 건설되었다. 이로 인해 대구 교통의 중심지는 영남대로와 남문에서 대구역과 북문 쪽으로 이동하였다.

1904년 경부선 건설로 대구로 몰려든 일본인들은 읍성의 북쪽과 동쪽을 중심으로 거주하였다. 그러나 이들 지역은 대구의 정치, 행정, 사법, 군사의 중심지인 읍성 안과 성벽에 의해 분리되어 있었다. 만약 일인들의 성내 접근을 막는 성벽이 제거된다면 이미 조선을 좌지우지하는 권력을 등에 업고, 대구의 핵심 지역을 장악할 수 있다. 그럴듯한 이유와 내부에서 도울 사람만 있으면 성벽을 부수는 것은 크게 힘들지 않다. 이를 구현하도록 도와준 사람이 골수까지 친일인 경상관찰사 서리 박중양이다. 그는 대구읍성은 장애요소이고, 조선인과 일본인을 분리시키는 장벽이므로 철거해야 한다는 일본거류민단의 건의를 받고, 중앙정보의 반대에도 불구하고 읍성을 철거하였다(이기조, 2005). 1905년 말과 1906년 초 철도국과 일본수비대에 의해 동문 부근의 성벽이 철거되기 시작하였다. 본격적인 철거는 1906년 가을부터 중앙정부의 중지 명령에도 불구하고 박중양과 일본거류민단의 제휴로 이루어져 1907년 4월에 완전히 파괴되었다(김일수, 2016.; 손정목, 1996). 1591년 일본의 침략을 대비하여 토성으로 대구 읍성을 만들었지만, 임진왜란 시 고니시유끼나와에 의해 파괴된 이후 44년만인 영조 12년(1736)에 축성된 대구 읍성은 171년 만에 다시 일본인들에 의해 파괴되었다.

성벽을 부순 자리에 1909년에 읍성을 일주하는 도로가 완공되었다. 그곳이 오늘날 동성로, 서성로, 남성로, 북성로이다. 또한 박중양은 1909년 읍성 내를 남북과 동서로 연결하는 십자도로까지 만들었다. 성벽이 파괴되면서 읍성의 안과 밖을 구분하는 경계가 사라졌고, 일주도로와 십자도로가 건설되면서 명목상 읍성을 중심으로 동서남북으로 시가지를 확장할 계기가 만들어졌다.

그러나 성벽 파괴의 실질적 효과는 성 밖에 머물던 일본인들이 성 안으로 들어와 대구의 핵심지역을 장악한 것이다. 성벽을 철거하면서 지가는 10배 가까이 상승하였다. 이를 통해 막대한 이익을 본 일본인들은 일본의 정치적 비호와 경제적 우위를 바탕으로 읍성 내 한국인 거주 지역을 서서히 잠식하여 일본인 거주 지역은 대구역에서 점차 성안으로 확대되었다(김대중, 2012).[62] 이뿐만 아니라 일본인들은 읍성을 철거하고 만든 간선도로 주변의 토지와 가옥의 대부분을 소유하였다. 또한 대구역 주변과 주요 간선도로 주변, 그리고 읍성 동부지역의 가옥과 토지까지 차지하였다. 읍성 주변의 주요 지역뿐만 아니라 동부 신천, 신암, 범어, 수성에서 동촌에 이르는 광역의 농토도 거의 대부분 일본인들의 손에 들어갔다(김일수, 2016; 손정목, 1996).

이상에서 살펴보았듯이 일제 강점기에 대구 시가지 확장이 읍성 동쪽과 북쪽, 특히 동쪽을 중심으로 이루어진 계기와 토대는 이 시기에 형성되었다.

다. 읍성 파괴에서 해방까지 시가지: 1910~1945

경부선 건설 때부터 일본인들은 도시 개발에 대한 정보를 선점하고, 그것을 그들끼리 공유하였다. 그것을 통해 일본인들은 발전 가능성이 높은 읍성 동쪽과 북쪽을 중심으로 토지를 대거 매입하였다. 그 결과가 잘 드러난 것이 1910년대의 대구시구개정(大邱市區改正)이다. 이것은 일본의 식민정책에 의해 도시의 도로, 교량, 하천을 근대적으로 정비하여 구획별로 건축물의 근대화를 달성

62 성벽 철거 전 성 밖은 평당 6원에서 10원 정도였고, 성안은 평당 2, 3원 정도였다. 성벽 철거 후, 성안의 지가는 무려 10배나 상승하였다. 일본인들은 대구이사청의 도움으로 헐값에 성내 땅을 대거 매입하였다(최석주, 1996; 김일수, 2016). 조선인들은 전통적인 토지 공개념에 얽매여 토지의 상품 가치에 어두웠을 뿐만 아니라 일본인 관리, 헌병, 군인들의 득세, 일본상인들의 간계에 염증을 느끼고, 약간의 웃돈을 주면 거의 앞 다투어 토지와 가옥을 팔고 근교로 이전하였다(손정목, 1996).

하는 일종의 도시재개발사업이다. 이를 토대로 대구 시가지 간선도로 건설 사업이 이루어졌다(최석주, 2005). 문제는 이것을 1911년 대구일본인거류민단이 만들었다는 점이다. 일본인들이 작성한 시가지 간선도로 예정선이 담긴 대구시구개정안은 경북도청을 거쳐 총독부로 보내졌다. 그리고 거의 원안대로 하달되었다(손정목, 1996). 그 결과를 그림 140의 1917년 대구 수도 지도에서 볼 수 있다.

그림 140. 1917년 대구 수도지도(1: 봉산육거리, 2: 교동네거리, 실선: 구읍성)

1913년에서 1920년 사이에 이루어진 대구시구개정 사업[63] 결과, 대구 시가지는 읍성 동쪽으로 오늘날 봉산육거리(그림 140의 1)에서 교동네거리(그림 140의 2) 사이로 확대되었다. 읍성 북쪽은 읍성에서 오늘날 태평로까지 시가지가

63 계획 기간은 1913년에서 1920년이지만, 실제로는 1917년에 대부분 이루어졌다.

확장하였다. 이들 지역에는 직교형 간선도로들이 바둑모양으로 건설되었다. 계획적이고, 체계적인 도시 개발이었다. 반면 읍성 파괴 이후 한국인들의 주요 거주지가 된 읍성 남쪽의 침식저지와 구 교통계인 영남대로와 서문 시장 인근 지역의 가로 구조는 전형적인 미로형[64]이었다.

전술한 시가지 확장으로 1910년대로 오면서 대구 시가지의 발전 방향은 읍성 서문에서 동문 쪽으로, 그리고 읍성 남문에서 북문 쪽으로 이동하였다는 것을 알 수 있다.

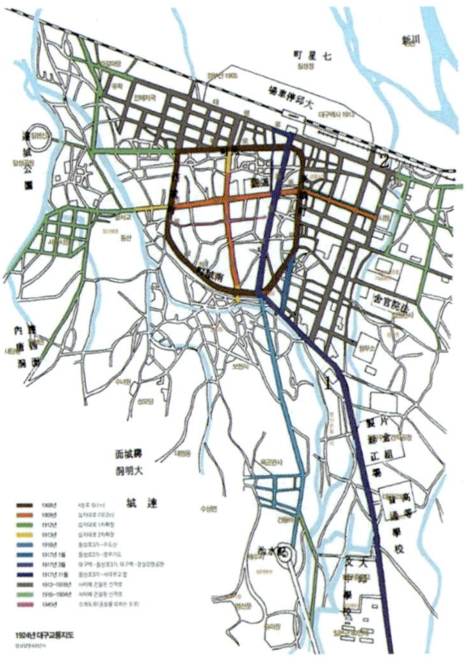

그림 141. 1924년 대구교통도(1: 봉산육거리, 2: 교동네거리, 출처: (사)거리문화시민연대, 2007)

64 일본 지리학자 木內信藏의 저서 '도시지리학'에는 불규칙적인 가로 구조를 가진 도시의 대표적인 예로 대구를 들고 있다. 대구가 세계적으로 예시가 될 만한 미로 구조라는 뜻이다(홍경희, 1966).

이 같은 시가지 확장 경향은 시구개정이 끝난 뒤인 1924년 교통도(그림 141)에서 보다 뚜렷이 드러난다. 그림에서 볼 수 있듯이 1917년에는 현 봉산육거리에서 교동네거리까지 직교형 도로가 건설되었지만 1924년 지도에는 이들 두 네거리(그림 141의 1과 2)를 넘어 동쪽의 동인동 지역으로 도로가 확장 연결된 것을 볼 수 있다. 이와 달리 읍성 북쪽의 시가지화는 1917년에서 1924년 사이에 변화가 없다. 이 같은 현상은 읍성의 남동쪽에도 비슷하게 나타난다.

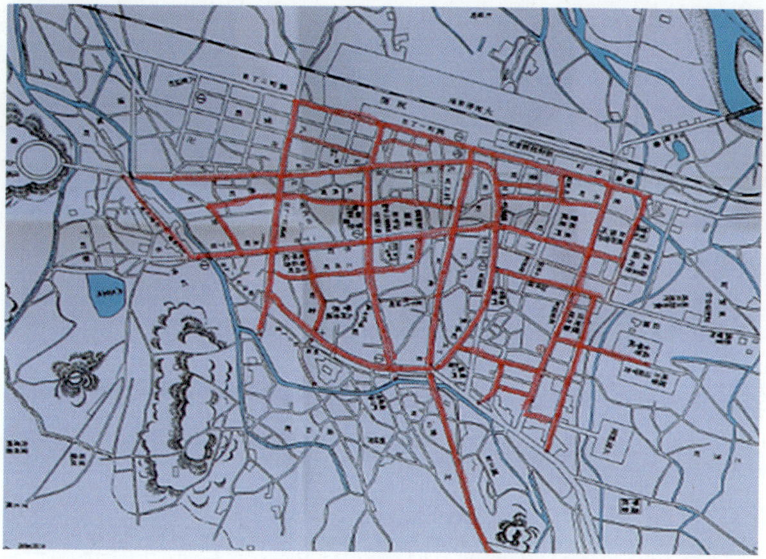

그림 142. 1917년 대구 수도 지도(지도에서 붉은 선이 수도선로이다)

도로뿐만 아니라 상하수도 시설도 일본인 주거 지역에 국한하여 구축하였다. 1917년 대구 수도 지도인 그림 142를 보면 당시 상수도가 설치된 곳은 읍성의 순환선과 십자로를 중심으로 읍성내의 작은 도로, 읍성 동문과 북문 밖의 일본인 주 거주 지역이었다. 반면 한국인이 주로 거주하였던 읍성 남문 밖과 달성 주변에는 상수도 시설이 나타나지 않는다.

그림 143. 1918년에 완공된 대구수도사업소에 있는 배수지(용량: 1,580톤, 수위: 3. 8m, 급수 인구: 15,000명).

결국 도로, 상하수도와 같은 도시의 기본 시설이 일본인들 지역을 중심으로 구축되면서 시가지 확장은 더더욱 일본인을 위한, 일본인에 의한 방향으로 나아갔다. 이를 1922년에 설계되어 1927년에 변경 처리된 '대구부도시계획개요'에서도 알 수 있다.

도시 계획 기준 연도인 1921년 인구 45,475명을, 25년 후의 목표 연도인 1946년 인구를 150,000명으로 예측하고 만든 1922년의 '대구부도시계획개요'는 의도와 달리 일본인과 조선인, 일본인 사이에 첨예한 갈등을 야기하였다. 갈등의 핵심은 대구역을 현 지점에서 북쪽으로 545m 이동하는 것과 조선인 시가지 정비를 우선하는 것이었다. 전자는 대구역을 중심으로 기존 경제적 이익을 차지하던 일본인들간의 갈등을 야기했고, 후자는 조선인과 일본인 간의 갈등을 낳았다. 결국 1927년 대구역사 이전은 무산되고, 조선인 시가지 도로 및 하수도 개설안은 폐기되고, 일본인 시가지를 우선 조성하는 것으로 변경 처리되었다 (김일수, 2003; 최석주, 2005). 그 결과를 그림 144의 1937년 지도에서 볼 수 있다.

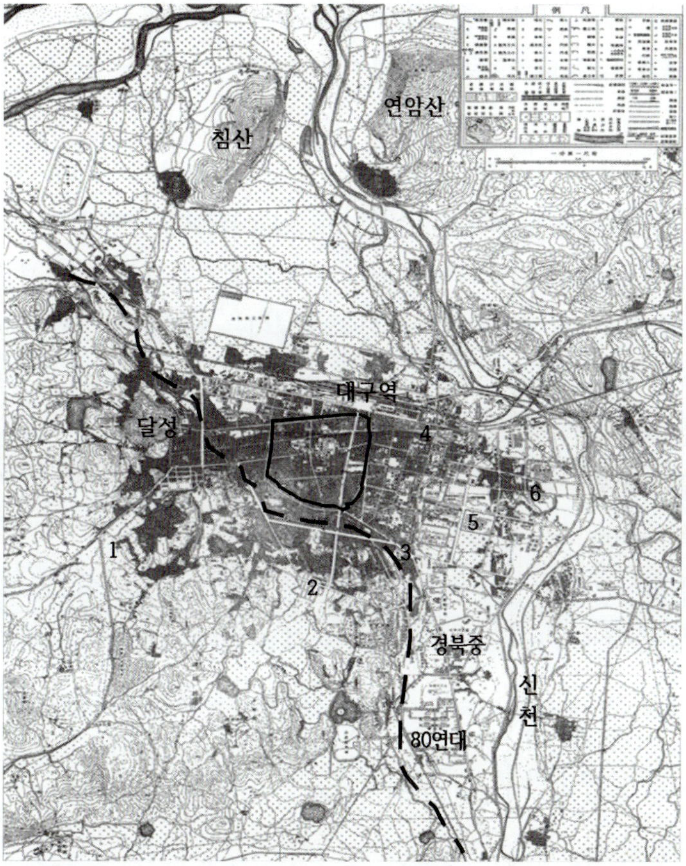

그림 144. 1937년 대구 지도(1/10,000, 1: 중부소방서, 2: 남문시장, 3: 봉산육거리, 4: 교동네거리, 5: 경대병원, 6: 동인초등, 실선: 구읍성, 파선: 충적평야 경계)

1937년 지도의 가장 큰 특징은 1917년 읍성 동쪽의 봉산육거리(그림 144의 3)와 교동네거리(그림 144의 4)까지였던 시가지가 국지적으로 신천 인근까지 확장된 점이다. 특히 동인동 지역이 다른 지역에 비해 시가지화가 많이 이루어졌다. 이 지역에서는 도로가 신천까지 연장되었고, 경북대학병원(1928년), 동인초등(1935년), 조선제사공장, 산십제사공장, 그리고 많은 가옥들이 들어서 신천 인근의 충적평야까지 개발되었다. 또 다른 특징은 1937년에 이르러서 비로소 경부철도를 넘어 북쪽 지역 개발이 이루어지기 시작한 점이다. 그러나 이때까지도 경부철도 북쪽은 철도변에 인접한 지역만 시가지화되었다. 이는 읍성 북쪽 충적평야보다 동쪽의 충적평야가 대구 시가지 개발의 핵심이라는 뜻이다.

시가지 확장은 읍성 남쪽과 남서쪽, 남동쪽에도 나타난다. 1917년과 1937년 대구 시가지 지역을 비교하면, 읍성의 동쪽과 북쪽만큼은 아니지만, 읍성의 다른 지역도 이전 시기보다 확장되었다. 읍성 남쪽은 1917년의 시가지가 현 동부교육지원청까지 이루어졌던 것이 1937년에는 남쪽의 남문시장 부근의 침식저지를 따라 확장되었다. 읍성의 남서쪽은 서문시장을 넘어 성주로 가는 가로가 있는 서부침식저지의 침식곡과 그 주변 침식저지를 따라 현 대구중부소방서 주변까지 확장되었다. 이 지역은 성주와 고령으로 가는 도로 주변이어서 읍성 남쪽에 비해 시가지 확장이 많이 이루어졌다.

그러나 침식저지라는 지형 특성과 일본인 중심의 도시 계획으로 시가지 확장은 읍성 동쪽에 비해서 국지적이다. 읍성 남동쪽은 경북중(1917년), 대구중(1921년) 등의 학교가 이미 있고, 편사제사공장 등이 있지만, 다른 지역에 비해 시가지화는 더디다. 이는 이 지역의 충적평야가 신천 좌안에서 가장 작고, 충적평야 중앙에 일본군 80연대가 위치하여 시가지 확장에 제약이 있기 때문인 것으로 사료된다.

1937년에서 1945년 사이는 지도가 없어 이 시기의 시가지 확장의 공간적 특징을 파악하기는 어렵다. 그러나 1934년 조선시가지 계획령의 제정 공포로 1937년 3월 조선총독부 고시에 의해 확정 고시된 대구의 도시 계획을 통해 1940년대 시가지 확장 특징을 일정 부분 추론할 수 있다. 당시 대구 도시 계획에 대해 동아일보(1935.3.30.)는 '대구부 도로 정책 차별시설 통격–조선인촌은 악취가 코를 찔러, 부회에서 격론 수시간간–'이라는 제목하에 도시 계획의 문제를 신랄하게 비판하였다. 이와 관련된 내용은 다음과 같다.

임상조, 서병화, 허지, 그 중에 임상조씨는 장시간의 통격의 연설을 하야 장내를 긴장케 하였다. 그들이 열렬히 주장한 것은 남산정을 필두로 명치정, 신정, 달성정 일대의 대구 서남부에는 도로와 하수구가 아직도 원시시대의 그것을 방불케 하여 한번 비가 내리면 진흙 바다로 화하여 보행이 곤란케 됨은 물론 하수구 악취가 코를 찌르는 것은 엄연한 현실이다. 더구나 수천호가 절비하게 모여 있는 남산정에는 도로 하나 변변한 것이 없어 만일 화재의 불행이 있을 때는 소방자동차의 내왕이 불가능하게 되어 있는 이러한 한심한 시기를 가진 대구부에서 다액의 돈을 들여 운동장이나 아스팔트니 하는 것은 실로 기형적 시설의 모순이라 격론하고 전기 두 가지 예산에는 절대 반대를 표명하였다(동아일보, 1935.3.30.)

이들 내용으로 추론하면, 1937년 3월에 고지된 대구 도시 계획에 의한 시가지 확장 역시 일본인들이 주로 사는 읍성 동쪽과 북쪽을 중심으로 이루어졌을 가능성이 높다.

라. 해방 이후 시가지: 1945~1970년

해방이 되면서 일본인 중심의 도시 계획과 건설에서 벗어날 기회를 얻었다. 그러나 기대와 달리 미군정통치에서는 기존 도시시설에 대한 유지, 관리에 중점을 두었으나 이마저 제대로 수행하기 어려웠다. 1948년 정부수립 이후에도 사정은 비슷하였다. 뿐만 아니라 해방이후 귀환해외동포와 6.25 사변, 그로 인한 피난민이 대거 대구로 몰려들면서 인구는 급증하였다. 곳곳에 무허가 판자집들이 즐비하였다. 체계적인 도시 계획이 어려웠다(최석주, 1996; 박태화, 1985).

6.25 사변이 끝나고 사회가 안정되면서 대구도 도시 계획에 의한 시가지가 발달하기 시작하였다. 그러나 시가지 확장의 핵심 토대인 가로망 구조는 1937

년에 고시된 도시 계획과 큰 차이가 없다. 1965년에 도시 계획[65]이 이루어졌으니 1937년에 고시된 조선총독부의 시가지 계획이 약 30년간 유효하였다(박찬석, 이병곤, 1985). 이를 1950년대 후반과 60년대 초반 지도에서 볼 수 있다.

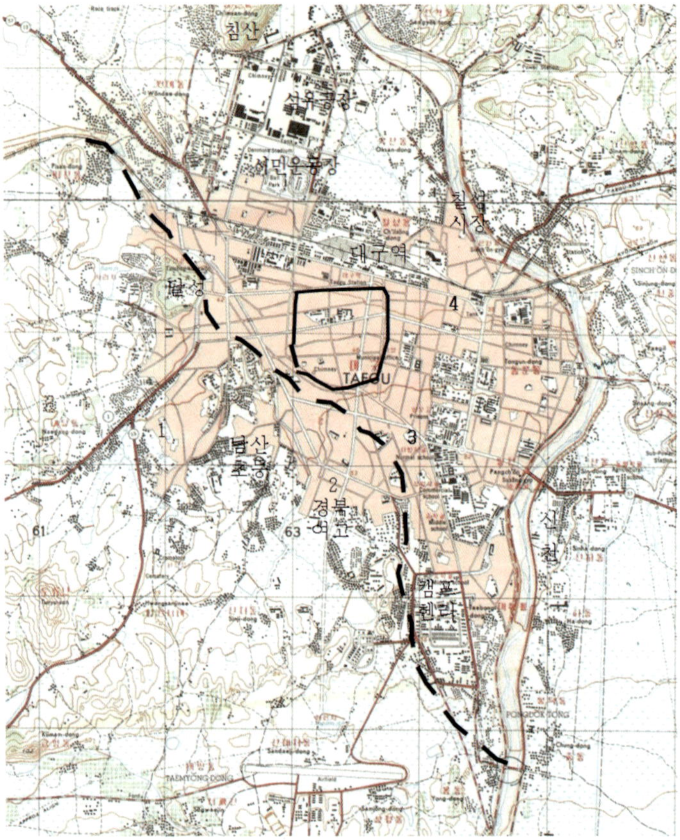

그림 145. 1957년 1/25,000 대구지도(1: 중부소방서, 2: 남문시장, 3: 봉산육거리, 4: 교동네거리, 실선: 구읍성, 파선: 충적평야 경계)

65 1937년 조선총독부 시가지계획에서 예측한 1965년 대구 인구는 35만이었다. 그러나 1965년 대구 인구는 81만으로 예측보다 46만이나 많았다. 이로 인해 도시 계획이 이루어지게 되었다(박차석, 이병곤, 1985).

1945년에서 1950년대까지 대구 시가지 모습이 명확히 나타난 것은 1957년 1/25,000 지도(그림 145)이다. 이를 통해 해방 이후 1950년대까지 대구 시가지의 발달 특징을 추론하면 다음과 같다.

1957년 대구 시가지 확장 특징은 1937년 대구 시가지와 비교하였을 때 세 가지 정도이다. 하나는 읍성 동쪽의 시가지가 신천 자연제방까지 확장된 것이고, 다른 하나는 읍성 남동쪽 캠프 헨리(일본군 80연대) 남쪽까지 시가지가 확장된 것이다. 특히 이 지역은 1943년 토지이용도(221쪽 그림 130 참조)로 볼 때, 당시까지 과수, 뽕나무, 밭 또는 모래나 돌로 구성된 자연제방이었다. 이러하였던 곳이 1957년에는 시가지로 변하였다. 마지막 하나는 읍성 북쪽 개발이다. 대구역 북쪽은 여전히 읍성 동쪽에 비해 개발이 늦지만 1937년에 비하면 북쪽 지역의 시가지화가 상당부분 이루어졌다. 즉 1937년에는 대구역에 인접한 북쪽의 일부 지역이 시가지화 되었지만, 20년 지난 1957년에는 칠성시장에서 대구시민운동장까지 시가지화가 이루어졌다. 또한 시민운동장 북쪽은 대한생사주식회사, 삼호방직주식회사 등 공장이 모인 공업지역으로 변화하였다.

반면 읍성 서쪽과 남쪽은 1937년 시가지와 비교하여도 시가지 확장의 범위가 다른 지역에 비해 크지 않다. 1937년 대구중부소방서 인근까지 이루어졌던 시가지화가 1957년에는 중부소방서까지 시가지화가 이루어졌고, 읍성 남쪽은 1937년 남문시장까지 이루어졌던 시가지화가 200m 정도 남쪽에 있는 경북여고 부근까지 확장되었다. 또한 신천 우안 충적평야에는 신천의 자연제방을 따라, 그리고 동부 침식저지와 동부 구릉지의 서쪽 말단에 취락이 많이 발달해 있지만 좌안 충적평야처럼 시가지화는 이루어지지 않았다.

1963년 대구 시가지 범위는 1957년과 큰 차이가 없다. 그림 146에서 보듯이 신천 좌안의 시가지 범위는 1957년과 거의 유사하고, 신천 우안 역시 1957년과 같이 자연제방과 동부구릉지 서쪽 말단을 따라 가옥들이 몰려 있지만 아직 시가지화는 이루어지지 않았다. 대구역 북쪽의 시가지화는 1957년과 비슷하지만 1963년에는 시민운동장 동쪽은 여전히 개발이 이루어지지 않은 상태이다. 반면 1957년에 비해 1963년 지도에는 캠프헨리 남쪽의 신천 우안 충적평야까지 시가지가 확장된 것을 볼 수 있다. 따라서 1963년에 이르러 대구역 남쪽 신천 좌안 충적평야는 완전히 시가지화되었다고 할 수 있다.

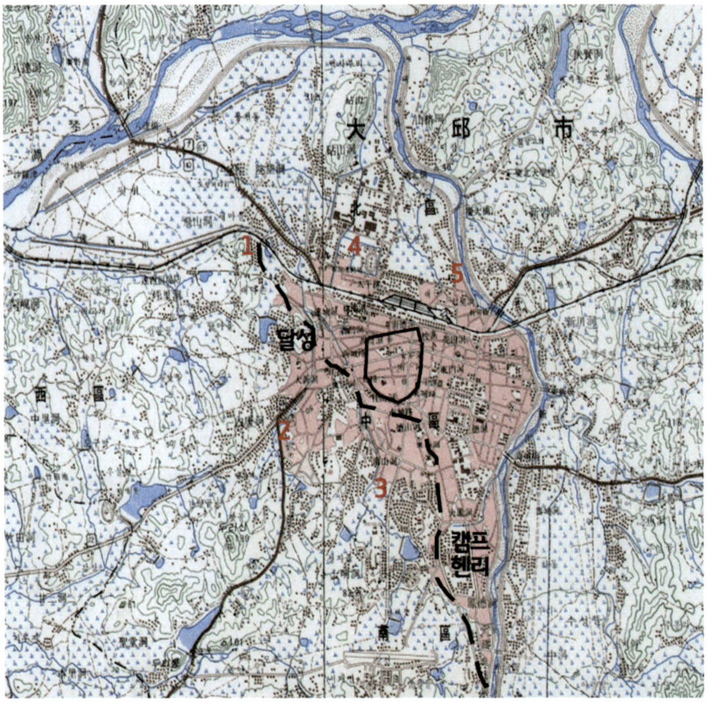

그림 146. 1963년 지도(1: 날뫼산, 2: 중부소방서, 3: 경북여고, 4: 시민운동장, 5: 칠성시장, 파선: 충적평야 경계, 실선: 구읍성)

1960년대에서 1970년 사이에 신천 좌안 충적평야의 시가지화가 거의 완성된다. 이를 그림 147에서 확인할 수 있다. 1970년 대구 지도를 보면 대구역 북쪽은 옥산초등과 경명여고 주변만 제외하고, 대부분의 충적평야는 시가지화되었다. 특히 이 기간에는 대구역 북쪽에서는 신천의 충적평야뿐만 아니라 금호강의 충적평야까지 시가지가 확대된다. 그 곳이 침산과 만평네거리 사이의 금호강 충적평야이다. 또 다른 특징은 1963년과 1970년 사이에 서부 침식저지가 본격적으로 개발된 점이다. 침식저지는 서쪽으로는 중부소방서, 남서쪽으로 성당시장, 남쪽으로는 앞산에 인접한 영대네거리 남쪽에서 효성타운 아파트 부근까지 시가지화가 이루어졌다.

이 시기에 이르러 경부선 철도 남쪽의 서부 침식저지에 발달한 시가지 면적(약 5.1km2)은 경부선 철도 남쪽의 신천 좌안 충적평야 상에 발달한 시가지 면적(5.05km2)과 비슷하다.[66] 이는 1970년대부터 보다 본격적으로 침식저지 쪽으로 시가지가 확장하기 시작하였다는 것을 의미한다.

그림 147. 1970년 지도(1: 날뫼산, 2: 중부소방서, 3: 영대네거리, 4: 신천철교, 5: 성북교, 6: 만평네거리, 파선: 충적평야 경계, 실선: 구읍성)

66 시가지 면적은 다음 지도에서 면적 재기 기능을 활용하여 1970년 시가지 범위를 측정한 것임.

이상에서 살펴보았듯이 대구 시가지 출발은 읍성이고, 핵심 토대는 신천 좌안 충적평야이다. 대구 시가지는 대구 읍성이 축성된 이래 1970년까지 이 지역을 중심으로 확장하였다. 신천 좌안 충적평야의 시가지화가 거의 이루어지면서 서부 침식저지의 개발도 보다 본격적으로 이루어졌다. 이와 더불어 비로소 신천을 넘어 동쪽으로 시가지의 본격적인 확장이 이루어지게 되었다.

2. 시가지 확장의 시·공간적 특징과 지형의 관계

가. 읍성 시대 시가지 확장과 지형의 관계

그림 148은 현재의 대구 시가지 모습이다. 대구 시가지, 특히 협의의 대구 분지[67] 속 시가지는 분지 특성상 타원형에 가깝다. 구읍성은 그 중앙에 있다. 때문에 공간적으로만 보면 대구 시가지는 구읍성을 중심으로 사방으로 확장되어 오늘에 이른 것처럼 보인다.

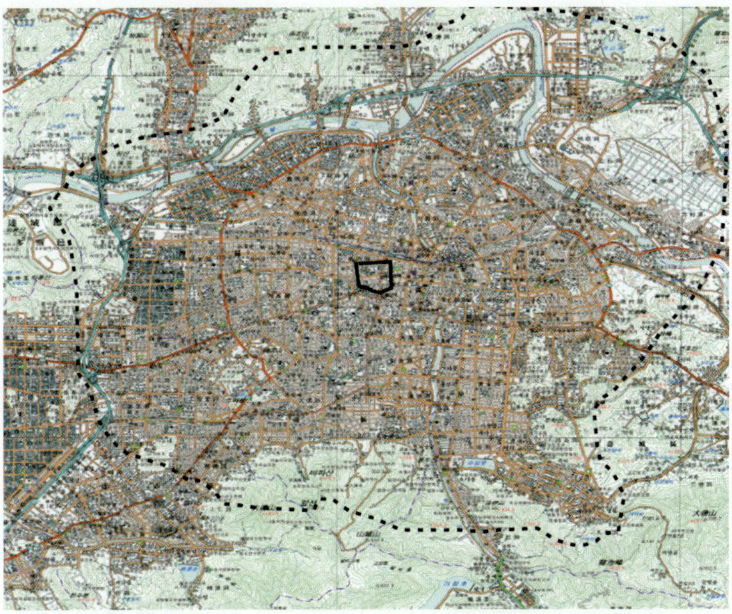

그림 148. 2012년 대구 시가지(점선; 협의의 대구분지, 실선: 구읍성)

67 협의의 대구 분지는 남쪽은 비슬산괴 속의 대덕산(584m), 앞산(660m), 산성산(653m), 범니산(334m), 용지봉(634m), 동쪽은 동부 구릉지로 구성하는 지산(211m), 두리봉(217m), 모봉(150m), 형제봉(190m), 북동쪽은 팔공산괴의 응봉(458m), 응해산(516m), 도덕산(660m), 서쪽은 와룡산(299m)으로 이어지는 지형 범위를 의미한다(대구시, 1995).

그러나 전 절에서 살펴보았듯이 시가지는 구읍성을 중심으로 특정 지역, 특정 지형을 중심으로 이루어졌고, 이어서 다른 지역의 다른 지형으로 확장하였다.

읍성 축성 이후 가장 먼저 시가지화된 지역은 읍성과 서부 침식저지 사이이다. 이곳은 신천 좌안 충적평야의 서쪽 가장 자리이다. 이곳에 이어서 시가지화된 곳은 읍성 동쪽을 중심으로 읍성 북쪽과 남동쪽 충적평야이다. 이 같은 방향으로의 시가지화는 1970년까지 이어졌다. 경상감영이 설치된 1601년부터 본다면 조선 중기부터 현대까지 약 370년 동안 대구 시가지는 신천 좌안 충적평야를 중심으로 확장하였다.

대구 시가지의 토대인 신천 좌안 충적평야는 신천 유로 변화와 밀접한 관련이 있다. 그것은 두 가지 맥락으로 관련된다. 하나는 시가지 형성의 지형적 토대이고, 다른 하나는 시기별 시가지의 공간적 범위이다.

전자인 대구 시가지의 토대로서 신천 좌안 충적평야는 효성타운–건들바위–달성–경일중학교로 이어지는 하식애(그림 149)로 흐르던 신천이 현재의 위치로 유로 이동한 결과이다. 이곳에 1736년 대구읍성이 축성되고, 그 때부터 1960년대까지 대구 시가지는 이 지역을 중심으로 발달하였다. 이는 대구의 핵심 지역은 신천 유로 이동과 불가분의 관계라는 것을 의미한다.

시기별 시가지 발달과 신천 유로 변화의 관계는 신천 본류에서 분류한 하천들의 영향이다. 이는 다음과 같다.

읍성 시대 대구의 중심 지역은 감영이 있는 읍성 내부, 그리고 읍성과 서부 침식저지 사이의 충적평야였다. 이곳에는 대구천, 상동천, 달서천이 흘렀다(235쪽 그림 134 참조). 이들 하천 중 달서천과 대구천은 달성 입지에 아주 중요하다. 달서천은 달성의 동쪽 경계를 따라 흐르고, 달성 북동쪽은 달서천을 합류한 대구천이 흘렀다. 두 하천의 측방침식으로 달성의 동쪽과 북동쪽은 높고, 가파른 긴 하식애가 발달했다(54쪽 그림 34, 55쪽 그림 35, 36 참조). 그리고 두 하천은 자연스럽게 해자가 되었다. 이 같은 맥락에서 보면 대구천은 대구

읍성 이전 대구의 정치, 행정, 군사의 중심이던 달성 발달과 밀접한 관련이 있다.

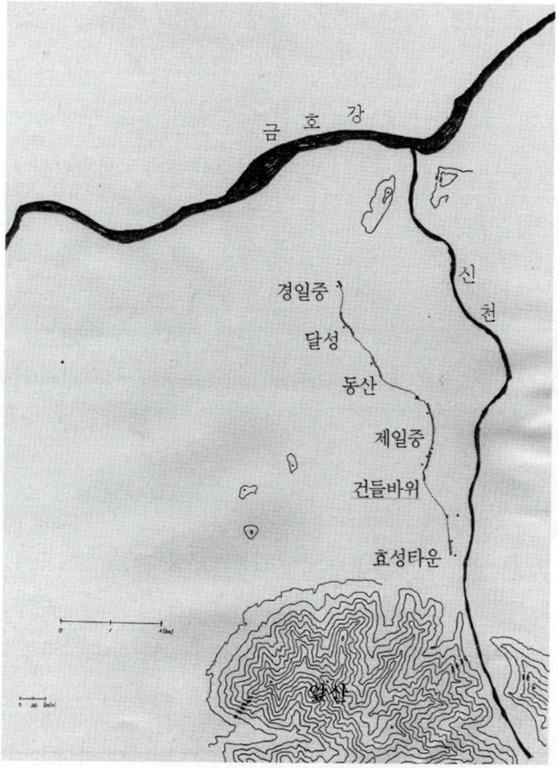

그림 149. 효성타운에서 경일중까지 하식애 위치

대구의 중심은 임진왜란을 맞이하면서 달성에서 읍성으로 이동하였다. 이때부터 읍성이 대구의 새로운 중심지가 되었다. 대구의 새로운 중심지가 된 읍성 지역이 현재의 대구역과 반월당 사이에 입지한 근본적 원인은 8장에서 살펴보았듯이 충적평야의 특징과 신천 분류하천의 하계망 특성 때문이다. 즉 읍성지역은 신천 좌안 충적평야에서 폭이 가장 넓고, 분지 내에서 망류하도처럼 흐르는 대구천의 영향을 가장 적게 받는다. 미시적으로 보면 신천의 분류

하천인 대구천이 해자로서 역할이 가능한 것과도 관련이 깊다. 따라서 대구천은 달성뿐만 아니라 대구 읍성 입지에도 중요한 영향을 미쳤다.

대구천은 읍성 시대 시가지 발달에 또 다른 핵심 요인인 영남대로 방향에도 결정적인 영향을 미쳤다. 영남대로는 남부 산지의 하곡에서 신천의 우안을 따라 이어지다가 하곡을 벗어나는 부근에서 신천을 건너 신천 좌안 충적평야로 들어온다. 여기서부터 영남대로는 대구천을 연하여 발달하였다(234쪽 그림 133 참조). 대구천 흐름 방향이 곧 영남대로 방향이었다. 이뿐만 아니라 읍성 서쪽 시가지 발달에 영향을 미친 또 다른 요인인 서문시장 역시 대구천의 좌안을 따라 발달하였다.

이상의 사실로 볼 때, 대구 시가지의 초기 발달, 특히 읍성 시대 대구 시가지 발달의 자연적 · 인문적 토대는 신천 분류하천인 대구천이었다는 것을 알 수 있다.

나. 일제 강점기 이후 시가지 확장과 지형의 관계

읍성 파괴 이후 대구 시가지 확장은 일본인들의 주요 거주 지역인 읍성 북쪽과 동쪽을 중심으로 이루어졌다. 이 같은 방향으로 시가지가 확장된 일차 시기는 대구시구개정(大邱市區改正)이 일어난 1910년에서 1920년 사이이다. 이 시기에 대구 시가지 특징은 읍성 동쪽으로의 확장이다. 당시 시가지의 경계는 건들바위에서 대구천에서 갈라져 나온 대구전의 분류하천까지였다. 이 하천은 건들바위에서 북류하여 향교 쪽으로 흘러갔다(그림 150 참조). 이를 '대구천 2'라고 부를 수 있다. 따라서 읍성 파괴 이후 1920년까지 대구 시가지는 읍성 서쪽 충적평야에서 읍성 동쪽 충적평야로, 그리고 대구천 본류(대구천 1)에서 대구천 분류(대구천 2)까지 확장하였다.

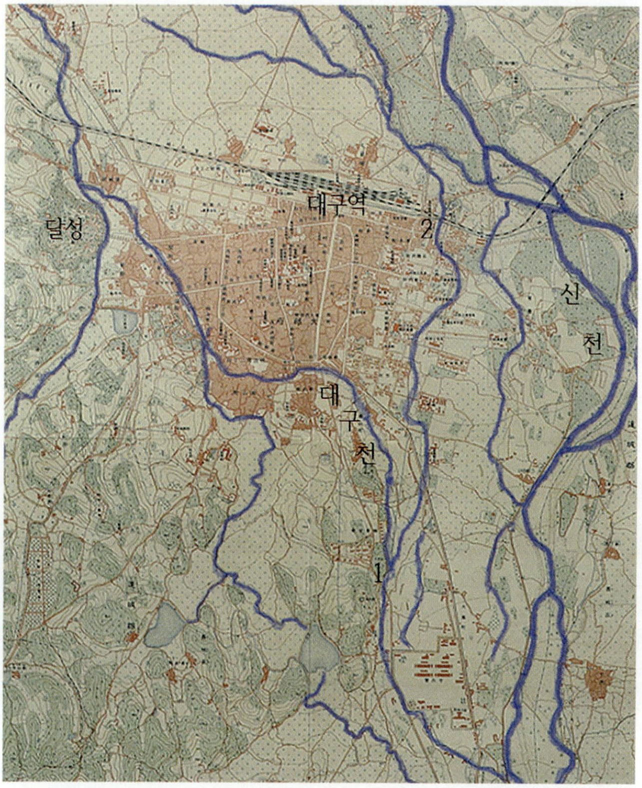

그림 150. 1918년 1/10,000 대구 지형도(1: 건들바위, 2: 향교)

1920년에서 1945년 사이는 대구 시가지가 구읍성 동쪽 충적평야로 본격적으로 확대되던 시기였다. 이 시기에 특히 중요한 지형 변화는 대구천 유로의 인위적 변경이다. 그림 151에서 볼 수 있듯이 1927년 여름, 수도산 아래의 대구천은 일본군 80연대 북쪽 가장지리를 따라 건설한 직선의 인공 유로를 따라 신천 쪽으로 유로 변경을 하였다. 이로 인해 건들바위 북쪽에서 대구부의 중심부로 흘러가던 대구천과 그 분류하천에 중요한 변화들이 일어났다.

그림 151. 1928년 대구 시가지도(출처: 거리문화시민연대, 2007)

첫째, 1778년 이서가 제방을 쌓은 이후에도 대구천의 범람은 있었다. 그 증거가 5장 1절에 제시한 1927년 1월 14일자 동아일보 기사이다. 여기에는 '당시까지 여름철이면 대구천은 빈번하게 범람하였고, 이로 인해 인명과 재산 피해가 반복되었다'라는 기사가 있다. 이 같은 재해가 대구천 유로 변경으로 더 이상 나타나지 않았다. 이는 이때에 이르러 비로소 대구부 중심을 흐르던 대구천이 하천으로서 기능을 상실했다는 것을 의미한다. 둘째, 첫째의 변화로 대구부의 중심에 있던 대구천 하상을 도시적 토지이용으로 전환할 수 있게 되었다. 이로 인해 읍성 동쪽은 시가지 개발에 보다 양호한 환경이 되었다.

한편 읍성 동쪽의 시가지화는 빠른 속도로 이루어지는데 반해 읍성 북쪽과 남동쪽 충적평야의 시가지화는 더디게 일어났다. 읍성 남동쪽의 시가지화가 늦어진 이유는 전절에서 살펴보았듯이 충적평야 중 규모가 가장 작고, 평야 중간에 일본군 80연대가 있었기 때문이다.

읍성 북쪽 충적평야에서 시가지화가 더딘 이유는 크게 세 가지이다. 하나는 경부선이 읍성 북쪽에 동서로 연결되어 경부선의 남쪽과 북쪽이 지역적으로 분리되어 있고, 다른 하나는 1922년 대구 도시계획에 포함되었던 대구역을 현 위치에서 북쪽으로 545m 정도 이동시키려던 계획이 무산된 점이다. 마지막은 경부선 남북 간의 지형 차이이다. 이들 중 앞의 두 가지는 인문적 요인이고, 마지막 하나는 지형 요인이다. 이들 세 가지 요인 중 읍성 북쪽 충적평야의 지형 특징과 시가지 확장의 관계를 해석하면 다음과 같다.

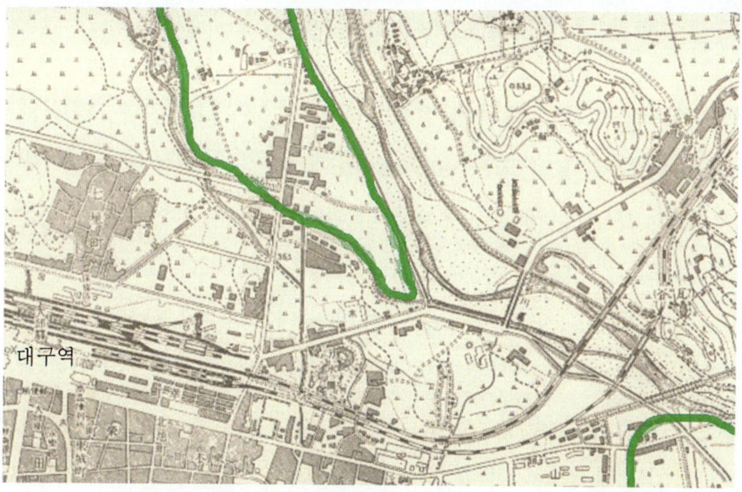

그림 152. 1937년 1/10,000 지형도(초록색: 자연제방)

그림 152에서 보듯이 경부선 철도가 신천을 가로지르는 약 600m 구간에는 자연제방이 없다. 이 같은 현상은 1918년 지형도(116쪽 그림 79), 1943년 토지

이용도(221쪽 그림 130)에서도 나타난다. 이는 4장에서 보았듯이 신천과 범어천 유로 변화와 관련 깊다. 또한 그림 150에서 보았듯이 대구역 북쪽의 칠성동 부근에는 신천에서 분류한 하천들이 서쪽으로 여러 갈래로 나누어져 흘렀다. 자연제방의 미발달과 신천 분류 하천들은 평수 시에는 문제가 없지만 홍수 시에는 신천에서 흘러들어온 많은 양의 물들이 범람하면서 주변 지역을 침수한다. 이로 인해 읍성 북쪽은 여름철 홍수 시 범람이 반복하였을 것이다.

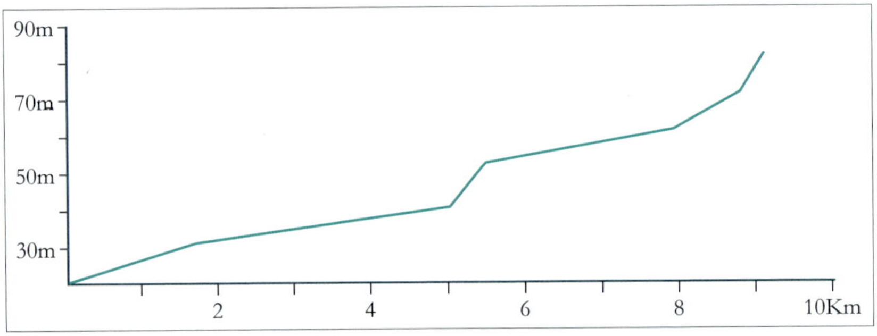

그림 153. 신천 좌안 선상지성 충적평야의 종단 경사 변화도

이뿐만 아니라 경부선 이북의 칠성동 고도는 33~34m 인데, 경부선 이남의 동인동과 태평로 일대 고도는 40~42m이다. 따라서 경부선 이남 지역과 이북 지역 간의 고도차는 6~8m에 이른다(황상일 · 윤순옥, 1998). 하류로 갈수록 선상지면의 고도가 낮아지는 것은 자연스러운 현상이다. 그런데 대구역 주변에는 선상지면의 고도가 갑자기 급격하게 낮아진다. 이 같은 지형 특성이 나타나는 곳은 대구역 부근인 등고선 40m 지역이다. 이곳은 그림 153에서 보듯이 등고선 40m를 경계로 상 · 하위 지형면 간에 뚜렷한 고도차가 나타나는 경사변환부가 발달해 있다. 이는 선상지 지형면의 일반적 형태와 아주 다른 특성이다.[68] 이 같은 지형적 조건들이 경부선 북쪽의 시가지화를 더디게 하는데

68 등고선 40m 지점의 경사변환부 발달에 대해서는 II 부 4장의 신천 본류 유로 변화에서 상세히 진술하였다.

일조하였던 것으로 보인다.

이와 달리 읍성 동쪽은 평탄한 충적평야가 넓게 펼쳐져 있고, 신천을 따라 자연제방이 넓고 길게 발달해 있다. 이로 인해 5장에서 보았듯이 읍성 동쪽 충적평야에는 10년 주기의 홍수에도 신천 물이 자연제방을 넘지 못한다. 이 같은 지형 조건이 경부선 철도 위치와 결부되면서 대구 시가지 개발은 읍성 북쪽보다 동쪽 충적평야를 중심으로 이루어졌다.

한편 신천 좌안 충적평야의 지역별 지형 특징과 더불어 침식저지에 비해 충적평야의 개발이 보다 빠르게 일어난 것은 충적평야의 퇴적층도 관련이 있다.

1장에서 살펴보았듯이 신천 좌안 충적평야는 선상지성으로 발달하였다. 때문에 퇴적층은 분급이 불량한 사력질이 5m 전후로 두껍게 퇴적되어 있다. 이로 인해 신천 좌안 충적평야는 투수성이 강하고, 저습하지 않다. 뿐만 아니라 소우지이자 한발이 잦은 대구 기후에도 땅 밑으로 물이 흐르는 선상지의 특성으로 지하수가 풍부하다. 특히 읍성 동쪽은 평야가 넓고, 범람의 위협이 적으며, 대구의 핵심인 읍성과 고도적으로 유사하다. 이 같은 지형 특징이 이 지역을 일본인들의 핵심 거주지로 만든 요인으로 보인다. 그것이 일제 강점기에서 1970년까지 대구 시가지가 읍성 동쪽의 신천 좌안 충적평야를 중심으로 발달하는 데 중요한 영향을 미쳤던 것 같다.

결론적으로 대구 시가지가 대구 읍성으로부터 출발하여 신천 좌안 충적평야를 중심으로 발달하게 된 지형적 요인은 신천 유로 변화이다. 그것은 첫째, 신천 본류의 유로 변화로 넓은 충적평야가 발달한 것이고, 둘째, 충적평야 상으로 망류하도처럼 신천 분류하천들이 흘렀던 것이다. 이들 두 가지 특징 중, 전자는 우수한 투수성, 풍부한 지하수, 넓고 평탄한 지형 등 주거지로 양호한 조건을 제공하였다. 후자인 신천 분류하천들은 대구 분지 속 충적평야에 관개용 물을 공급하여 농업을 발달시켰다. 또한 대구 읍성, 달성, 영남대로의 입지에 중요한 영향을 미쳤다.

5부_
신천 논란의 재해석

5부에서는 신천 관련 논란들을 재해석한다. 이를 위해 신천 유로 변화의 핵심이자 대구민들의 삶과 밀접한 관련을 맺었던 대구천을 대상으로 이공제 건설 이후 대구민들의 인식 속 대구천의 변화를 살펴본다. 이를 토대로 1924년 대구 읍지의 특징과 1977 달구벌의 문제점을 분석한다. 이들과 전장들에서 살펴본 분석 결과를 종합하여 신천 유로 변화와 그것에서 비롯된 신천 지명과 이공제의 위치 등 여러 논란들을 재해석한다.

9장

신천 지명 논란의 발생 과정[69]

18세기 중반의『여지도』에 나타난 대구 읍성과 신천

69 9장은 "송언근 · 강경택, 2017b, 대구 신천 유로 변화의 지리학적 해석"을 토대로 재구성한 것임.

1. 신천과 대구천에 대한 대구민들의 인식 변화

신천 좌안 충적평야에는 대구 읍성, 향교, 영남대로, 서문시장 그리고 대구민들의 주요 거주지가 있었다. 이들 모두는 대구천과 관련하여 입지하였다. 때문에 대구천은 대구민들의 일상 삶과 밀접한 관계를 맺었다. 이러하였던 대구천이 이공제 건설과 도시화로 사라지면서 하천에 대한 대구민들의 인식도 변화하였다. 여기서는 이공제 이전과 이후, 대구천에 대한 대구민들의 인식 특징을 살펴본다.

가. 1778년 이공제 건설 전

이공제 건설 당시 신천 좌안 충적평야의 하계망 특징은 관련 지도 자료가 없어 정확히 알 수는 없지만 몇 가지 고문헌을 통해 추론해 보면 다음과 같다.

대구천의 흐름과 관련된 가장 오래된 기록은 세종 7년(1425)에 편찬된 경상도 지리지의 대구군 경계를 나타낸 내용이다. 여기에 '…南距壽城縣境金龍橋二里李二百六十七步…'라는 내용이 있다. 1943년 대구부사(大邱府史)에는 '금용교(金龍橋)의 위치는 불분명하나 군치(君治)까지의 거리 2리 267보는 약 10정(町)에 상당하므로, 어쩌면 현 대봉동 육군관사 부근의 교량일 것이다'라고 해석하였다(손필헌, 2009). 당시 육군관사는 그림 154에서 보듯이 건들바위 뒤, 즉 건들바위 서쪽에 있었다. 따라서 대구 부사의 해석이 맞다면 신천에서 서쪽으로 800여 m 떨어진 건들바위 쪽으로 조선왕조 초기에도 하천이 흘렀으며, 이 하천은 위치로 볼 때 대구천일 가능성이 높다.

한편 이공제가 건설되고 난 뒤인 1797년에 세운 이공제 비문에는 '향교의 성묘와 읍터가 모두 신천의 하류에 있었기 때문에 항상 큰물이 지면 침수를 우려했다.'라는 내용이 있다(영남일보, 2012.11.23.). 이들 지역의 침수 위협과 관련하여 5장에서 각사등록의 기록, 읍성, 향교와 대구천, 신천의 거리 관계, 자연제방의 위치, 10년 주기 홍수위와 자연제방의 고도 관계, 고문헌에서의 이공제의 위치 등을 토대로 읍성과 향교에 침수 위협을 가한 하천은 신천 본류가 아니라 신천 분류인 대구천일 가능성을 제시하였다.

그림 154. 1918년 1/10,000 대구 지형도(1: 건들바위)

이공제 건설 당시 읍성과 향교 주변을 흘렀던 하천을 무엇이라 불렀는지 알 수 없다. 그러나 1924년 대구 읍지에서 읍성 쪽으로 흘렀던 하천을 신천으로 기술한 것으로 보아 현재 대구천으로 가칭하고 있는 이 하천을 신천으로 불렀을 가능성도 있다. 이 같은 추론은 대구천은 신천의 분류하천으로서 신천의 또 다른 유로였기 때문이다.

이상의 내용들로 볼 때 이공제 건설 당시뿐만 아니라, 조선 전기에도 대구천을 중심으로 한 신천 분류 하천들이 신천 좌안 충적평야 상에 흘렀다는 것을 알 수 있다. 이들 신천 분류하천, 특히 대구천은 경상도지리지에서 보듯이 조선전기에도 건들바위 앞을 흘렀다. 때문에 대구천은 읍성 축성 이전에도 읍성 축성 당시와 같은 하계망을 유지하면서 신천 좌안 충적평야 상을 흘렀던 것으로 보인다.

그림 155는 1895년과 1904년 사이에 제작된 1/50,000 대구 지형도이다. 지도를 보면 당시 대구의 핵심 주거지는 읍성 주변이었다. 그리고 그 곳을 따라 동래에서 한양으로 가는 경상도의 핵심 간선 도로인 영남대로가 지난다. 주거 밀집지역인 읍성 주변과 그 곳을 지나는 대구천과 영남대로의 관계는 1601년 경상감영이 대구로 옮겨오면서 종래 읍성의 북문 밖에 있던 협소한 대구장(서문 시장)이 보다 넓은 공간을 찾아 서문 밖으로 이전하면서 더욱 강화되었다. 이는 두 가지 의미를 가진다. 하나는 이공제 건설 당시에도 주요 주거지는 읍성의 서문과 남문 주변이었다는 것이고, 다른 하나는 대구민들의 일상생활은 대구천과 영남대로와 관련 깊었다는 것이다.

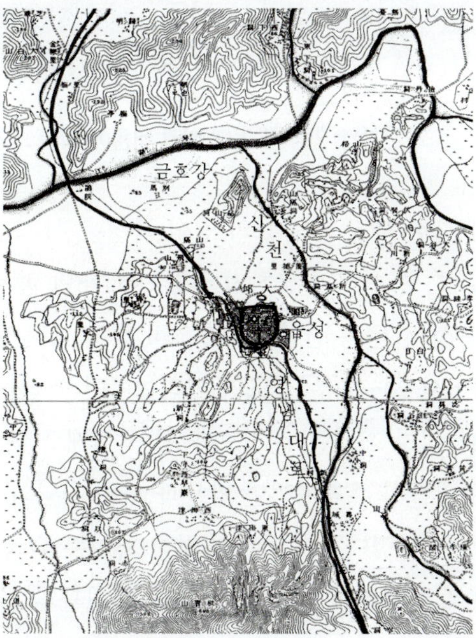

그림 155. 1895년~1904년 대구 지형도에서 영남대로

대구천과 영남대로는 대구 사람들뿐만 아니라 부산에서 대구를 거쳐 서울로 가는 사람이든, 그 반대로 이동하는 사람이든 반드시 대구천을 따라 발달한 영남대로를 거쳐야 했다. 이로 인해 외지 사람들도 대구의 하천이라면 대구천을 생각했을 가능성이 높다. 이 때문에 대구를 대표하는 하천은 지금의 신천이 아니라 신천의 분류하천으로서 또 다른 신천인 대구천이었을 가능성이 높다. 마치 오늘날 대구 시민들이 낙동강이나 금호강보다 신천을 더 익숙하고, 친숙하게 생각하는 것과 같다.

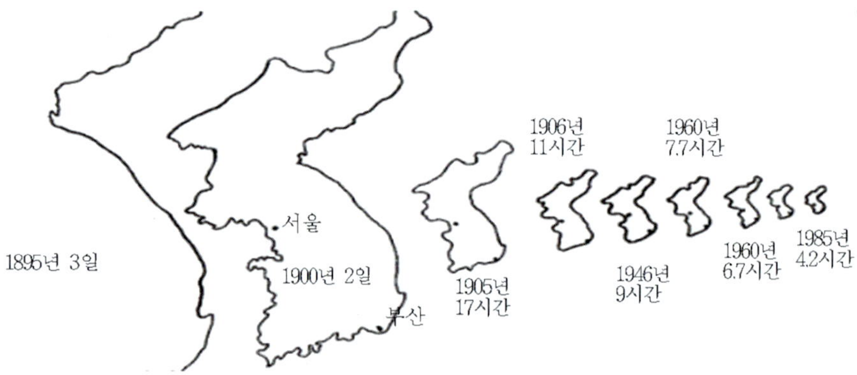

그림 156. 축소되는 국토 공간: 경부간 여행 시간 비율에 의한 크기(김영성, 1995)

신천과 대구천에 대한 대구 사람들의 인식 특징은 시 · 공간 수렴의 맥락에서도 알 수 있다. 교통, 통신이 발달하지 않았던 1778년 당시 대구민들의 핵심 거주 지역이었던 읍성 서문은 신천에서 2.3km 정도, 남문은 신천에서 1.7km 정도 떨어졌다. 걸어서 20~30분 정도의 거리이지만 자신들의 일상생활과 관계없는 지역에 대한 인지 거리는 실제보다 훨씬 멀게 느껴진다. 신천과 달리 대구천은 당시 대구민들의 주거지였던 남문과 서문 지역의 주거지 사이로, 또는 주거지에 근접하여 흘렀다. 이 같은 거리적 차이는 접촉 빈도에 차이를 낳고, 이는 종국적으로 대구천과 신천에 대한 대구민들의 인식의 차이를 낳는다. 이 같은 물리적 거리의 차이에 따른 인지거리의 차이는 그림 156을 통해 알 수 있다.

그림 156은 경부간 여행 시간에 비례하여 그린 국토의 크기를 나타낸 것이다. 1985년 서울, 부산 간에 4.2시간 소요될 때 국토 크기에 대한 인식 수준과 서울, 부산 간 이동에 이틀이 소요되었던 1900년의 국토 크기에 대한 인식에는 큰 차이가 있다. 시간 거리에 따른 국토의 크기의 인식 차는 12배 정도에 이른다. 이는 오늘날 우리들이 인식하는 신천과 1778년 당시 읍성 주변에 살았던 사람들이 느끼는 신천은 달랐다는 것을 의미한다. 아마 당시 대구민들에게 신천은 자신들의 인식에서 멀리 떨어진 또 하나의 하천 정도로 인식하였을지도 모른다.

이상의 대구천과 읍성 및 향교, 그리고 주거지의 위치적 관계로 볼 때, 이공제 건설 당시 대구민의 인식을 지배한 하천은 부에서 동쪽으로 2km 정도 떨어진 신천이 아니라 읍성 앞을 지나갔던 대구천이었을 가능성이 높다.

나. 1778년 이공제 건설이후 신천에 대한 인식의 변화

이공제 건설 당시 현 도로 3~6차선(9~18m) 정도였을 것으로 추정되는 대구천은 이공제 건설 이후 유량 감소와 하도 축소로 하천으로서의 기능을 상실해 갔다. 이 같은 변화는 일제 강점기의 도시화 과정에서 특히 많이 일어났다.

6장 1절 이공제 건설에서 1920년대까지 하계망 변화에서 보았듯이 변화가 특히 많이 일어난 시기는 1910년대와 20년대이다. 김일수(2003)가 밝혔듯이 1912년 42,490톤 대구역의 발착화물량이 1919년 204,749톤으로 5배 증가하였고, 대구세관을 통한 물화는 1916년 약 11만원이었지만 1919년 약 1,346만원으로 무려 13배나 증가하였다. 또한 1911~1917년의 제1기 치도기간(治道期間) 동안 국도가 방사상으로 정비되면서 배후지역에 대한 중심지 도시로 기능이 강화되었다(박태화, 1985). 뿐만 아니라 1920년대는 대구시도시부계획이 이루어져 1920년대 후반부터 이에 토대한 도시 건설이 이루어졌다. 이 같은 변화로 볼 때 1910년대와 1920년대의 대구 중심부는 과거에 비해 많은 변화가 있었을 것이다. 그것은 필연적으로 대구천과 그 분류 하천들에 영향을 주었을 것이다.

전술한 이유들로 1920년대는 대구천이 하천으로서 기능을 상실해 가던 마지막 단계였고, 대구천과 관련된 인식 변화도 이 시기에 가장 심하였을 것으로 여겨진다. 하계망은 과거와 유사한데 하천은 과거와 비교가 되지 않을 정도로 축소되었고 기능도 거의 상실해 갔기 때문이다. 1929년 지적도에서 보았듯이 1920년대 구읍성 남문 밖 대구천 폭은 3m 정도로 거의 도랑 수준이었다.

대구천과 관련된 인식 변화는 중년 이상의 사람들에게서 특히 심하게 나타났을 것이다. 그들은 1800년대 후반, 하천으로서 기능을 어느 정도 유지하였던 대구천 모습과 기능을 상실해 가는 1920년대의 대구천 모습, 두 가지 모두를 기억하고 있기 때문이다. 이뿐만 아니라 그들은 부모나 조부모 세대들로부터 대구민들의 삶을 좌우하였던 대구천 이야기도 들었을 것이다. 하여 1920년대 중년이나 노년의 사람들이 대구천과 관련된 이야기를 할 때면 기억을 더듬어, 혹은 전해 내려오는 이야기로 '옛날에는 물이 많이 흘렀는데, 여기서 별별일을 다 했는데, 그 하천 없었으면 대구 사람들 살기 힘들었는데'와 같은 이야기를 했을지도 모른다. 그러면서 '옛날에는 여기가 신천이었는데 이공제 이후 유로가 바뀌었다'라고 했을지도 모른다.

이 같은 추론은 효성타운 주변에 오래 거주하신 윤**(80) 이야기에서도 알 수 있다.

> 옛날 노인들이 공사하기 전(이공제 건설)에는 물이 거기로(효성타운 동쪽 구릉지의 하식애 앞) 흘렀다고 하더라. 방천에 누가(판관 이서) 공사를 했는데, 그래서 하천을 지금 쪽으로 흐르게 했다 하더라.

면담 당시(2017년) 80세인 이 분이 옛날 노인들이라 지칭한 사람들은 1800년

대 후반 사람들일 것이다. 면담자의 이야기로 볼 때, 그 때 사람들은 옛날 신천은 현재 신천과 달리 효성타운 쪽으로 흘렀다고 생각했었다는 것을 알 수 있다.

1920년대 후반에 이르러 대구천 유로 변화로 읍성과 향교 쪽으로 흘렀던 대구천과 그 분류 하천은 사라져 갔다. 도시화가 진행되면서 이천천, 남산천, 달서천들도 복개되었다. 이로 인해 현재는 신천 좌안 충적평야에서는 더 이상 하천을 볼 수 없게 되었다.

이 같은 변화 과정을 거치면서 대구민들의 삶에 가장 중요한 하천이었던 대구천은 이공제 건설 이후 시간이 지나면서 대구민들의 삶에서 점차 멀어졌다. 그리고 대구민들의 인식 속에서 대구천은 사라지고, 이야기 속에 존재하는 하천이 되었다.

2. 1924년 대구 읍지에 대한 1977년 달구벌의 오역

이공제 건설 이후 신천으로부터 물의 공급이 급격히 줄어들면서 대구천에 대한 대구민들의 인식이 변하였다. 하도는 있지만 과거와 비교가 되지 않을 정도로 적은 물이 흘렀기 때문이다. 변화하던 인식은 1920년대에 이르러 큰 전환점을 맞는다. 원인은 1913년~1920년 사이에 있었던 대구시구개정이다. 일본의 식민정책에 의해 대구의 도로, 교량, 하천을 근대적으로 정비하여 구획별로 건축물의 근대화를 달성하는 일종의 도시재개발사업인 시구개정은 대구의 공간 구조를 이전과 다르게 변화시켰다. 그것의 영향이 1920년대에 나타났다. 그리고 공교롭게도 1924년에 간행된 대구 읍지 집필자들은 신천 유로 변화에 대해 언급하였다. 이는 대구천에 대한 인식 변화가 1924년 대구 읍지 내용에 직 · 간접적으로 영향을 미쳤을 가능성을 제시하는 것이다.

여기서는 1924년 대구 읍지의 집필 과정을 통해 '신천 유로 변화'의 의미와 그것이 읍지에 들어가게 된 과정을 해석한다. 이어서 신천 지명 논란의 원인인 1977년 달구벌 내용과 집필의 문제점을 살펴본다.

가. 1924년 대구 읍지의 신천 기술

1924년 대구 읍지 제작 이전에 발간된 대구와 관련된 지리서들인 1907년 대구 읍지(大邱 邑誌), 1899년 경상북도대구부읍지(慶尙北道大邱郡邑誌), 1892년 영지선(嶺誌選 上), 1872년 대구부 사례(大邱府事例), 1832년 대구 읍지(大邱 邑誌)의 어디에도 이공제 건설로 부의 서쪽으로 흐르던 신천 유로를 동쪽으로 돌렸다는 기록은 없다. 심지어 이서가 제방을 쌓기 10년 전인 1768년~1771년 사이에 제작된 대구 읍지에도 '신천은 부의 동쪽 4리에 있다. 한 줄기는 팔조령에서 흘러나오고, 다른 한 물줄기는 최정산에서 흘러나와 사방산 앞에서 합쳐져 흘러서 금호강으로 흘러들어간다(표 3 참조)'라고 기술되어 있다. 수백 년 동안 일관적으로 신천 유로를 기술하였는데, 왜 갑자기 1924년 대구 읍지에서 기존에 없었던 신천 유로 변화를 제시하였을까?

표 3. 대구 읍지들의 신천 내용[70]

	1530년	1768~1771년	1832년	1872년	1892년	1899년	1907년	1924년
원문	新川在府東五里出八助嶺入琴湖	新川在府東四里一源出八助嶺一源出最頂山合流于四方山前入宇琴湖江	新川在府東四里一源出八助嶺一源出最頂山合流于四方山前入于琴湖江	新川在府東五里...	新川: 東七里戊戌判官李潋築堤種樹"	新川在府東四里一源出八鳥嶺一源出最頂山合流于四方山前八于琴湖江	新川在府東四里一源出八助嶺一源出最頂山合流于四方山前入于琴湖江	新川在府東五里 其源出南峽 經壽城達句北 入於琴湖江 昔此川在於府西每爲水患 故判官李潋築堤 以東之遡流入峽
기술특징	신천 본류 위치, 발원지, 금호강	신천 본류 위치, 발원지, 합류지, 금호강	신천 본류 위치, 발원지, 합류지, 금호강	신천 본류 위치	이공제 위치	신천 본류 위치, 발원지, 합류지, 금호강	신천 본류 위치, 발원지, 합류지, 금호강	신천 본류 위치, 유로 방향, 금호강 과거 신천 본류 방향, 이공제 건설 목적, 신천 본류 변화, 흐름 방향
하천	신천	신천	신천	신천	신천	신천	신천	신천

70 1530년의 책은 신증동국여지승람이다. 1768년~1771년 사이로 보는 대구 읍지는, 이를 편역한 김택규, 박대현(1997)의 설명에 따르면 영조 44년(1769년)에서 47년 사이에 편찬된 읍지 중 한 가지이다. 1832년으로 보는 대구 읍지는, 국립중앙도서관 해설에 의하면 순조대에 간행된 읍지로서 순조 32년(1832년) 이후 시기로 추정한다. 1872년 대구읍사례에는 신천의 위치가 간략히 나타나고, 나머지는 대구 판관 이서에 의한 제방 공사 시 동원된 사람, 예산과 그것의 활용 등에 대한 내용이 기술되어 있다. 1907년 대구읍지에는 신천제의 기록이 독립적으로 기술되어 있고, 1899년 대구읍지에는 신천수(新川藪)에 대한 기술에서 이공제에 대한 기술이 있다.

1924년 대구 읍지 기록만으로 보면 적어도 이공제 건설 전인 1768년~1771년 사이에 제작된 대구 읍지에 '신천은 대구부의 서쪽으로 흘렀다'라는 기록이 있어야 한다. 그래야 서쪽으로 흐르던 신천 유로를 이서가 제방을 쌓아 동쪽으로 돌렸다는 1924년 대구 읍지의 논리가 성립한다. 그런데 1530년 신증동국여지승람부터 1768년~1771년 사이의 대구 읍지까지 이공제 건설 전에 제작된 대구 읍지들과 지리지는 신천은 부의 동쪽 4리 혹은 5리에 있다고 기록하고 있다.

이뿐만 아니라 1899년과 1907년의 대구 읍지에는 대구 판관 이서가 신천에 제방을 쌓았다는 내용과 그것의 위치, 길이, 높이가 제시되어 있다.[71] 그리고 여기에는 '제방 위에 숲을 조성하고, 무지개 정자(虹亭)[72]를 세웠는데 태풍으로 무너졌다'라는 세세한 기록까지 있다. 이공제에 대한 상세한 기록에도 불구하고 유로 변화 내용은 없다. 수많은 대구 읍지 기록과 달리 1924년 대구 읍지는 '신천은 부의 동쪽 5리에 있다. 옛날에 이 하천은 부의 서쪽으로 흘렀다. 판관 이서가 홍수 피해를 걱정하여 유로를 동쪽으로 돌렸다'라고 기록하였다.

대구읍지편집역사에는 '1924년 서석태, 이종희가 채헌식이 편서한 1908년 대구읍지 이후의 변동 사항들을 향인(鄕人)들의 도움을 받아 수합하고, 여러 구지(舊誌)를 참작하여 편집하여 1924년 12월에 대구 읍지를 발행하였다'라고 되어 있다(한국향토문화전자대전, 한국학중앙연구원). 1924년 대구 읍지편찬사에 전대의 읍지들을 참고하였다고 하면서도 신천 내용은 기존 읍지와 다르게 기술하였다. 이는 기존 대구 읍지 내용이 틀렸거나 아니면 1924년 대구 읍지 내

71 1907년 대구 읍지의 신천 제방과 관련된 기록은 다음과 같다. "新川提在府南十里英廟戊戌判官李潊以校基邑基慮有水溢之患防築新川一帶高二尺長十餘里堰上作堰虹亭辛丑遇風 壓..". 1892년 영지선(嶺誌選)에는"新川: 東七里戊戌判官李潊築堤種樹"으로 기록되어 있다. 1899년 대구군읍지에 기술된 신천과 신천 제방에 대한 기록을 보면 다음과 같다. 신천 제방과 관련된 내용은 "新川藪在府東五里下守南東上兩面長十餘里英廟戊戌判官李潊爲其邑基築堤植藪 當? 戊辰邑人立碑號日李公堤"로 되어 있다.

72 이와 관련된 1907년 대구 읍지 기록은 다음과 같다. …上作堤虹亭辛丑遇風頽壓…

용을 문자적으로만 해석해서는 안 된다는 뜻이다. 기존 읍지 내용인 신천이 부의 동쪽 4리 혹은 5리에 있다는 것은 틀린 내용이 아니다. 이공제와 관련된 기술 역시 틀린 것은 아니다. 그러면 문제는 '옛날 신천은 부의 서쪽으로 흘렀다와 유로를 동쪽으로 돌렸다'라는 내용을 어떻게 해석하느냐이다.

전자인 옛날 부의 서쪽으로 흘렀다는 내용과 그렇게 기술하게 된 배경은 다음과 같이 해석할 수 있다.

첫째, 전 장들에서 살펴보았듯이 대구 읍성과 향교, 그리고 대구민들의 주거지 지역으로 흘렀던 하천은 대구천이다. 이 하천을 무엇이라 불렀는지 알 수 없지만 대구천은 신천의 또 다른 유로였다. 그리고 전절에서 보았듯이 당시 대구천의 규모, 대구민들과의 관계 등으로 볼 때 이공제 건설 당시에 대구민의 삶을 지배하였던 하천은 신천이 아니라 대구천이었을 가능성이 높다.

둘째, 하계망 변화에서 보았듯이 1920년대 사람들, 특히 중년이상의 사람들은 1800년대 후반부터 이어지는 대구천에 대한 자신들의 기억에 선조들의 기억이 덧붙여지면서 대구천은 조그마한 도랑(溝)이 아니라 향교와 읍성을 거의 매년 침수시킬 정도였고, 여름철이면 두려움의 대상이었을 정도로 대구민들의 삶을 좌우하였던 큰 하천으로 생각했을 것이다.

이 같은 기억으로 1920년대 사람들은 이공제 건설 전의 대구천을 신천의 본류로 인식하였는지 모른다. 이는 앞에서 제시한 효성타운아파트 주변에 거주하는 80세 되신 노인분과의 면담 내용에서도 알 수 있다. 대구 읍지 간행이 향인(鄉人)들의 도움을 받아 원고를 수합하여 이루어졌다는 기록으로 볼 때, 그와 같은 내용들이 제시되었고, 그것이 대구 읍지에 반영되었을 가능성이 있다.

셋째, 앞의 두 가지 전제들로 1920년대 사람들이 대구천을 신천의 본류로 생각하였다면 대구 읍지에는 부의 서쪽으로 흘렀던 대구천만 기술했을 가능성이 높다. 이는 표 3에서 볼 수 있듯이 조선시대 읍지와 지리지에는 하천의 본류만 기술하는 특징 때문이다. 이 같은 추론은 대구 분지 내에는 대구천뿐만 아니라 범어천과 같은 규모가 큰 하천들이 있음에도 이들 하천에 대한 내용이 없는 것에서 알 수 있다.

넷째, 표 3에서 보듯이 1768년~1771년 사이의 대구 읍지 내용과 1832년, 1899년, 1907년 대구 읍지 내용은 똑같다. 이는 각 시대별 읍지 제작자들이 신천을 답사하거나 신천과 관련된 대구민들의 정보를 종합하여 읍지를 기술한 것이 아니라 기존 읍지 내용을 검증도 없이 그대로 인용하였다는 것을 의미한다.

이들과 달리 1924년 대구 읍지는 읍지 편찬 역사에서 보듯이 대구와 관련된 정보들을 향인들로부터 수합하고, 이를 종합하여 기술하였다. 이 과정에서 신천에 대한 정보도 수집하였을 것이다. 이 같은 정보 수집의 차이와 대구천에 대한 1920년대의 시대적 인식이 결합하면서 기존 읍지들과 다르게 기술되었던 것으로 추정된다.

이상의 근거들로 볼 때 1924년 대구 읍지 제작자들은 부의 동쪽에 신천이 없었다고 본 것이 아니라, 부의 서쪽으로 흘렀던 하천을 신천의 본류라고 생각하여 읍지에 그것만 기술하였을 가능성이 높다. 따라서 '옛날에는 신천이 부의 서쪽으로 흘렀다'라고 하여 '동쪽에는 신천이 흐르지 않았다.'라고 해석한다면 조선시대 읍지와 지리지의 기술 특징에 대한 이해 부족에서 온 해석의 오류라고 할 수 있다.

1924년 읍지의 또 다른 특징인 '이공제 건설로 부의 서쪽으로 흐르던 유로를 동쪽으로 변경하였다(또는 돌렸다)'라는 내용의 의미는 유로를 무엇으로 보느냐에 따라 해석이 달라진다. 즉, 유로를 하도(河道)로 보느냐 물의 흐름으로 보느냐이다. 유로를 하도로 보면 서쪽에 있던 기존 하도를 폐쇄하고, 동쪽 방향으로 흐르는 새로운 하도를 만들거나, 아니면 서쪽에 있던 하도 방향을 동쪽에 있는 하도 쪽으로 돌려서 연결하는 것이 된다. 어느 쪽이든 하도 공사를 해야 한다. 반면 유로를 물의 흐름으로 보면 하도 공사는 하지 않아도 된다. 신천이 서쪽으로 분류하는 지점만 막으면 물의 흐름은 부의 서쪽에서 동쪽으로 돌려진다.

전술한 것처럼 유로를 하도로 보느냐, 물의 흐름으로 보느냐에 따라 읍지 해석은 달라진다. 이뿐만 아니라 이공제 건설의 의미도 달라진다. 하도를 돌려 홍수를 막고자 한다면 굳이 제방을 쌓지 않아도 된다, 새로운 하도를 건설하기 때문이다. 반면 유로를 물의 흐름으로 보면 제방을 쌓아야 한다. 제방은 하도와 관계없이 물의 흐름 방향을 바꾸기 때문이다. 신천이 분류하는 지점에 제방을 쌓으면 서쪽으로 흐르던 신천 물의 흐름은 자연스럽게 동쪽으로 변경된다.

이 같은 맥락에서 보면 1924년 대구 읍지에서 신천 유로를 동쪽으로 돌렸다는 의미는 하도 공사를 통해 유로 방향을 바꾼 것이 아니라 제방을 쌓아 물의 흐름을 바꾼 것으로 해석하는 것이 타당하다. 이 같은 판단은 이공제 건설 140년 전후인 1910년대와 1920년대 신천 좌안 충적평야에 대구천과 상동천, 그리고 그들의 분류 유로들이 망류하도처럼 흐르는 것에서 알 수 있다. 하도 공사를 통해 유로를 바꾸었다면 신천 좌안 충적평야에는 하천이 흐르지 않아야 한다.

나. 1977년 달구벌의 오역과 오류

1924년 대구 읍지는 기존 읍지들과 달리 신천 유로 변경에 대한 내용을 처음으로 수록하였지만 신천 지명의 어원에 대한 기술은 없었다. 오늘날 문제가 되는 '이공제 건설로 인해 새로 생긴 하천이어서 신천이라 부르게 되었다.' 라는 내용은 1977년 대구시에서 발행한 「달구벌」에서 처음 나타난다. 이 책을 신천 어원의 기원으로 보는 것은 「달구벌」 이전에 발행된 1973년 「대구시사」, 1972년 「대구 달성지」, 1966년 홍경희 교수가 집필한 「대구시」 등의 어디에도 이공제와 신천의 유로 이동에 대한 언급은 없기 때문이다. 1943년에 간행된 「대구부사」에서조차 신천의 유로 이동과 관련된 내용이 없다.

지난 30년 동안 신천의 어원에 대한 논란을 제기한 「달구벌」에 수록된 내용은 다음과 같다.

'정조가 즉위하던 시대만 하여도 신천은 팔조령에서 내려오는 수로는 용두산→효성여대 앞→수도산 동쪽 기슭→반월당→남산병원 앞→구암서원 앞→동산파출소 옆→달성공원→달서천→금호강으로 흘렀다. 당시에는 대구시가의 중심부로 커다란 냇물이 가로질러 흐르고 있기 때문에 큰 비라도 내리게 되면 전 시가지가 침수되는 등 주민들의 피해가 극심하였다. 뿐만 아니라 당시 지배층 계급에서 성역화하고 있다시피 한 공자묘(향교의 대성전)까지 빈번히 침수를 당해 소동을 벌이게 되었다. 따라서 당시 대구시가를 가로질러 흐르던 시냇물은 사 · 농 · 공 · 상 어느 계급에 속해 있었던 사람이든지 간에 커다란 골칫거리였다. 그러던 중 정조 1년 7월에 신임 대구판관으로 이서란 사람이 부임하였다. 이서 역시 장마철에 부임을 해와 곧 넘칠 것 같은 시가지 중심부의 냇물을 보면서 큰 걱정을 하게 되었다.

그는 범람하는 냇물의 피해를 없애자면 물줄기를 시가지 중심부를 흐르지 않게 돌려야만 한다고 생각했다. 그러나 그것은 막대한 비용이 드는 힘든 작업인 만큼 가난한 관고로는 엄두도 못 낼 형편이었다. 그는 생각 끝에 자기가 부임한 지 2년 뒤인 1778년 자기의 사재를 털어 수로를 돌리기 위한 축제 공사를 단행하여 단시일 내에 끝마쳤다.

이로써 대구 중심부에 사람이 모여 살기 시작한 지 수백 년 동안의 숙원사업이었던 수로 변경이 이루어지게 되었고 주민들과 공자묘에 대한 침수 위험도 사라지게 되었다… 이 때부터 사람들은 그 냇물을 "신천" 또는 "새내"라고 부르게 된 것이 오늘까지 그렇게 불리어지고 있다(대구시, 1977, 달구벌, 211~212).

위의 내용에서 알 수 있듯이 「달구벌」은 신천의 어원을 이공제 건설에 따른 하천 유로 변화의 결과로 해석하였다. 그런데 이공제와 유로 변화, 그에 따른 하천명 발생의 관계는 역설적으로 유로 변화가 없었다면 새로운 하천이라는 신천의 의미는 잘못된 해석이 된다.

전 장들에서 보았듯이 이공제와 관련된 신천 유로 변화, 즉 새로운 하도 건설에 따른 유로 변화는 없었다. 물의 흐름 변화만 있었을 뿐이다. 그럼에도 1977년 「달구벌」에서 신천이라는 하천명의 발생 맥락을 제시한 것은 1977년 달구벌 집필자와 1924년 대구 읍지 집필자간에 신천 유로 변화에 대한 이해에 차이가 있었다는 것을 의미한다. 그것은 다음과 인식의 차이에서 비롯된 것으로 보인다.

그림 157은 신천을 새로운 하천이라는 의미로 소개한 달구벌(1977년)이 집필되기 1년 전인 1976년의 대구 지도이다. 지도에서 보듯이 당시 대구 시내에는 신천 본류를 제외하고는 어디에도 과거 대구천의 흔적은 없다. 이는 신천과 대구천을 동시에 경험한 사람들과 그렇지 않은 사람들이 신천의 하계망의 변화를 이해하는 데 큰 차이가 있을 수 있다는 것을 의미한다.

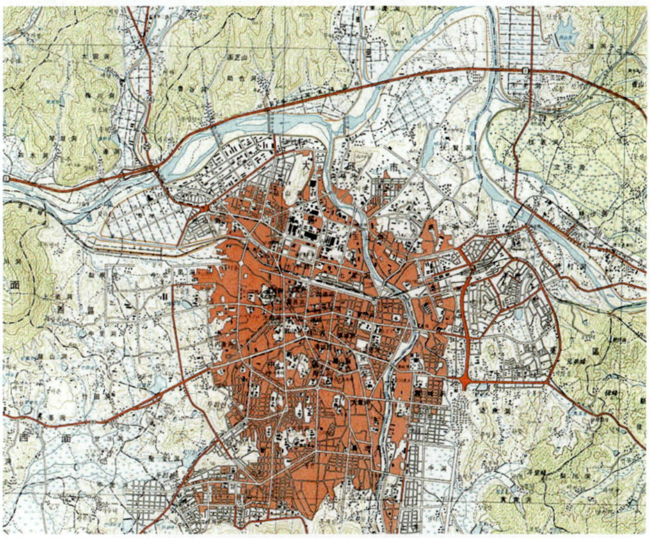

그림 157. 1976년 대구 지도(1/50,000)

첫째, 1924년 대구 읍지 집필자들은 조선 시대 읍지들의 공통적 특징처럼 신천 본류만 기술하였다. 단지 그들은 이전 읍지 집필자들과 달리 과거 부의 서쪽으로 흘렀던 하천을 신천의 본류로 인식하였다. 반면 1977년 달구벌 집필자들은 신천 유로는 하나이고, 그것은 부의 서쪽인 용두산에서 반월당을 거쳐 금호강으로 유입한 것으로 보았다. 이 같은 판단은 1924년 대구 읍지 집필자들은 신천이 부의 동쪽과 서쪽에 흐르던 시대에 살았던 사람들이었다. 반면 1977 달구벌 집필자들은 신천 좌안 충적평야에 또 다른 신천인 대구천이 수십 년 전에 사라진 시대에 살았고, 하천의 본류와 지류 정도는 구분할 수 있었기 때문이다.

둘째, 1924년 대구 읍지에서 부의 서쪽으로 흐르던 신천 유로를 동쪽으로 바꾸었다는 의미는 부의 동과 서로 나누어 흐르던 신천 흐름을 동쪽으로만 흐르도록 변경했다는 뜻이다. 반면 1977년 달구벌에서 유로 변화의 의미는 동쪽에는 신천 하도가 없었는데 제방 건설로 새로운 하도를 만들고, 서쪽으로 흐르던 신천 흐름을 제방 동쪽의 새로운 하도로 흐르게 했다는 뜻이다. 이 같은 해석 차이로 인해 1977년 「달구벌」에는 유로 변경으로 인해 '신천 또는 새내'라고 부르게 되었다는 내용을 기술하게 된 것으로 보인다.

전술한 해석의 차이를 낳은 핵심 요인 중 하나는 지형학 지식의 부재이다. 이는 새로운 하천이라는 의미로서 신천의 어원이 처음 나타나는 1937년에 대구 독본의 내용과 1977년 달구벌에 기록된 신천 어원 내용을 비교하면 쉽게 알 수 있다.

1937년 대구 독본의 내용은 다음과 같다.

> 신천은 옛날에는 지금과 달리 병영, 월견산의 절벽, 덕산정 시장 주변, 달성공원의 절벽 아래로 흘렀다. 지금도 대구 서남부 구릉 일대의 절벽에는 옛날의 침식 흔적을 분명하게 볼 수 있다. 이들 절벽을 따라 흘렀던 하천이 대구 평야 상에서 범람에 범람을 거듭하면서 차차 동쪽으로 이동하여 오늘날의 신천으로 되었다. 범람 후에 새롭게 만들어졌다고 이야기되기 때문에 신천이라 한다(大邱府敎育會, 1937, 35).

신천과 관련된 대구 독본 내용에 지형학적 해석을 덧붙이면 다음과 같다. '신천은 충적평야 하천의 일반적 특징처럼 서쪽에서 동쪽으로 유로의 측면 이동이 이루어졌고, 그 과정에 지속적인 범람이 일어나 오늘날 대구 분지안의 충적평야를 만들었다. 이 같은 유로 이동 과정에 서쪽으로 흐르던 신천이 동쪽으로 이동하여 지금의 위치에 있게 되었다. 그래서 새로 생긴 하천이라는 의미에서 신천이라 하게 되었다'라는 것이 된다. 전술한 신천의 유로 변화와 대구평야의 발달 과정, 그리고 그에 따른 신천이라는 이름의 어원은 전형적인 지형학적 해석에 토대한 구성이다.

1937년 대구 독본의 유로 변화 해석은 1924년 대구 읍지와 1977년 달구벌과는 많은 차이가 있다. 과학적이고, 객관적 근거에 토대한 해석이기 때문이다. 따라서 만약 달구벌이 1924년 대구 읍지가 아닌 1937년 '대구 독본을 핵심 참고 서적으로 하였다면 신천이라는 이름의 어원에 대한 해석은 달라졌을 것이다. 그리고 어원의 신뢰성에 큰 문제는 없었을 것이다.

'지형학 지식 부재'라는 요인과 더불어 또 하나의 요인은 대구 읍지를 비롯한 여러 지리지에 대한 검증 부재이다. 달구벌의 참고 문헌에 나오는 읍지는 하나이다. 년도는 없지만 내용으로 볼 때 1924년 대구읍지로 여겨진다. 표 3에서 보았듯이 신증동국여지승람에서부터 1907년 대구읍지까지 수많은 지리지에 신천은 부의 동쪽 4리 또는 5리에 있다고 기록되어 있다. 만약 이들 고문헌들에 대한 역사학적, 지형학적 검증을 세심히 하였다면 1924년 대구 읍지에 대한 해석도 달라졌을 것이며, 신천 지명의 발생 맥락도 달라졌거나 기술하지 않았을 것이다.

결국 새로운 하천으로서 '신천'이라는 이름의 어원은 신천과 관련된 고문헌 분석의 미비와 지형학적 지식이 부족한 상태에서 1924년 대구 읍지 내용을 잘못 이해하고, 잘못 해석한 결과라 할 수 있다.

10장

신천 관련 논란의 재해석[73]

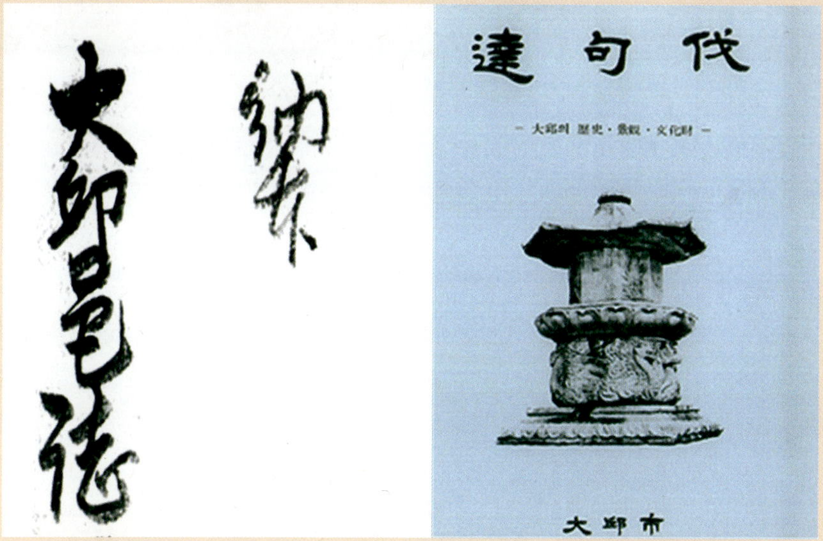

신천 지명과 유로 변화 논란의 시작: 1924년 대구 읍지와 1977년 달구벌

73 10장은 "송언근 · 김종혁, 2017, 신천과 소하천 유로 변천 조사 보고서"를 토대로 재구성한 것임.

1. 신천 지명 논란의 재해석

'신천은 이공제 건설로 새로 생긴 하천이다'라는 것은 명백히 잘못된 이야기이다. 전장들에서 보았듯이 '신천은 새롭게 만들어진 하천'이 아니라 '새로워진 하천'이다.

대구부의 중심으로 흘렀던 신천은 크게 두 갈래로 나누어져 흘렀다. 신천의 본류는 지금과 같은 방향으로 대구부의 동쪽에서 흘렀다. 신천의 분류하천으로서 또 다른 신천인 대구천은 부의 서쪽에서 흘렀다. 오랜 세월 대구부의 동과 서에서 흘렀던 두 하천 중, 대구천은 대구민들의 일상 삶에 지대한 영향을 미쳤다. 농업용수뿐만 아니라 일상생활과 관련된 생활용수도 대구천이 공급하였다. 반면 대구천은 여름철 홍수 때면 향교와 읍성을 침수하거나 위협했다. 이 문제는 대구부의 오랜 고민거리였다. 이를 해결한 사람이 정조 원년에 대구 판관으로 부임한 이서이다. 그는 신천에서 대구천과 상동천이 분류하는 지점을 중심으로 신천을 따라 제방을 쌓아 대구부의 오랜 문제를 해결했다. 이때부터 대구부의 서쪽으로 흐르던 대구천은 하천으로서 기능을 점점 상실해 갔다. 일제 강점기 도시화로 그것은 더욱 심해졌다. 이 같은 과정을 통해 대구는 두 개의 신천이 아니라 하나의 신천으로 변했다.

대구천은 사라지고, 신천만 남았다. 대구부의 모습이 바뀌었다. 마치 미니멀 라이프를 추구하는 집처럼 복잡하게 흐르던 하천이 하나의 유로로 단순해졌다. 이렇게 변하였기 때문에 신천은 새롭게 만들어진 하천이 아니라 새로워진 하천이라 하는 것이 맞다.

지명은 사람이 만든다. 사람들은 장소에 의미를 부여한다. 그것이 오랜 세월 구전처럼 내려오다가 지명으로 바뀌는 경우가 많다. 이는 지명은 사람들이 그곳을 어떻게 인식하느냐에 달려 있다는 뜻이다. 신천의 한자어가 새로운 신(新)에 내천(川)을 사용하고, 내려오는 이야기가 '대구 판관 이서가 새로운 하천을 만들어 여름철이면 대구부에 침수 위협을 가하던 하천의 유로를 돌렸다'라고 하니, '신천은 새롭게 만들어진 하천이다'라는 이야기를 하는 것도 무리는 아니다. 지리 지식, 특히 지형학 지식이 없는 일반인들은 충분히 그렇게 인식할 수 있는 이야기들이다. 그래서 그러려니 하고 넘어가도 되는 이야기였다. 그런데 시간이 가면서 그것이 마치 사실처럼 굳어지면서 문제가 생겼다. 대구를 소개하는 공식적인 문헌에도 신천을 새롭게 생긴 하천으로 소개하고, 그것으로 인해 여러 잘못된 해석이 생기기 때문이다.

신천 지명의 문제점이 제기된 것은 2000년 초이다. 이를 처음으로 제기한 사람은 이재두(2002)이다. 그는 '신천은 대구천과 금호강 사이를 흐르던 하천이어서 사이천, 새내이라 부르던 것이 한자화되는 과정에 신천으로 표기되었다'라고 하였다. 그 근거로 이공제 건설 이전에 현 신천의 위치에 있던 하천을 신천으로 불렀다는 고문헌들을 제시하였다. 그러나 그의 주장은 학술 논문이 아니어서 그런지 여론화되지는 못하였다. 신천 어원과 유로 변화와 관련된 본격적인 문제 제기는 전영권(2004)의 '대구 신천 유로에 대한 새로운 해석'이라는 연구 논문에서 비롯되었다. 이 논문에서의 주장도 이재두와 비슷하다. 전영권은 '신천은 이공제 건설 이전에 이미 있었던 이름이며, 신천이라는 이름은 대구천과 수성현 사이에 있다 하여 사이천, 새천(샛강)이라 하였는데, 그것이 신천으로 불리게 되었다'라고 주장하였다.

이들의 주장이 맞을 가능성이 있다. 이재두와 전영권이 주장하였듯이 이서가 신천에 제방을 건설하기 수백 년 전부터 신천이라는 이름이 있었고, 그 위치가 현재의 신천과 같기 때문이다.

그런데 사이천, 새천(샛강)이 신천으로 불리게 되었다는 주장은 검토해 볼 필요가 있다. '다른 지역에 있는 신천 지명의 어원이 그러하기 때문에 대구 신천도 그럴 것이다'라는 추정이 논리적 토대이기 때문이다. 개연성은 있지만 '맞다, 틀렸다'라고 학술적으로 판단하기는 어렵다. 이는 다음과 같은 이유 때문이다.

첫째, '신천을 대구천과 금호강 또는 수성현 사이로 흘렀기 때문에 사이천이라 불렀다'라고 한다면, 수성현, 또는 금호강처럼 또 다른 기준이 되는 대구천은 신천과 다른 하천일 필요가 있다. 그러나 1) 대구천은 실재하였던 하천명이 아니라 연구자들이 신천과 구분하기 위해 임의로 붙인 이름이며, 2) 대구천은 신천의 분류하천으로 또 다른 신천이다. 특히 후자의 관점에서 보면 신천 본류를 신천 1이라 한다면 신천 분류하천인 가칭 대구천은 신천 2가 된다. 이렇게 되면 '신천 2와 수성현, 혹은 금호강 사이로 흘러 사이천 또는 샛내라 불리던 것이 신천으로 되었다'라는 논리가 된다. 문제가 많은 논리이다.

둘째, 신천 좌안 지역은 선상지성 충적평야이다. 이로 인해 충적평야 상에는 대구천과 상동천, 그리고 이들의 분류들이 여러 갈래로 흘렀다. 이는 사이천의 동쪽 기준인 금호강 또는 수성현처럼 신천 서쪽에서 기준이 될 뚜렷한 하천을 선정하기 어렵다는 뜻이다. 다시 말해 '사이천'이라 부르는 신천 서쪽 하천의 기준 자체가 애매하다.

셋째, 지명 발생과 관련 깊은 요소 중 하나가 지역의 공간 환경이다. 따라서 지명의 발생 맥락을 이해하기 위해서는 관련된 공간 환경의 정밀한 분석이 필요하다. 공간 환경, 특히 자연환경은 지역에 따라 차이가 크다. 이는 다른 지역의 지명 발생을 그대로 인용하는 것은 문제가 있다는 것을 의미한다.

이 같은 맥락에서 보면 경기도 양주에 있는 신천과 서울시 송파구 잠실동의 신천 지명의 발생 맥락을 언어학적으로 살피기 이전에 이들 지역의 지리적, 또는 사회 문화적 특성과 지명의 관계를 살펴야 한다. 그리고 대구 신천 주변의 자연 및 인문 환경, 그와 관련된 사회문화적 특성을 지명과의 관련 속에서 분석해야 한다. 이 같은 분석은 없고, '다른 지역의 신천 지명 발생이 그러하니 대구 신천도 그럴 것이다'라고 추정하고 있다. 연구의 선후(先後)가 바뀌었다.

넷째, 이공제 건설로 부의 서쪽으로 흐르던 신천 유로가 동쪽으로 변경되면서 신천이라 불리게 되었다는 것은 고문헌과 고지도의 분석뿐만 아니라 지형학적 분석에서도 틀린 사실이라는 것이 명백해졌다. 반면 1937년 대구 독본에 기술된 '신천이 서쪽에서 동쪽으로 이동하여 현재의 위치에서 흐르게 되어 신천이라 부르게 되었다'라는 논리의 근거인 유로 이동은 충적평야 상을 흐르는 자연계 하천들의 일반적인 특징이다.

조선 초기에 저술된 세종실록지리지에 신천이라는 이름이 있었다면 그 이전 시기에도 신천이라는 이름이 있었을 가능성이 높다. 그리고 당시의 신천 좌안에서 신천 분류하천들의 유로 이동은 훨씬 심하였을 것이다. 따라서 한자화 과정에 신천으로 바뀌었다는 주장의 검증과 더불어 자연계 하천의 유로 이동과 지명 발생의 관계성도 검토할 필요가 있다.

위의 네 가지 문제들은 사이천, 새내, 새천, 샛강 등이 신천으로 바뀌었다는 주장이 정설로 되기 위해서 검증되어야 할 것들이다. 따라서 다른 지역의 사례를 의심 없이 대구 신천에 적용하기보다 더욱 엄밀한 검증을 거칠 필요가 있다.

2. 신천과 대구천의 관계에서 비롯된 논란의 재해석

신천은 새로운 하천이 아니라 원래부터 있었던 하천이라는 것은 대부분의 연구자들이 동의한다. 물론 이때의 신천은 신천 본류를 의미한다. 반면 대구천에 대해서는 연구자 간에 이견이 크다. 그것은 두 가지이다. 하나는 대구천을 신천의 분류하천으로 보는 견해이고, 다른 하나는 신천과 관계없는 하천으로 앞산의 삼정골 부근에서 발원하였다는 견해이다. 전자의 논리에 서면 현재와 같은 방향으로 흐른 신천 본류와 그것에서 분류한 하천, 즉 가칭 '대구천'이라는 또 다른 신천의 유로가 있었다는 것이 된다. 따라서 이 논리에서는 '신천은 부의 동쪽과 서쪽으로 흐르는 두 가지 유로가 있었다는 것이 된다. 이와 달리 후자의 측면에 서면 대구천은 신천과 무관한 하천이 된다.

대구천 존재에 대한 해석 차이는 신천과 관련된 거의 모든 논란의 원인이다. 지난 20년 동안 신천 관련 논쟁은 모두 이것에서 비롯되었다고 해도 과언이 아니다.

이 같은 의미의 대구천은 전장들의 분석으로 볼 때 의심의 여지가 없는 신천의 분류하천이다. 따라서 여기서는 전장들의 분석을 종합하여 신천 관련 핵심 논란들을 재해석한다.

가. 건들바위 앞으로 신천이 흘렀다

건들바위 앞으로 흘렀던 하천이 신천이냐 아니냐의 논란이 있다. 신천이 흘렀다고 주장하는 쪽이 제시하는 논리는 두 가지이다. 하나는 '건들바위 앞으로 대구천이 흘렀고, 이 하천은 신천의 분류하천이기 때문에 광의로 보면 신천이다'라는 주장이다. 다른 하나는 '신천 좌안 충적평야를 만들 당시 신천이 흘렀던 서쪽 끝이 건들바위이다. 때문에 건들바위 하식애를 만들 당시 신천은 이 지역으로 흘렀다' 이다. 어느 쪽이든 건들바위 앞으로 신천이 흘렀다고 본다. 반면 건들바위 앞으로 신천이 흐르지 않았다고 주장하는 쪽은 '건들바위 앞으로 흘렀던 대구천은 신천에서 분류한 하천이 아니라 삼정골에서 발원한 하천이다. 따라서 대구천은 신천과 무관하다. 그러니 건들바위 앞으로 흐른 하천은 신천이 아니다'라고 한다.

4장에서 살펴보았듯이 신천 본류는 효성타운 아파트, 수도산, 건들바위, 봉산문화거리, 동산, 성명여중, 달성 쪽으로 흐르다 유로 패턴을 유지하면서 점차 동쪽으로 이동하여 현재의 위치에서 흐르게 되었다. 신천 본류의 유로 이동으로 보면 건들바위는 신천의 흐름과 밀접한 관련이 있다. 또한 3장에서 보았듯이 신천 좌안 충적평야는 선상지성 지형이기 때문에 신천의 분류 하천들이 망류하도처럼 흘렀다. 대표적인 하천이 대구천이다.

대구천은 중동교 하류 효성강변백년가약 부근에서 신천에서 분류하여 캠프헨리, 수도산, 건들바위, 제일중학교, 반월당과 계산오거리, 성명여중, 그리고 달성과 경일중을 거쳐 팔달교 부근에서 금호강으로 유입하였다. 따라서 건들바위는 대구천의 유로상에 있었다.

전술한 분석 결과로 보면 건들바위 앞에는 아주 과거에 신천 본류가 흘렀다. 신천은 동쪽으로 이동하면서 하곡 폭을 넓혔다. 그 속에 선상지성 충적평야가 발달하고, 신천이 분류하면서 대구천과 같은 분류하천들이 흐르게 되었다. 이런 과정으로 발달한 대구천은 최소한 1920년대까지 흘렀다. 따라서 건들바위 앞으로 흘렀던 하천을 시기에 따라 대구천이라 불러도 되고, 신천이라 불러도 무방하다. 어느 쪽이든 신천과 밀접한 관련을 맺는다. 결론적으로 건들바위 앞으로 신천이 흘렀다고 할 수 있다.

나. 읍성과 향교를 침수시킨 주 하천은 대구천이다

대구 읍성과 향교에 침수 위협을 가하였던 하천이 신천이라는 것은 오랜 민음이었다. 이는 첫째, 1899년, 1907년, 1924년 대구 읍지에 대구 판관 이서가 홍수를 막기 위해 신천에 제방을 쌓았다는 기록이 있고, 둘째, 1778년 신천의 범람으로부터 읍성과 향교를 보호하기 위해 이공제를 건설한 이서를 기린 이공제 비문에 읍성과 향교를 침수한 하천이 신천이라고 제시되어 있기 때문이다.

그런데 본 연구 결과로 읍성과 향교를 침수한 하천은 신천의 한 유로인 대구천일 가능성이 보다 농후해졌다. 이는 다음과 같은 이유 때문이다.

첫째, 대구천은 읍성 남쪽을 따라 흘렀다. 대구천과 읍성 간의 거리는 가까운 쪽은 40m 정도 였다. 그리고 건들바위에서 대구천에서 분류한 하천은 향교의 동쪽 경계를 따라 흘렀다. 반면 신천, 특히 범람의 가능성이 가장 높은 수성교 부근의 신천은 읍성과 향교로부터 1.5~2.2km 정도 떨어져 있었다.

둘째, 읍성 및 향교와 신천 사이, 특히 신천 범람의 가능성이 높은 수성교에서 반월당 사이에는 자연제방이 700m 정도의 폭으로 신천을 따라 넓고, 길게 발달하였다.

셋째, 수성교 부근 신천의 10년 주기의 홍수위(洪水位)도 수성교와 반월당 사이에 있는 자연제방 최고점(경대사대부설중 · 고등)보다 낮다. 이는 십 년 주기의 홍수에도 신천의 범람수가 자연제방 최고점을 넘지 못한다는 것을 의미한다.

넷째, 조선 시대 각 지방의 기후 정보를 기록해 놓은 각사등록 중, 대구와 관련된 기록(1863년~1902년)에서 가장 많이 나타나는 표현은 개천, 도랑의 범람과 그것에 의한 피해이다. 이 표현은 전체 102번의 보고 내용에서 26번 나타난다. 반면 신천과 같은 규모가 큰 강에 의한 침수 피해는 6번에 불과하다. 그조차 개천, 도랑과 함께 표현되었거나, 다른 군과 읍의 피해를 종합하여 기술하였다. 반면 39년 동안 신천 범람으로 추정되는 기록은 1898년 을축년 홍수 한 번에 불과하다. 이는 신천과 규모적으로 비교가 되지 않을 정도로 작지만 읍성 주변으로 흘렀던 대구천과 그 분류 하천의 범람과 그 피해가 훨씬 빈번하였다는 것을 의미한다.

다섯째, 일제강점기인 1926년 8월 23일, 1927년 1월 14일자 동아일보에 여름철이면 대구천이 범람하여 인명과 재산의 손실이 일어나기 때문에 이에 대한 빠른 대책을 강구하는 기사가 있다.

이상의 결과로 볼 때 매년 홍수 때마다 읍성과 향교, 주요 주거지들을 침수시키거나 침수 위협을 가하였던 하천은 대구부의 동쪽에서 흘렀던 신천 본류가 아니라 대구부의 서쪽으로 흘렀던 또 다른 신천인 대구천일 가능성이 높다.[74]

다. 이공제는 상동교에서 수성교 하류부 사이에 건설되었다

읍성과 향교를 침수시킨 하천이 신천 본류이냐, 아니면 신천의 분류하천인 대구천이냐에 따라 이공제의 위치도 달라진다. 신천을 범람의 주체로 보는 쪽은 신천의 공격사면인 수성교 일대가 이공제의 위치라고 주장한다. 반면 대구천을 범람 주체로 보는 쪽은 대구천과 상동천이 신천에 분류하는 상동교에서 희망교 사이를 이공제의 중심으로 본다. 전장들의 분석으로 볼 때, 이공제는 상동교에서 수성교 또는 동신교 사이에 건설되었다는 것이 타당하다. 이는 다음과 같은 이유 때문이다.

대구 판관 이서는 읍성과 향교 등 대구의 핵심 지역에서 매년 발생하는 홍수 피해를 막기 위해서는 그것의 근원을 없애야 한다고 생각했다. 임시방편적 처방이 아닌 근본적 처방을 원했기 때문이다. 이를 위해 이서가 내린 판단은 두 가지였다.

첫째, 반복되는 읍성과 향교의 침수 또는 침수 위협을 막기 위해서는 신천 물이 대구천과 상동천으로 유입하는 곳을 막아야 한다.

74 이서가 제방을 쌓았던 1778년에 가칭 '대구천'이라 부르는 하천을 무엇이라 했는지 알 수 없다. 어떤 공식 기록에도 이 하천에 대한 언급이 없기 때문이다. 오늘날 부르는 대구천도 공식적인 지명은 아니다. 반면 1) 대구천이 신천에서 분류한 또 다른 신천이고, 2) 과거에는 하천명이 지금처럼 명확하지 않았고, 3) 각종 읍지에 주요 하천을 본류 중심으로 기록하였던 경향으로 볼 때 대구부의 서쪽으로 흘렀던 신천 분류하천(대구천)을 신천으로 기록하였을 가능성이 있다.

둘째, 신천을 따라 발달한 넓은 폭의 자연제방으로 신천 범람에 의한 읍성과 향교의 침수 영향은 거의 없지만, 신천 주변 지역은 피해가 있다. 때문에 이를 예방하기 위해서는 신천을 따라서도 제방을 쌓아야 한다.

위와 같은 판단으로 이서는 대구의 핵심 지역인 읍성과 향교의 침수 예방을 1차 목적으로 하고, 신천 본류 주변의 침수 방지를 2차 목적으로 제방을 쌓았다. 제방의, 위치, 길이, 높이를 1898년과 1907년 대구 읍지, 그리고 1937년 대구 독본에 기록된 이공제의 길이, 높이, 이공제 상에 있었던 숲의 위치 등을 토대로 추론하면 다음과 같다.

이공제 상에 있었던 숲은 하수남면과 동상면 사이이고, 이공제의 높이는 이척(60.6cm), 그리고 길이는 3~4km 정도였다. 이들과 이공제 건설의 목적을 종합할 때, 이공제의 위치는 신천의 분류가 시작되는 상동보 부근에서 신천의 공격사면에 해당하여 범람의 가능성이 높은 수성교와 동신교 사이에 건설되었을 것으로 추정된다.

라. 신천 유로 변화가 있었다

신천 유로가 변하였느냐의 여부는 신천의 어원과 관련된 문제이자 신천 관련 논란의 대부분이 이와 관련될 정도로 중요한 문제이다. 이에 대해 과거에는 '이서가 신천 제방을 만들면서 유로를 변경하였고, 그로 인해 만들어진 새로운 하천이라는 의미로 신천이라 불리게 되었다'라는 주장이 주를 이루었다. 그런데 2002년 이후부터는 '신천이라는 지명은 이공제 건설 이전부터 있었기 때문에 새롭게 만들어진 하천이라는 의미는 잘못된 것이다. 이 때문에 신천의 유로 변화는 없었다'라는 것이 주류적 논리로 받아들여진다. 이것은 전장들의 분석으로 볼 때, 문제가 많은 주장이다.

첫째, 신천 좌안 충적평야는 선상지성으로 발달한 관계로 여러 하천들이 분류하여 흘렀다. 이들 중 핵심은 대구천이다. 둘째, 대구천이 대구 향교와 읍성을 침수시켰다. 셋째, 대구 판관 이서는 읍성과 향교의 침수 위협에서 벗어나기 위해 신천 물이 대구천과 상동천으로 흘러들어가던 곳을 막았다. 넷째, 이로 인해 대구부의 서쪽으로는 더 이상 물이 흐리지 않게 되었고, 신천은 동쪽으로만 흐르게 되었다.

이들 분석으로 볼 때, 새로운 하도 건설은 없었지만, 대구부의 동쪽과 서쪽으로 나누어져 흐르던 신천이 동쪽으로만 흐르게 된 큰 변화는 있었다.

이 같은 신천 유로 변화의 의미를 좀 더 구체적으로 보면 다음과 같다. 신천 유로 변화에 대한 이야기가 처음 등장한 것은 1924년 대구 읍지이다. 여기에 '제방을 만들고 유로를 변경하였다'라는 내용이 있다. 이의 의미는 부의 서쪽에 흐르던 하천들의 하도를 동쪽으로 돌리기 위해 유로 변경 공사를 하였다는 뜻이 아니라, 이공제를 건설하여 상동천과 대구천으로 가던 신천 물의 흐름을 막았다는 뜻이다. 다시 말해 부의 서쪽으로 흐르던 신천 물의 일부를 신천 본류 쪽인 동쪽으로 돌렸다는 뜻이다. 따라서 읍지에 유로가 변경되었다는 뜻은 두 갈래로 나누어져 흐르던 신천이 하나의 유로로 흐르게 되었다는 뜻이다. 다시 말해 이것은 '하도 변경'이라는 엄청난 공사를 하지 않고, 제방만으로 부의 서쪽으로 흘러가던 신천 물의 흐름을 동쪽으로 흐르도록 변경하였다는 뜻이다.

대구 판관 이서에 의한 유로 변화는 적어도 18세기 후반의 대구부민들에게 이것은 엄청난 사건이었다. 여름철이면 빈번했던 대구천에 의한 읍성과 향교의 침수를 막고, 더 이상 재산과 인명 피해를 당하지 않아도 되었기 때문이다. 이 같은 변화를 만든 대구 판관 이서를 기리는 공덕비를 만들었으니, 이공제 건설에 대구부민들이 얼마나 감동했는지 알 수 있다.

결론적으로 '신천의 유로 변화는 없었다'라는 주장은 잘못된 것이다. 이 같은 주장은 대구천을 신천의 분류하천으로 보지 않고, 앞산의 삼정골에서 발원한 하천으로 보면서 생긴 잘못된 해석이다. 앞에서 살펴보았듯이 대구부의 동쪽과 서쪽으로 흐르던 신천에는, 1778년 이서가 쌓은 신천 제방(이공제)으로 인해, 대구부의 동쪽으로만 흐르게 되는 획기적인 유로 변화가 발생하였다.

참고문헌

강경택, 2007, 대구천 고유로의 지형 발달, 대구교육대학교 석사학위논문.

거리문화시민연대, 2007, 대구신택리지, 서울: 북랜드.

경인문화사, 1982, 근세오만분지일 지형도, 서울: 경인문화사.

권혁재, 1999, 지형학, 서울: 법문사.

김대중, 2012, 일제강점기 대구시 필지상황 추적과 주변필지변화에 관한 연구 : 북성로를 중심으로, 경북대학교 대학원, 석사학위 논문.

김대중, 조재모, 2010, 일제강점기 대구 북성로의 필지 변화 양상, 대한건축학회지 계획계, 26(4), 211-220.

김병춘, 2011, 대구 기성 시가지의 변천과 활용방안에 관한 연구, 대구대학교 대학원 박사 학위 논문.

김성우, 2004, 조선시대 대구 읍세의 팽창 과정, 대구사학, 75. 65-98.

김영성, 1995, 서울-부산간 여행 시간의 축소 과정, 지리학논구, 13, 73-80.

김일수, 2003, 일제강점 전후 대구의 도시화과정과 그 성격, 역사문제연구, 10, 83-121.

김일수, 2015, '한일병합' 이전 대구의 일본인거류민단과 식민도시화, 계명대학교 한국학연구원 한국학논집, 59, 257-287.

김일수, 2016, 근대전환기 경상감영의 변동과 훼손, 민족문화논총, 64, 35-58.

김주아, 김영, 2011, 대구시 도심부 공간구조의 변화과정에 관한 연구, 주거환경, 9(2), 59-71.

김철영, 2014, 대구시 읍성지역 역사문화유산의 보전과 활용을 위한 기본방향, 한국도시설계학회지,15(3), 47-60.

김택규, 박대현 편역, 1997, 대구 읍지, 대구: 신흥인쇄소.

남영우, 1997, 구한말지형도(1/50,000), 서울: 성지문화사.

노영구, 1999, 조선후기 성제 변화와 화성의 성곽사적 의미, 진단학보, 88호

大邱府, 1943, 大邱府使, 行政學會印刷所, 京城.

대구광역시, 2006, 상수도사업 100년: 1906-2005, 대구: 명인문화사
대구광역시중구, 1998, 경상감영사백년사, 대구광역시 중구.
대구시, 1977, 달구벌: 대구의 역사 · 경관 · 문화재, 대구: 경북인쇄소.
대구시사편찬위원회, 1995, 대구시사 제1권(통사), 대구: 대구경북인쇄공업협동조합.
도도로키 히로시, 2000, 일본인의 영남대로 답사기, 서울: 한울.
도도로키 히로시, 2005, 조선시대 읍치와 관도의 연결 유형에 따른 교통로의 상징성, 한국지역지리학회지, 11(3), 351-366.
박태화, 1985, 대구의 도시화, 경북대학교 교육대학원 논문집, 17, 27-43.
박찬석, 이병곤, 1985, 대구 도시계획 소고, 지리학논구, 10, 129-140.
서정남, 1981, 대구읍성과 영남제일관(남문) 중창에 관한 소고, 건축사, 12, 20-23.
조형래, 서치상, 2005, 영조 초년 전주와 대구읍성 축조공사 연구-새로운 성제 및 공사방식을 중심으로, 대한건축학회논문집, 21(3), 81-90.
심정애, 2011, 조선시대 읍성의 해자에 관한 연구-해미읍성을 중심으로, 한서대학교 대학원 석사학위논문.
손필헌 역, 2009, 개화기의 대구 부사, 대구: 도서출판 서우실.
손정목, 1982, 조선시대도시사회연구, 서울: 일지사.
손정목, 1996, 일제강점기 도시화과정 연구, 서울: 일지사.
송언근, 강경택, 2017a, 1910년대 신천 좌안 충적평야의 하계망 특성: 건들바위에서 상동교 사이를 중심으로, 한국지역지리학회지, 23(3), 568-585.
송언근, 2017, 이공제와 신천 분류 하천의 관계, 한국지역지리학회지, 23(4), 804-819.
송언근, 강경택, 2017b, 대구 신천 유로 변화의 지리학적 해석, 한국지역지리학회지, 23(4), 788-803.
송언근, 김종혁, 2017, 신천과 소하천 유로 변천 조사 보고서, 대구광역시, 대구: 신일출판사.
송언근, 2018, 대구 신천 유로의 지형 발달, 한국지역지리학회지, 24(3), 480-495.
송언근, 2020, 신천 유로 변화와 대구 읍성 입지의 관계, 한국지역지리학회지, 26(4), 320-335.
송언근, 2021, 대구 시가지 발달의 시 · 공간적 특징과 지형의 관계: 1736년~1945년을 대상으로, 한국지리학회지, 10(3), 402-413.
영남대학교 박물관, 1998, 한국의 옛 지도(도판편), 서울: 금운한편집.
옥희정, 2007, 달성의 보존과 활용에 관한 연구, 대구대학교 대학원 석사학위논문.
유병록, 2015, 대구 지역 신천 일대의 주거와 취락, 영남문화재연구, 28, 27-51.
예명해, 1991a, 조선시대 대구읍성에 관한 기초연구(1), 국토계획, 26(3), 165-178.
예명해, 1991b, 조선시대 대구읍성에 관한 기초연구(2), 국토계획, 26(4), 21-39.
윤용출, 1989, 18세기 초 동래부의 축성역과 부역노동, 한국문화연구, 2집
이기은, 2005, 대구분지의 지형 분류, 경북대학교 교육대학원 석사학위논문.

이기조, 2006, 일제하 대구부 시가지 형성 과정에 관한 연구, 계명대학교 대학원 석사학위 논문.

이미선, 2010, 근대기 대구읍성의 필지변화 연구 : 중앙로를 중심으로, 경북대학교 대학원 석사학위 논문.

이수진, 2019, 조선시대 읍성 연구, 목포대학교 대학원 박사학위논문.

이재두, 2002, 아름다운 시절의 신천을 그리며, 대구교육, 35, 175-179.

이종국, 2015, 역사문화자원의 분류를 통한 대구 도심재생의 방향, 한국학논집, 58, 109- 152.

이호열, 1999, 조선시대 대구읍성의 축성과 공간구조에 관한 연구, 밀양대학교 건축과학기술, 2집, 175-192.

이현명, 2009, 조선후기 전주부성의 개축과 그 의미, 전북대학교 대학원 석사학위논문.

임식경, 2008, 대구읍성의 철거와 일본인 상권의 변화, 한국교원대학교 교육대학원 석사학위 논문.

장영진, 예명해, 2010, 대구시 중구 기성 시가지의 역사적 공간 분석을 통한 문화적 잠재성 개발을 위한 연구, 주거환경, 8(2), 211-226

장혜주, 2002, 대구시 역사 · 문화 탐방로 조성계획 : 구읍성지를 중심으로, 한양대학교 도시대학원, 석사학위 논문.

전영권, 2004, 대구 신천 유로에 관한 새로운 해석, 한국지역지리학회지, 10(4), 689-697.

정복임, 2011, 일제강점기에 형성된 대구읍성내 북성로 가로구성에 관한 연구, 대구대학교 대학원 석사학위 논문.

정복임, 김주야, 백영흠, 2011, 일제강점기에 형성된 대구읍성내 북성로 가로구성에 관한 연구, 한국주거학회지, 22(1), 85-93.

정찬희, 2010, 도시 성장과정에서 산업 중심지 형성 양상 분석 모델에 관한 연구, 경북대학교 대학원 박사논문.

정희령, 2016, 옛 물길 활용을 통한 대구 도심 내 친수 공간 조성에 관한 연구, 계명대학교 대학원 석사논문.

최석주, 1990, 일제하 대구부 도시구조, 지리학논구, 10 · 11 합본호, 143-170.

최석주, 1996, 도구시 도심부의 가로망 변화, 대한지리학회지, 31(3), 593-612.

최석주, 2005, 일제강점기 대구의 도시 계획, 지리학논구, 24, 68-89.

최영준, 1990, 한국의 옛길 영남대로, 서울: 고려대학교민족문화연구소.

최종현, 장혜주, 2002, 대구시 조선시대 읍성지의 역사 · 문화 탐방로 기본계획, 한국도시설계학회지, 8(3), 17-37.

최형주, 2015, 대구광역시 복개도로 하천 복원화 계획에 관한 연구, 영남대학교 대학원 석사 논문.

향토사교육연구회, 2002, 대구역사기행, 대구: 영한.

향토지리연구회, 2002, 지리로 읽는 대구이야기, 대구: 영한.

황상일, 윤순옥, 1998, 대구분지의 자연환경과 선사 및 고대의 인간 생활, 대한지리학회지, 33(4), 469-486.

황창한, 2015, 석기를 통해 본 대구지역 청동기시대 사회, 영남문화재연구, 28, 87-107.

홍경희, 1966, 대구시: 도시지리학적연구, 대구: 문화출판사.

경북대학교 박물관, 1990, 대구 이천동 지석묘 발굴 결과 보고.

芮明海, 1996, 韓國の 大都市大邱の 都市形成過程に 關する 研究, 神戸大學校博士學位論文.

森崎和江, 2018, 慶州は 母の 呼び聲(박승주 · 마쓰이 리에 옮김(2020), 경주는 어머니가 부르는 소리, 파주: 글항아리)

Samuel Hawley, 2007, Inside the Hermit Kingdom: The 1884 Korea Travel Journal of George Clayton Foulk(조법종, 조현미 번역, 주석, 2021, 화륜선 타고 온 포크, 대동여지도 들고 조선을 기록하다, 서울: 알파미디어)

• 지리지

1530년 新增東國輿地勝覽, 大邱教育大學校 圖書館.

1768년 大邱邑誌, 大邱教育大學校 圖書館.

1872년 嶺南大邱邑事例, 서울大學校 奎章閣.

1892년 嶺誌選, 서울大學校 奎章閣.

1899년 慶尙北道大邱郡邑誌, 서울大學校 奎章閣.

1907년 大邱邑誌, 서울大學校 奎章閣.

1924년 大邱邑誌, 國立中央圖書館.

1937년 大邱 讀本, 慶北大學校 圖書館.

• 신문

동아일보, 1926년 8월 23일, "달서천 개수 내명년(來明年)부터 기공?"

동아일보, 1927년 1월 14일, "년래로 현안이든 대구치수공사 하절기전에 완성계획"

동아일보, 1935년 3월 30일, "대구부도로정책통격조선인촌은 악취가 코를 찔러 부회에서 격론수시간"

영남일보, 2013년 7월 4일, "경상감영 객사 위치 확인 … 복원 활기"

• 기관

부산박물관
국립중앙박물관

• 홈페이지

한국민족문화대백과사전(https: //encykorea.aks.ac.kr/)
e뮤지엄(https: //www.emuseum.go.kr/main)

저자 소개

송 언 근

경북대학교 지리교육과에서 학사와 동대학교 대학원에서 석 · 박사를 취득하였다. 1994년부터 대구교육대학교 사회과교육과 교수로 재직 중이다. 한국지리환경교육학회장을 지냈고, 뉴질랜드 크라이스트처치 교육대학과 제주대학교에서 연구교수를 하였다.

강 경 택

대구교육대학교에서 학사와 동대학교 교육대학원에서 석사를 취득하였다. 현재 대구 동도초등학교 교감으로 재직 중이다.

신천과 대구천

2022년 3월 25일 1판 1쇄 인쇄
2022년 3월 30일 1판 1쇄 발행

저　자 : 송언근 · 강경택
발행인 : 한정주
발행처 : 교육과학사

경기도 파주시 광인사길 71
전화 : (031) 955-6956~8 / 팩스 : (031) 955-6037
Home-page : www.kyoyookbook.co.kr
E-mail : kyoyookbook@daum.net / kyoyook@chol.com
등록 : 1970년 5월 18일 제2-73호

ISBN 978-89-254-1683-0
Printed in Korea.
정가 21,000원